AVENTURES DANS L'ESPACE

20 RÉCITS AUTHENTIQUES

JEAN-FRANÇOIS PELLERIN

est journaliste scientifique et conférencier
Il est membre de l'AAMA, et de l'AJPAE (Association des Journalistes Professionnels de l'Aéronautique et de l'Espace).
Il a travaillé au sein d'Arianespace, puis pour l'Aérospatiale en tant qu'ingénieur en gestion de projets aérospatiaux, puis comme consultant pour le SNPL, le Sirpa Air ou l'émission « C'est pas sorcier » sur France 3. Depuis 1998 il travaille pour le Musée de l'Air et de l'Espace. Administrateur de la Mars Society Française, il parraine aussi depuis peu l'émission de radio spatiale et astronomique «À toi les étoiles» sur IDFM98 Radio Enghien.

REMERCIEMENTS

Remerciements amicaux à Patrick Baudry, pour sa préface.
Merci à mon éditeur Guy Champagne, à Mourad Cherfi, illustrateur et auteur de la maquette, et à ceux qui ont relu le manuscrit, notamment Jacques Villain, historien de l'Espace, et membre de l'Académie de l'Air et de l'Espace, ancien Président de l'Institut Français de l'Histoire de l'Espace (IFHE). Remerciements à Yves Gauthier, auteur du livre "GAGARINE, ou le rêve Russe de l'Espace", Flammarion, 1998, pour la traduction de la lettre d'adieu de Youri Gagarine à son épouse (document déclassifié en date du 8 avril 2011).

JEAN-FRANÇOIS PELLERIN

AVENTURES DANS L'ESPACE

20 RECITS AUTHENTIQUES

Préface de Patrick Baudry

A2C MEDIAS

« Il faut toujours viser la lune, car même en cas d'échec, on atterrit dans les étoiles. »

Oscar Wilde

« Le XXème siècle entrera dans l'Histoire pour deux avancées technologiques :
L'énergie atomique et le vol dans l'Espace.
L'une a menacé notre civilisation d'extinction,
l'autre lui a offert une possibilité de survie.
Si jamais la Terre était exposée à un cataclysme ou à une catastrophe provoquée par l'homme,
les vols spatiaux pourraient fournir un moyen de protection ou de fuite. »

Neil Armstrong,
1994

DU MÊME AUTEUR

Le Guide des combinaisons spatiales et du vol habité
Tessier & Ashpool, 2006

50 inventions de notre quotidien tombées du ciel,
L'Espace un défi du troisième millénaire
L'Esprit du livre, 2010

ISBN : 978-2-916831-17-6
8, avenue Foch 75016 Paris
www.a2cmedias.com

SOMMAIRE

QUATRIEME PARTIE

NAVETTES SPATIALES ET STATIONS ORBITALES OU LA VIE PERMANENTE DANS L'ESPACE

CINQUIEME PARTIE

XXIE SIECLE : DE LA LUNE A MARS, ET D'AUTRES EXPLORATEURS

PREFACE DE PATRICK BAUDRY

ASTRONAUTE DE LA MISSION DISCOVERY (STS 51-G)
AMBASSADEUR DE L'UNESCO

Ils nous ont permis d'embrasser les étoiles ...

Depuis 1961, plus de 500 humains ont voyagé dans l'Espace et 12 d'entre eux ont foulé le sol lunaire. Et malgré la frilosité des politiques, les véritables aventuriers de la science se tourneront vers Mars, puis plus loin encore, lorsque cela deviendra possible.

23 avril 1972. Engoncé dans le lourd scaphandre blanc qui le protège du vide spatial, de la chaleur et des rayonnements mortels dispensés par le Soleil, Charlie Duke s'arrête à une centaine de mètres du module lunaire. Dans quelques heures, cet engin aux formes "élémentaires" va le propulser à nouveau vers la Terre.

Un peu plus loin, le commandant de bord de la mission *Apollo XVI*, John Young, gare la jeep lunaire afin que la caméra automatique puisse filmer le décollage du LEM. Ici, pas de places de stationnement, ni de parcmètres, mais un espace immense, désolé, couvert d'une poussière dont la teinte oscille entre le gris et le vert profond et dont l'horizon est circonscrit par des collines aux formes arrondies. Il n'a vraiment que l'embarras du choix !

De sa main gantée, Charlie fouille dans la poche plaquée sur sa cuisse gauche et en ressort une pochette scellée, en plastique transparent. A travers cette fenêtre cristalline, il voit une photographie : lui, en civil, avec sa femme et ses deux enfants souriants, sur fond de drapeau américain. Sous la lumière aveuglante de l'étoile solaire, il regarde cette image venue d'un autre monde, peut-être d'une autre vie, et la visière recouverte d'or de son casque masque son sourire, à la fois tendre et ému.

D'un geste doux, comme à regrets, il laisse tomber la précieuse pochette sur le sol couvert d'empreintes de bottes. Voilà. Pour l'éternité, Charlie Duke et sa famille seront présents sur le sol lunaire, à près de 400 000 kilomètres de leur planète d'origine appelée la Terre. L'astronaute américain lève alors son regard vers cette boule bleue qui semble flotter comme une bulle de savon colorée dans un ciel d'un noir absolu.

Il se prend tout à coup à penser que moins de deux siècles se sont écoulés entre la première ascension en montgolfière, au coeur de Paris, en 1783, et les premiers pas de Neil Armstrong sur la Lune, en 1969.

Il ne sait pas encore que, dans ce XXème siècle si riche en péripéties, moins de 80 ans vont séparer le décollage du premier appareil pourvu d'ailes des frères Wright, en 1903 aux Etats-Unis, de l'atterrissage de la première navette spatiale américaine en 1981, dans le désert de Californie.

Au regard de plus de 5 millions d'années d'évolution humaine et de 4,5 milliards d'années d'existence du système solaire, cette période est moins qu'un souffle, juste une ride quasi-invisible sur la surface transparente du temps. Pourtant, elle aura montré que l'homme poursuit son rêve d'exploration de son Univers, que ce soit sur sa planète natale ou à destination de terres infinies. Près de quarante années se sont écoulées depuis ce mémorable voyage, et un demi-siècle déjà depuis que l'homme a pu quitter son berceau, accomplissant ainsi la prophétie de Konstantin Tsiolkovski, père et théoricien de l'astronautique moderne :

" Планета есть колыбель разума, но нельзя вечно жить в колыбели."

« La Terre est le berceau de l'humanité, mais on ne passe pas sa vie entière dans un berceau."

Dans cet ouvrage, "Aventures dans l'Espace - 20 Récits Authentiques", Jean-François Pellerin nous fait découvrir ceux qui, à la suite de Tsiolkovski, ont transformé sa vision en réalité: Sergueï Korolev et Wernher von Braun. Deux ingénieurs passionnés et immenses qui ont su utiliser les circonstances politiques conflictuelles entre l'URSS et les Etats Unis pour concrétiser leur rêve : Vaincre la frontière de l'Espace et la faire franchir à l'homme. Gagarine le premier en avril 1961, puis beaucoup d'autres ensuite, Russes, Américains, Chinois et 35 autres nationalités depuis !

Finalement, nous sommes tous des enfants de Korolev et de von Braun. En un demi-siècle, depuis ce vol de Gagarine, nous avons franchi bien des étapes.

1961! Je n'avais que quinze ans et je ne rêvais pas encore d'aller dans l'Espace. Mon rêve était de voler, et c'est cette passion qui, m'accompagnant toute ma vie, me permit un beau jour de voler plus haut et plus vite que je ne l'aurais jamais imaginé ce 12 avril lorsque Youri Gagarine ouvrit pour tous la porte des étoiles.

Puis les "premières" se succédèrent très rapidement: premier jour de vie dans l'Espace, première femme, premier homme à sortir de sa capsule spatiale··· Alexei Leonov, cet homme que j'admire tant et que j'ai eu comme patron à la Cité des Etoiles, puis comme ami depuis.

Un géant de volonté et de solidité qui m'a appris que le plus grand des courages pouvait s'accompagner d'une totale humilité ainsi que d'un profond humanisme.

Aujourd'hui, les EVA (sorties extra-véhiculaires) sont très bien maîtrisées, mais à cette époque, les risques étaient immenses, et Ed. White côté américain, comme Leonov côté soviétique, sont de véritables héros.

1961 est décidément une année toute particulière pour l'Espace, car c'est également l'année où le Président John F. Kennedy plaça l'Amérique sur une trajectoire lunaire. Les années Soixante virent alors une course effrénée entre les Russes et Les Américains qui devaient mener ces derniers victorieusement sur le sol lunaire. Le projet Apollo permit une première exploration de notre satellite, et un rêve magnifique se concrétisa.

Car, avec l'humanité toute entière, ce furent bien Edmond Rostand, Jules Verne, Hergé et tant d'autres visionnaires, rêveurs et poètes, qui accompagnèrent Neil Armstrong et Buzz Aldrin lors de leurs premiers pas sur la Lune.

Ebahi et admiratif comme tant d'autres, je n'imaginais pas alors que j'aurais le privilège de rencontrer la plupart des acteurs de cette période flamboyante, puis de nouer des liens professionnels et amicaux avec eux. Les connaissant, je les admire encore davantage.

Vint alors l'époque des premières stations spatiales, dans les années soixante-dix et à la suite. C'est en 1979 que la France, aidée de ses partenaires Européens, accéda à la capacité commerciale d'envoyer des satellites dans l'Espace (premier vol d'Ariane la veille de noël) et qu'elle sélectionna ses premiers cosmonautes.

En effet, la coopération scientifique initiée par le Général de Gaulle entre la France et l'URSS arrivait à maturité, et l'Union Soviétique offrait à la France une place dans l'un de ses Soyouz pour aller travailler à bord de la station spatiale Saliout 7. Deux officiers pilotes d'essais de l'Armée de l'Air, le colonel Jean-Loup Chrétien et moi-même, alors jeune commandant, rejoignirent le centre d'entraînement des cosmonautes soviétiques à la Cité des Etoiles afin de préparer ce premier vol d'un français dans l'Espace.

Les années quatre-vingt virent apparaître un nouveau type de vaisseau spatial: L'orbiter, ou "navette", qui effectua son premier vol le 12 avril (oui!) 1981. C'était encore la "guerre froide", et de la Cité des Etoiles où je me trouvais, le premier vol de cet extraordinaire avion spatial eut une saveur toute particulière.

Très vite, le nouvel avion spatial posa beaucoup plus de problèmes que ses géniteurs américains ne l'avaient imaginé. En 1985, je me trouvais à l'entraînement à Houston pour préparer le premier vol franco-américain à bord de Challenger.

Beaucoup trop de problèmes techniques obligèrent à annuler le vol pour lequel mon équipage était prêt à partir, et je repris l'entraînement pour un autre vol, à bord d'une autre navette, Discovery, avec un autre équipage.

Ce vol eut lieu en juin, et lorsque Challenger décolla enfin au mois de janvier suivant, ce fut l'accident !

Le deuxième accident d'une navette, Columbia en 2003, m'apporta la confirmation qu'elle était bien le vaisseau spatial le plus dangereux qui ait été jamais conçu à ce jour. Mais elle était aussi la machine volante la plus fabuleuse que l'homme ait inventée !

Le courage des hommes-volants, allié à la myopie des hommes politiques, peut décidément faire voler de bien belles machines··· L'Histoire a été écrite ainsi, et Jean-François Pellerin nous la raconte avec tant de passion et d'expertise dans son ouvrage!

Les années quatre-vingt-dix et 2000 ont été marquées ensuite par un manque de souffle et d'ambition. Ce sont des années de "bidons" et de stations qui tournèrent en rond autour de la Terre, au lieu d'être des années de conquête et de rêve conformes au rêve que Gagarine avait fait naître en nous.

Car, même si les hommes et les techniques opérant magistralement la station orbitale MIR puis la station spatiale internationale ISS ont fait un travail magnifique et admirable, on peut légitimement s'interroger sur l'utilité de continuer à aller à si grands frais, à quelques kilomètres de la Terre, alors qu'il y a tant de choses porteuses d'avenir à réaliser en s'installant sur la Lune et en allant explorer notre planète voisine, Mars.

Après avoir parcouru les pages de ces "Aventures dans l'Espace", nous nous tournons résolument vers les conquêtes de notre futur, et la vision de Tsiolkovski se fait encore plus insistante: osons quitter notre berceau !

L'espèce humaine est la seule sur notre planète Terre qui soit douée de curiosité: ce désir lancinant de découvrir ce que nous ne connaissons pas encore. Cette soif d'explorer pour mieux connaître et comprendre l'Univers à travers lequel nous voyageons tous, à bord de notre extraordinaire vaisseau spatial : La Terre. Cela s'appelle la Science, et c'est notre essence même.

Ce rêve de l'Humanité, qui est certainement inscrit dans nos gènes, était contenu dans un émouvant dessin que j'avais emporté à bord de la navette Discovery. Une petite fille, Anne-Charlotte, m'avait envoyé de Normandie le croquis coloré d'une navette avec ces simples mots : "Embrasse les étoiles pour moi...".

Je souhaite qu'en lisant cette histoire et ces "20 Récits Authentiques" de Jean-François Pellerin, elle mesure tout le chemin parcouru, et qu'elle rêve, encore plus fort, aux rivages que nous allons découvrir.

Patrick Baudry,
Spationaute et Ambassadeur de bonne volonté de l'Unesco
12 avril 2011, Moscou
Jour anniversaire des 50 ans du vol de Youri Gagarine
et des 30 ans du premier vol de la navette spatiale.

« Le rêve d'hier est l'espoir d'aujourd'hui et la réalité de demain. »
Robert Goddard, 1904.

« Réelle ou spéculative, la conquête du ciel occupera des générations ; son terme est incertain de sorte que, quels que soient ses progrès, l'homme aura toujours l'enivrant sentiment de la recommencer. »

Robert Goddard (1882-1945), pionnier de l'astronautique, (extrait d'une lettre adressée en 1932 à H.G. Wells)

AVANT-PROPOS

Depuis la nuit des temps, l'homme a rêvé de pouvoir explorer la troisième dimension ; mais c'est seulement il y a deux siècles qu'il a réussi à prendre son envol, pour monter dans le ciel.

Cet exploit est rendu possible grâce à la toute première montgolfière gonflée à l'air chaud, inventée par deux frères célèbres, papetiers dans l'Annonay : Etienne et Joseph de Montgolfier.

Pour ce tout premier vol de l'histoire de l'aérostation deux aéronautes Pilâtre de Roziers et le marquis d'Arlandes, volent au-dessus de Paris le 21 novembre 1783.

Le 22 octobre 1797, depuis une nacelle de ballon à air chaud, le français André-Jacques Garnerin saute avec succès en parachute au-dessus du parc Monceaux à Paris ; il devient le premier parachutiste de l'Histoire !

Une invention dont les prémices remontent en fait aux travaux de Léonard de Vinci au XVème siècle qui imagine le parachute par le dessin et les croquis avec une vision totalement avant-gardiste, il imagine d'ailleurs aussi l'hélicoptère qui fera son premier vol en 2007 en France (Cornu).

Un siècle plus tard, le 9 octobre 1890, à l'aide d'un moteur à vapeur, c'est le Français Clément Ader, qui depuis Gretz-Armainvilliers, en seine-et-marne, près de Paris, décolle pour la première fois avec un engin volant en forme de chauve-souris, appelé "avion" ou "plus lourd que l'air" à l'opposé du ballon dit "plus léger que l'air".

L'avion et l'aéronautique viennent de naître. L'essai est transformé avec succès aux USA, par les frères Wright le 17 décembre 1903. Ils volent dans le ciel de la Caroline du Nord avec le « Flyer 1 » pendant 59 secondes, à l'aide d'un moteur à essence, dit à "explosion".

Les deux Guerres Mondiales du XXème siècle sont déterminantes dans les développements de l'aviation, sur le plan militaire comme sur le plan civil. Mais l'homme, qui est un aventurier et un curieux, après avoir exploré les mers, les montagnes, et les pôles, n'en reste pas là.

Sa nouvelle dimension, et son nouveau continent est de monter au dessus de l'atmosphère, pour visiter la Lune et explorer l'ensemble de notre système solaire.

Dès 1903 le théoricien soviétique, Tsiolkovski, élabore les principes théoriques du voyage dans l'Espace et préconise les moteurs fusée à carburants liquides comme l'hydrogène et l'oxygène.

Des moyens de propulsion encore utilisés de nos jours. Une première fusée à propergol liquide vole, en mars 1926 aux USA, grâce à un physicien : Robert Goddard.

En 1930, le Français Esnault-Pelterie, lui-aussi grand pionnier de l'Espace invente le mot 'astronautique', il sera aussi le 'père' du manche à balai des avions, et on lui doit une véritable vision des voyages dans l'Espace. Jules Verne ayant imaginé dès 1865 le vol vers la lune !

L'auteur Alexandre Ananoff un Franco-Russe qui est à l'origine de la création en 1950 - l'année de la parution de son livre 'l'Astronautique' - du tout premier événement mondial d'astronautique : Le célèbre congrès d'astronautique de la fédération Astronautique Internationale qui a lieu cette année-là à Paris.

Il faut attendre seize ans, pour que depuis la première base de lancements du Monde : Peenemünde, l'Allemand von Braun, réussisse à faire décoller avec succès un V2 / A4 le 3 octobre 1942.

Cette nouvelle arme allemande vole à plus de 5000 km/h (ndla : Cinq fois la vitesse du son en 1942 !) et monte au dessus de 83 km d'altitude, aux frontières de l'Espace !

Ces travaux de recherche menés sur ce « premier missile balistique », ancêtre des fusées modernes permettent en 1957 à notre civilisation d'entrer dans l'ère spatiale.

Le 4 octobre 1957 une petite boule de 83 kg de métal et de 58 cm de diamètre tourne autour de notre terre à 28 000 km/h et émet son « bipbip » mémorable qui sera capté dans le monde entier !

C'est d'ailleurs avec grand plaisir que les radioamateurs réceptionnent et amplifient ce bruit venu de l'Espace pour la première fois !

Korolev, le père du spatial soviétique n'en reste pas là :

Il envoie dans l'espace le premier être vivant : La chienne Laïka, le 3 novembre 1957. Il n'a ensuite plus qu'une seule idée en tête : Y envoyer un homme.

Cet exploit a lieu le 12 avril 1961, avec Gagarine, engoncé dans son scaphandre orange et harnaché sur son siège dans sa cabine Vostok 1.

Les Américains dépassés, engagent alors avec le Président Kennedy le défi du siècle le 25 mai 1961 : Apollo et la course à la lune qu'ils remportent en déposant Armstrong et Aldrin sur notre satellite naturel le 21 juillet 1969.

Puis vient le temps des stations orbitales et de celui du « ballet » régulier des navettes spatiales ;

En effet dès juin 1971, une première station orbitale Saliout 1 accueille des cosmonautes soviétiques pour une durée de près d'un mois, et en 1973 les Américains avec leur Skylab, en font de même, jusqu'à 3 mois.

Entre 1986 et 2001 la première station orbitale permanente Mir permet à 137 cosmonautes issus de plusieurs nations d'y vivre et d'y travailler pour effectuer plus de 22 000 expériences scientifiques, technologiques et médicales.

Les astronautes habitent maintenant en permanence à bord d'une station spatiale internationale ISS, grâce à la coopération de seize nations et on se prépare de nouveau à de grands défis pour ce troisième millénaire qui a commencé :

Retourner un jour sur la lune pour s'y implanter de façon permanente avec un observatoire astronomique sur la face cachée de la Lune, ou pour aller y extraire de l'hélium 3, pour nos besoins énergétiques.

Depuis 2003, on compte aussi sur la Chine et ses taïkonautes, ainsi que le Japon et l'Inde représentant les grandes ambitions asiatiques dans l'Espace.

Cet ouvrage présente vingt grands récits authentiques qui ont marqué la grande épopée des EXPLORATEURS et CONQUERANTS de l'Espace.

On y retrouve des exploits déterminants où parfois l'homme est passé de très près de l'accident, et c'est dans d'autres circonstances qu'il y perd la vie dans des conditions tragiques.

Mais lors de certaines missions, c'est grâce à son courage et à son sang froid que la tragédie est évitée.

Le grand public qui a assisté aux grandes premières de l'exploration spatiale ne sait pas toujours que les risques pris étaient bien plus grands que ceux annoncés.

Derrière ces « shows » spatiaux il y a des hommes et des femmes aux nerfs solides, qui peuvent aussi craquer et avoir leurs faiblesses :

(cf. lettre d'adieu de Gagarine à son épouse présentée dans le livre).

Le lecteur découvre ainsi, à partir de rapports déclassifiés longtemps tenus secrets, des révélations et des anecdotes inédites racontées par les protagonistes et les acteurs de cette aventure, montrant que l'Espace est un monde plus hostile qu'il n'y paraît, restant encore aujourd'hui dangereux : 21 astronautes sur 520 y ont laissé leur « peau » en 50 ans !

Bien que l'Espace s'ouvre depuis peu au tourisme, l'ère des précurseurs et des premiers explorateurs qui consista à ouvrir la voie fût essentielle et reste certainement l'une des plus belle page de l'histoire de la civilisation humaine.

PREMIERE PARTIE

DE LA GUERRE AUX SATELLITES ARTIFICIELS

« Aujourd'hui, est le premier jour d'une nouvelle ère...
celle du voyage dans l'espace. »
Walter Dornberger, 3 octobre 1942, jour du 1er vol du V2.

« L'Allemagne a perdu la guerre, mais n'oublions pas
que c'est notre équipe qui a réussi à atteindre l'espace... »
1945, Wernher Von Braun (1912-1977) alors que le V2 a volé à plus de 100 km.

« Aujourd'hui, nous avons réalisé le rêve de quelques-uns comme Constantin Edouardovitch Tsiolkovski, notre grand pionnier. Il a prédit que l'humanité ne resterait pas toujours sur terre. Le spoutnik est la première confirmation de sa prophétie. Nous pouvons être fiers qu'elle se soit réalisée dans notre pays. A tous merci du fond du cœur. »
Sergueï Pavlovitch Korolev (1907-1966), 4 octobre 1957.

VON BRAUN/KOROLEV : "DUEL FRATRICIDE" OUEST-EST POUR L'ESPACE

I

S'il ne fallait retenir que deux personnes parmi les grands précurseurs qui ont marqué l'Histoire de l'Astronautique, certainement qu'il faudrait citer deux ingénieurs aux noms incontournables : **Wernher von Braun** et **Sergueï Korolev**.

Le premier est d'origine allemande et, le 3 octobre 1942, devient le "père" de la *fusée V2*, l'ancêtre des fusées d'aujourd'hui. Le second est d'origine soviétique et est l'inventeur du lanceur *Semiorka-Soyouz* (R7) qui permit les grandes premières de l'aventure spatiale depuis le *Spoutnik* de 1957, jusqu'aux fusées encore en activité. Elles lancent actuellement les vaisseaux Soyouz, et en version évoluée devraient être lancées depuis la Guyane avant la fin de l'année 2011.

Ces deux ingénieurs, nés au début du XXe siècle, rêvaient dès leur adolescence d'aller décrocher la Lune. Leur génie allait révolutionner l'Histoire sur le plan militaire, scientifique, économique et politique.

von Braun (1912-1977) est très tôt remarqué par un Officier Allemand, lorsqu'il parvient à vingt ans seulement, à lancer une fusée de la VfR à plus de 1 000 m d'altitude. L'expérience a lieu sur un champ de tir de l'Armée Allemande : Kummersdorf.

Quelques années passent et alors qu'Hitler arrive au pouvoir en Allemagne, il se voit confier la direction technique d'un site chargé d'histoire sur le plan de la « fuséologie »: La base de Peenemünde d'où vont décoller les armes V2, capables d'atteindre des vitesses de plus de 5000 km/h et des altitudes de plus de 80 km aux portes de l'Espace.

En 1945, à la fin de la deuxième Guerre Mondiale une véritable course s'engage entre les Soviétiques et les Américains pour récupérer les "cerveaux" basés au bord de la mer Baltique, qui travaillent sur ces projets d'avant-garde: Ingénieurs et techniciens du programme V2 et des armes secrètes tant convoitées.

Les services secrets de ces deux nations sont informés de ce qui se déroule sur ce site secret situé près de la mer Baltique, qui va d'ailleurs être en partie détruit par des bombardements alliés. Lors de cette opération, de nombreux collaborateurs du "père" des armes "V" sont tués.

Les Américains ont le dernier mot, von Braun va devenir l'un des leurs et emmène avec lui 80 % de ses ingénieurs aux USA ainsi que du matériel, 17 % vont vers l'Union Soviétique, les derniers partants vers la France et la Grande-Bretagne.

Trois de ces grandes nations, bénéficiant de ce tremplin technologique vont ainsi devenir les premières dans l'exploration spatiale. Mais les USA, bien que possédant des atouts inestimables, avec de vrais « V2 » acheminés sur leur territoire, manquent la première étape cruciale de la course à l'Espace: Le premier satellite est finalement lancé par les Soviétiques, il s'agit du *Spoutnik 1*, le 4 octobre 1957.

En effet, face à **von Braun**, et par "bras de fer" interposé, un autre grand pionnier: **Korolev**, né il y a un peu plus de cent ans en URSS (1907-1966), a lui aussi très tôt, dès 1933, prit part au lancement de la fusée, GIRD-09, conçue par un groupe d'études et de propulsion à réaction soviétique célèbre: Le « GIRD ». Mais comme d'autres ingénieurs vivant sous cette période des purges staliniennes, il est fait prisonnier puis déporté au goulag en 1938. Relâché au bout de six ans, par des dirigeants Soviétiques enfin conscients de son talent.

C'est lui qui va concevoir le tout premier avion à réaction de l'URSS, avant de s'intéresser aux fusées et à l'Espace. Il est nommé ensuite à la direction du département des fusées et des lanceurs balistiques, et devient le responsable des missiles intercontinentaux. Il est le "père" du *Spoutnik* et l'initiateur du premier vol d'un homme dans l'espace (Youri Gagarine le 12 avril 1961); ainsi que du projet Soyouz.

De son côté **von Braun**, au nom des Américains, va lui livrer un véritable duel à distance et tente par tous les moyens de convaincre les autorités du Département de la Défense Américain (DOD), de riposter à ce « Pearl Harbor technologique ! ».

Il propose dès 1956, un an avant le *Spoutnik*, à l'occasion d'un test de lancement d'un missile balistique qui réussit à voler à plus de 25 000 km/h, d'emporter avec une ogive militaire, une charge utile. Cette dernière serait alors devenue le premier « objet artificiel » américain à tourner dans l'espace autour de notre planète !

La grande victoire pour Von Braun est celle du projet *Apollo* et de sa fusée *Saturne 5*, où il a sa revanche en réussissant à emmener des Américains sur la lune en 1969, le célèbre défi de Kennedy.

Trois ans auparavant, son « concurrent » Soviétique : Korolev, lors d'une opération chirurgicale, meurt dans des conditions « surprenantes » ! Sa succession est difficile à la tête du programme spatial, au moment même où les USA et l'URSS sont en pleine course à la Lune. Une course perdue par les Soviétiques, alors même que Korolev en rêvait lui aussi.

(§) Revenons sur la vie trépidante de ces grands précurseurs, par l'intermédiaire d'un récit croisé palpitant, de leur naissance aux grandes premières spatiales, en passant par la deuxième Guerre Mondiale.

(*) Le récit de la vie de von Braun/(**) Le récit de la vie de Korolev.

*

von Braun est né le 23 mars 1912, à Wirsitz en Prusse orientale, dans la province de Posnamie, d'un père baron Magnus von Braun, et d'une mère née Baronne Von Quistorp. Le jeune Wernher von Braun a deux autres frères moins agités que lui : Sigismund et Magnus, mais son père ambitionne pour Wernher un poste non pas dans la pyrotechnie dans laquelle il semble marquer de l'intérêt, mais plutôt dans la diplomatie.

Face aux facéties et aux bricolages de son jeune fils, dont le regard est souvent tourné vers le ciel, et qui aime jouer à faire des expériences de sa création ; le baron doit se faire une raison, comme l'illustre une scène du jeune homme faite à son père diplomate *(ndla : On sent déjà une véritable détermination chez ce jeune adolescent, né dans une famille honorable où l'on peut difficilement aller à l'encontre de son père)* :

– von Braun fils : « *Père, je ne serais pas diplomate.* »
– von Braun père : « *Et pourquoi donc, Wernher ?* »
– von Braun fils : « *Parce que je compte me consacrer à l'étude des sciences. L'astronautique me passionne.* »
– von Braun père : « *C'est la première fois que je t'entends t'exprimer de la sorte ? De quand date cette passion ?* »
– von Braun fils : « *Pour être tout à fait sincère, d'aujourd'hui même. Mais je crois avoir toujours porté cette passion en moi. Aujourd'hui, elle s'est seulement révélée.* »

Finalement le jeune von Braun s'oriente vers des études de mathématique et de physique. Bien que pas excellent en maths, c'est l'un de ses professeurs, qui en le voyant dévorer des ouvrages de vulgarisation des années 1930, qui lui explique que les mathématiques et la physique sont un passage obligé pour s'intéresser à l'espace.

Pour satisfaire à sa passion de l'espace, dès 17 ans il s'inscrit dans un club de passionnés d'espace et de fusées: La VfR. (Verein für Raumschiffahrt - Société pour les voyages dans l'espace), dirigée par un grand pionnier de l'astronautique qui devient son "mentor", Hermann Oberth. C'est dans ce centre que le jeune adolescent espiègle au regard vif tire ses premières fusées.

**

Korolev, Sergueï Pavlovitch pour les intimes est né le 12 janvier 1907 à Jitomir en Ukraine, quatre ans seulement après le premier vol d'un avion à moteur à explosion des frères Wright Américains. Mais pour le jeune Sergueï que sa maman appelle par son diminutif « Serioja » très affectueux, il est très tôt séparé d'elle pour être éduqué par ses grands-parents maternels car le couple ne s'entend pas du tout.

Son père, professeur de mathématiques et sa mère prennent la décision de divorcer à la fin de l'année 1916, le jeune Sergueï, dix ans reste alors seul avec elle. Il est souvent sujet à la rêverie.

Le jeune homme marque assez vite un caractère très replié sur lui alors que les mathématiques pourraient être pour lui la voie toute tracée, comme les écoles le préconisent. Il s'oriente vers un lycée professionnel pour passer un CAP de maçon. Sa mère s'est remariée à un ingénieur: Balanine, qui a sur le garçon de l'influence, en aiguisant son esprit et sa curiosité pour les sciences. Il pousse Sergueï vers les maths, la mécanique et la physique.

Korolev sous l'impulsion de ce père adoptif, est inscrit dans un club et découvre l'aéromodélisme sur le port d'Odessa d'où son regard est vite fasciné par ces hydravions effectuant des prouesses dans le ciel. Ces machines volantes amerrissent sous ses yeux ébahis; finalement il finit par réaliser un vieux rêve: voler. Il a à peine quinze ans lorsqu'il est invité par un jeune pilote-mécanicien d'hydravion Vassili Dolganov, à monter à bord de l'un de ces aéronefs.

Son idéal est maintenant trouvé: Devenir pilote. Au lycée, il suit un atelier de menuiserie qui lui donne l'envie de fabriquer un planeur. Son professeur d'Allemand lui fournit des ouvrages sur l'histoire de l'aviation. Tout ceci est très en vogue dans cette jeune République du début des années 1920, où l'on fait la promotion de l'aéronautique!

*

De son côté, **von Braun** et ses amis passionnés d'espace se retrouvent dans la banlieue de Berlin sur un terrain et un atelier mis à leur disposition par un Institut Technique de Chimie en mai 1930.

Ces jeunes, en effet peu argentés se sont vus auparavant fermer toutes les portes. Pour mener leurs expériences ils recherchent partout des crédits et des dons. L'association VfR souhaite y tester ses toutes premières fusées alimentées et propulsées par hydrogène, essence et oxygène liquides, des carburants très efficaces mais dangereux !

Très vite ils sont amenés à rechercher un autre site au cours de l'été 1930 par manque de place, et la VfR se voit octroyer des financements et un nouveau terrain de munitions désaffecté qui est transformé en véritable champs de tir à Reinickendorf sur 150 hectares, moyennant un loyer annuel de dix reichsmarks que la jeune équipée sauvage verse à la commune.

Sur ce terrain de grandes premières fuséologiques vont être remportées par Wernher von Braun.

Une première fusée réussit à monter à plus de 1 100 mètres d'altitude, ainsi que de nombreux autres tirs !

Ces travaux de recherche ne passent pas inaperçus et ces fanas de fusées sont très vite remarqués par des Officiers Allemands venus en civil en mai 1932 - dont le colonel Karl Becker (chef du département de l'armement) et le Capitaine Walter Dornberger qui s'intéressent à ce club très « spatial ».

L'Allemagne entre dans une nouvelle ère. Le baron von Braun (père de Wernher), Ministre de l'Alimentation et de l'Agriculture, en 1932, quitte ses fonctions ; Hitler va prendre le pouvoir en devenant Chancelier de l'Allemagne le 30 janvier 1933, à l'aide du parti nazi.

von Braun, fort d'une solide expérience dans les lancements de fusées, est invité à les tirer sur un champ de tir équipé de moyen de trajectographie de l'Armée allemande : Kummersdorf. Il est contraint de « *pactiser avec le diable, car il avait besoin de beaucoup d'argent... et tout ce qui m'intéressait c'était l'exploration de l'espace* » tels sont les propos de von Braun.

Tirer la fusée *Mirak II* développée par son équipe depuis ce nouveau site parfaitement équipé, excite von Braun qui raconte :

– « *Le capitaine Dornberger nous attendait et nous dirigea sur un point écarté du terrain··· Nous avions devant nous une station d'essais parfaite pour les chambres à combustion des fusées, entourée de murs de béton et dotée d'un toit coulissant. Le centre de mesures était rempli d'une multitude de fils de contrôle et d'instruments divers. Sur la rampe de lancement il y avait des cinéthéodolites pour filmer··· la fusée et déterminer ses coordonnées.* »

Mais ces tractations de l'Armée Allemande et du Colonel Becker qui confie dès 1930, au Capitaine Dornberger la réalisation d'une fusée militaire de portée supérieure au canon, ne conviennent pas à tous ces « fanas et passionnés d'espace ». Après d'âpres discussions avec les Officiers Allemands, seuls quelques-uns dont von Braun acceptent finalement un accord pour travailler sous contrôle de l'Armée. Un petit groupe pense en effet que la conquête de l'espace doit passer par la maîtrise de fusées militaires. von Braun est impressionné par la proposition de ces Officiers, qui montrent un intérêt pour les sciences, et raconte :

« *Muni des maigres résultats que nous avions récoltés, je retournai voir le colonel Becker. À ma grande surprise, après une longue discussion, il m'apparut comme un homme intelligent, passionné de science.* »

Le colonel Becker (directeur du bureau des engins balistiques de la Reischswehr – Armée Allemande) réplique à von Braun :

« *Votre organisation manque de sérieux. Votre terrain a des allures de "cirque". Parlons franc… vous feriez mieux de vous concentrer sur les résultats scientifiques au lieu d'envoyer en l'air des joujoux.* »

– von Braun justifiant ses travaux :

« *Colonel ! Ce que vous appelez "cirque" n'est qu'un moyen de renflouer nos finances. Nous aimerions bien vous fournir des résultats scientifiques, mais il nous manque les instruments.* »

(ndla : Des touristes payaient pour visiter le site).

Pour le Colonel un marché est proposé et peut se conclure, il fait une proposition à von Braun, qui n'a alors que vingt ans, et tout juste diplômé en 1932, de l'institut de Technologie de Berlin. Colonel Becker :

« *Justement, nous souhaitons vous aider. Mais nous ne pouvons pas le faire tant que vos expériences auront tant de spectateurs. Nous ne pouvons vous épauler que si vous acceptez de travailler discrètement, dans une enclave protégée par l'Armée.* » (ndla : Sources v*on Braun contre Korolev*, PLON, 1993 par Kohler et Germain).

**

Korolev, sachant que le gouvernement de son pays mène une politique de sensibilisation pour intéresser les jeunes à l'aviation et à la navigation aérienne, notamment pour ceux vivant en Ukraine et en Crimée, il profite de cette aubaine pour suivre des cours de fabrication de planeurs et se met à la pratique du parachutisme.

Au printemps 1924, Korolev devient le Vice-Président du groupe d'avions sans moteur de la mer Noire. Il se met à « dévorer » (comme von Braun) des articles et publications de grands précurseurs qui croiseront un jour sa route : tels Konstantin Tsiolkovski et Valentin Glouchko. Le premier est le grand théoricien de l'astronautique du début du XXe siècle qui établit les bases théoriques du vol spatial, et le second un grand précurseur de la propulsion des fusées et concepteur de moteurs.

Au cours de l'été 1924 Korolev obtient son diplôme de maçon-couvreur et il est admis à l'Institut Polytechnique de Kiev, en mécanique, pour y suivre une formation d'ingénieur. Deux longues années d'études se déroulent pour Korolev, sans aucune anicroche, il fait d'ailleurs la connaissance d'un petit groupe de « mordus » qui fabriquent des planeurs au sein de l'école. L'un des modèles produit par cet atelier de construction est le KIPR-3, à bord duquel il aura la chance de voler!

Tout ceci aiguise de plus en plus son appétit pour la conception et la fabrication d'aéronefs, il doit alors prendre une voie royale, celle de l'Institut Polytechnique Baumann de l'URSS: (MVTU), domicilié à Moscou. Le temps de ses études il trouve un logement dans la capitale, pour y faire venir sa mère d'Odessa, il se consacre alors totalement à ses études et travaille en usine simultanément comme l'impose le régime communiste de l'URSS.

Korolev rencontre du beau monde pendant ces deux ans, comme l'un de ses professeur en aéronautique qui est le célèbre Andreï Tupolev (constructeur d'avions l'un des plus connu au monde), et passe tout son temps à la fabrication de prototypes, de planeurs et d'avions les plus divers. Pour passer une thèse de doctorat, le jeune étudiant choisit de concevoir un avion à moteur biplace, prévu pour battre un record aéronautique de distance franchissable. Tupolev en personne permet à Korolev de travailler dans ses usines à proximité de Moscou et il est son directeur de thèse.

Tous les "ingrédients" nécessaires à la réussite sont présents finalement pour ce jeune homme qui souhaite devenir constructeur d'avions.

Mais l'Espace le fascine tout autant, c'est ainsi qu'il rencontre un groupe d'ingénieurs passionnés par les fusées en août 1926. L'année même où en mars 1926 l'Américain Robert Goddard réussit le premier vol d'une fusée à carburant liquide (ndla: capital pour l'avenir!).

C'est finalement avec un planeur de sa conception: le *SK-4,* ("SK" étant les initiales de son nom) qu'il soutient sa thèse de doctorat en décembre 1929, avec un succès tout mérité. Même si les essais du planeur ne sont pas pleinement concluants, le châssis de l'appareil se brisant au moment d'atterrir, et Korolev en sort légèrement commotionné!

Au printemps 1930, Korolev intègre l'Institut Central d'Aérodynamique TSAGI pour prendre part aux tests de l'avion lourd «TB-5», et en octobre 1930 il présente un tout nouveau planeur: le SK-3 (L'étoile rouge). Il souhaite le faire voler pour battre un record lors d'une compétition de planeurs qui a lieu à Kortebel, mais le projet est contrarié par la maladie!

Korolev attrape le typhus qui le contraint à l'hospitalisation en urgence, gravement malade, il est rapatrié à Moscou pour que les chirurgiens lui fassent subir une trépanation.

En mars 1931 les médecins donnent leur accord pour qu'il retravaille au sein du centre où a lieu la mise au point de l'avion *TB-5*. Pendant qu'il a gardé le lit de nombreux mois il apprend des nouvelles encourageantes comme le vol réussi de son *SK-3*, premier planeur à réaliser des loopings!

Il lit aussi beaucoup de publications contenant des informations précieuses sur l'aviation à réaction. Plus tard, un pilote détruit son planeur *SK-4*, ce qui l'atteint particulièrement. Le 6 août 1931, il épouse Xénia (Ksana) Vincentini, une étudiante en médecine. Autre rencontre capitale, celle de S. Korolev et de l'ingénieur F. Tsander qui lui propose de rejoindre le GIRD. (Groupe d'études de la propulsion à réaction) nouvellement créé.

*

En 1933, les partis politiques allemands sont interdits sauf le parti nazi. Les ingénieurs et savants travaillant dans l'armement et la balistique sont soignés tout particulièrement par le régime. **von Braun** a choisi de travailler au développement de fusées sous le contrôle de l'Armée alors que certains membres de son équipe ont fait le choix de ne pas suivre, le club VfR sera dissous en 1934.

Dès le 1er octobre il est en effet engagé par l'Armée pour mettre au point un moteur-fusée à carburant liquide de forte puissance (ndla: C'est capital pour l'avenir!) avec deux autres ingénieurs Rudolf et Riedel véritables experts dans leur domaine.

Le 21 décembre, lors d'un test sur le site de Kummersdorf, dirigé par Becker c'est l'explosion de ce moteur d'avant-garde. Le banc d'essai est totalement pulvérisé et détruit!

– Von Braun racontera plus tard:

– « *Quand j'y pense, c'est un miracle que nous nous en soyons sortis indemnes.*»

Le 12 janvier 1933, de nouveau un incident avec la chambre à combustion du moteur qui prend feu! Il faut finalement attendre six mois d'essais pour qu'il fonctionne enfin de façon concluante.

Le 30 janvier 1933, Hitler prend le pouvoir à la tête de l'Allemagne, et les travaux continuent sur le site. von Braun après avoir accumulé de nombreuses données sur la propulsion de moteurs à combustibles liquides présente sa thèse de doctorat le 16 avril 1934.

L'ensemble de ces travaux et sa publication vont être immédiatement classés « secret d'État! ». von Braun se retrouve auréolé à 22 ans, du titre de

Docteur ès sciences. Il se met alors au travail pour construire une fusée capable de voler: l'*Agrégat-1* ou *A-1* qui mesure près de 1,50 m pour 30 cm de diamètre. Avant Noël 34 deux tirs *A-1* (Max et Moritz) ont lieu en mer du Nord et culminent à plus de 2 200 m d'altitude.

Un succès total qui galvanise l'équipe...

Viennent ensuite d'autres travaux et développements avec des fusées *A2* puis *A3* beaucoup plus puissantes. L'*A3* mesurant sept mètres de longueur, propulsée par un moteur à mélange alcool et oxygène liquides, elle est équipée d'un système de contrôle gyroscopique déjà éprouvé et a pour objectif la haute atmosphère, en atteignant une vitesse supersonique *(ndla: + de 1 000 km/h).*

Alors que l'équipe s'est rendue pour ses essais *A2* sur un autre site en bord de mer, le Capitaine Dornberger, à Kummersdorf est conscient que cette clairière a atteint ses limites et propose au cours de l'automne 1935 de partir à la recherche d'un autre lieu pour continuer les lancements.

Von Braun qui rêve d'une vraie base spatiale est chargé à 23 ans de rechercher ce nouveau terrain, il se souvient d'ailleurs lorsqu'il passe les fêtes de Noël 1935 chez un oncle à Anklam que sa mère le met sur une piste en lui montrant une carte:

« *Wernher, regarde du côté de Peenemünde! Ton grand-père allait y chasser le canard du temps de l'empereur Guillaume. Ce serait une région idéale pour ce que vous voulez faire.* » *(ndla: Sources* von Braun contre Korolev, *plon, 1993).*

Sa mère lui montre l'Île d'Usedom et sa pointe nord, après le nouvel an 1936 von Braun décide de s'y rendre en repérage. Ce site de part sa localisation présente de nombreux avantages pour y effectuer des lancements en toute discrétion et hors de la vue de touristes.

Peenemünde est à 140 km au nord de Berlin au bord de la mer Baltique, l'endroit est isolé, bordé de forêts de pins et de marécages. Séduit par le lieu, il reste à convaincre Becker et Dornberger à Kummersdorf, puis les plus hautes instances militaires Allemandes (Armée de terre et Air).

Le « *GO* » finit pas être donné, et c'est en août 1936 que les travaux peuvent commencer à Peenemünde, pour y construire la toute première base de lancements du Monde, sous les yeux des habitants qui assistent aux rotations de camions et de pelleteuses incessants!

L'Armée de l'Air (Luftwaffe) s'installe près du site, avec un aéroport à l'ouest de l'île, d'où vole le premier avion à réaction Heinkel-176 en juin 1939. Sur l'autre partie, l'Armée de terre dispose d'une zone stratégique plus spacieuse. En avril 1937, les premiers savants viennent s'y implanter!

**

1932 : **Korolev** montre son savoir-faire et utilise son charisme et ses qualités d'organisateur au sein du GIRD; comme von Braun il lui reste à fabriquer sa propre fusée et à la lancer. Il monte aussi très vite dans la hiérarchie du groupe, devient directeur technique, puis à la mi-juillet directeur à part entière.

Simultanément au GIRD de Moscou, se trouve un autre groupe: GDL (laboratoire de dynamique des gaz), mais situé à Leningrad. Nous sommes sous l'ère Stalinienne, et certains dirigeants soviétiques de l'Armée Rouge comprennent tout l'intérêt de ces recherches, notamment dans le domaine de la propulsion à réaction. C'est Korolev, en personne, qui finit de convaincre: Il faut envisager de fusionner ces deux entités pour y regrouper les ingénieurs des deux organismes. Une fusion a donc lieu entre le GIRD et le GDL le 21 décembre 1933 et devient officiellement le RNII (Institut d'études scientifiques de la propulsion à réaction).

Ce nouvel organisme compte dans ces rangs de grands d'ingénieurs de la future « Union Soviétique spatiale » comme Glouchko, Thikhonrarov *(ndla: Père du satellite artificiel)* et bien d'autres encore.

Quelques semaines auparavant, Korolev remporte un vif succès en réussissant à faire voler le 17 août 1933 une fusée *GIRD-09* de sa conception. Elle pèse près de vingt kilogrammes et culmine à 400 m d'altitude!

Un site de lancement est dédié aux essais dans la banlieue de Moscou, à trente kilomètres de la capitale soviétique. Le « Peenemünde » soviétique vient de naître, bien que moins ambitieux au niveau de ses infrastructures et de ses installations, il y a tout le nécessaire pour y faire décoller les premières fusées soviétiques fonctionnant avec du carburant liquide.

En 1934, l'essai est transformé par Korolev qui fait voler des fusées à plus de 3000 km/h et qui atteignent près de 2000 m. d'altitude. L'Armée Rouge finance ces travaux, Korolev adjoint du RNII prend le commandement en février 1936 d'un département entièrement dédié aux fusées balistiques et ailées, l'Espace lui tend maintenant les bras et tel von Braun en Allemagne, il pense que le secteur militaire est un passage obligé, avant de viser l'Espace!

Dans cette Union Soviétique Stalinienne, les ingénieurs se voient contraints de défendre avec conviction l'idéologie communiste, mais Korolev n'y tient pas vraiment et se refuse à adhérer aux différents mouvements, il préfère se consacrer à son travail, à ses passions et à sa famille. L'épouse de Korolev lui donne une fille le 10 avril 1935: Nathalia.

Quelque mois plus tard, il apprend une mauvaise nouvelle, avec la mort de Constantin Tsiolkovski, le grand théoricien de l'astronautique qui s'éteint le 17 septembre 1935.

Les travaux de Korolev avancent « bon train », depuis l'été 1935, et ses projets de fusées ailées sont acceptés, il va pouvoir mener des essais de planeurs avec des propulseurs à réaction et des moteurs «fusée» Les projets *Raketoplan 318*, et son planeur *SK-9* (utilisé comme laboratoire volant) dans les cartons, deviennent une réalité, et restent encore aujourd'hui de grandes réalisations de Korolev en ce milieu des années 1930!

Satisfaction pour Korolev quand il apprend que son département au sein du RNII devient un véritable bureau d'études à part entière (KB) lui donnant pour lui et son équipe une plus grande autonomie dans les orientations qu'il souhaite donner à ses recherches.

Mais pour Korolev il faut très vite déchanter lorsqu'il apprend à l'automne de l'année 1937, au moment même où von Braun a été nommé directeur technique de la base de Peenemünde (côté Allemand), que Staline lance une véritable vague de répression en direction des opposants aux régime communiste.

Ceci s'adresse notamment aux intellectuels et aux ingénieurs, c'est ainsi que plusieurs de ses hommes travaillant au sein du RNII sont arrêtés: Il s'agit de trois de ses meilleurs ingénieurs dont Glouchko le plus compétent et le plus prisé en propulsion spatiale. Korolev a en effet besoin de lui pour le tout nouveau moteur-fusée en cours de développement pour propulser le *Raketoplan*!

Staline pense que certains hauts responsables militaires proches des bureaux d'études comme le RNII, veulent « faire un coup de force » pour prendre le pouvoir. Arrive alors l'année 1938.

*

À 25 ans, **von Braun**, est nommé directeur technique de la toute nouvelle base de Peenemünde, en ce 15 mai 1937. Il encadre plus de 340 personnes, dont une partie des effectifs provenant des 80 personnes issus de Kummersdorf.

Ces derniers rejoignent peu à peu les installations pour faire partie du dispositif, un site qui sur le plan militaire est dirigé par Dornberger maintenant devenu colonel.

Aux grandes heures de la base celle-ci comptera jusqu'à 17 500 hommes dont 2000 savants!

Plus des effectifs issus de camps de prisonniers notamment Russes.

Les premiers tirs de Peenemünde consistent à lancer trois fusées *A3* en décembre 1937, des succès mitigés, où plutôt des « échecs réussis », car la fusée ne culmine pas bien haut.

La fusée suivante est un modèle réduit du *V2*, (la célèbre fusée *A4)*, son appellation est l'*A5* tirée à partir de 1939.

von Braun et son équipe en lancent vingt-cinq environ sur deux ans, des fusées qui parviennent à monter jusqu'à douze kilomètres d'altitude, dans la stratosphère, et permettent de préparer la future fusée *A4* dont les plans sont arrêtés définitivement à la fin de 1937.

Cette fusée doit finalement voler à plus de 5000 km/h et culminer à près de 100 km, pour envoyer une charge explosive à plusieurs centaines de kilomètres.

Il s'agit d'un vrai challenge : Treize mètres de longueur pour quatorze tonnes de masse, avec un moteur de vingt-cinq tonnes de poussée. Jamais des ingénieurs n'ont relevé un tel défi à cette époque !

Les travaux commencent alors que la Guerre débute le 3 septembre 1939. Des installations voient le jour sur la base comme une soufflerie pour y mener des études aérodynamiques dans le domaine des vitesses supersoniques !

Les premiers essais de la fusée *A5* se déroulent avec succès à partir d'octobre 1939. Puis von Braun parvient, le 21 mars 1940, à valider le fonctionnement de son « super » moteur-fusée lors d'une simulation sur un banc d'essai. La voie au premier tir du « sinistre » *V2* (arme de représailles N° 2) est maintenant toute tracée.

Après trois essais infructueux les 18 mars, 13 juin (*ndla : Echec relatif : perte de contrôle de la fusée mais culmination à plus de cinq kilomètres, en passant le mur du son)* et le 16 août 1942, il faut finalement attendre le 3 octobre 1942, pour assister au succès du premier tir du V2 !

**

1938 est une année « noire », de descente aux enfers pour **Korolev** ; le Stalinisme va le priver de liberté et l'envoyer au goulag, mais sa hiérarchie lui donne la possibilité de travailler sur un planeur à réaction qui pourrait être le bienvenu dans les armées. De bien curieuses méthodes !

Glouchko emprisonné dans une cave, lui a conçu un moteur ORM 65 qui fonctionne sur un banc d'essai avec succès le 11 janvier 1938 mais il va devoir défendre ces projets seul « privé » de la matière grise de cet ingénieur en propulsion. Pour couronner le tout vient un échec très cuisant lorsque le 29 mai 1938 la fusée « 212 » sur laquelle il travaille explose sur un banc d'essai. Il est blessé à la tête, et doit être hospitalisé en urgence.

Il souffre d'un traumatisme crânien qui l'oblige à rester en observation médicale pendant près d'un mois.

De retour au bureau d'études, après sa convalescence, les essais en cours sont ajournés et les causes de l'explosion du mois de mai 1938 ne s'expliquent pas !

Vient ensuite une scène cauchemardesque pour Korolev, son épouse se souvient de la nuit du 26 au 27 juin 1938, elle raconte :

« *En rentrant, dans la soirée, j'ai vu deux hommes qui attendaient devant l'immeuble, et j'ai tout de suite compris pourquoi ils étaient là. Ils venaient arrêter Sergueï.* »

Les deux hommes montent alors dans l'appartement que la famille Korolev occupe et lui font signe de se vêtir, sans aucune explication. *(ndla: Sources: von Braun contre Korolev, Plon 93, Pierre Kohler et Jean-René Germain, Duel pour la conquête de l'Espace).*

– Madame Korolev:

« *Il a pris son manteau de cuir, et je lui ai donné deux sous-vêtements de rechange. Nous nous sommes embrassés et dit au revoir. Quand j'ai voulu descendre pour le voir partir, ils m'en ont brutalement empêchée.* »

Emmené sur-le-champ à Moscou en état d'arrestation, puis en prison *(ndla: La plus vieille!)*. Le 27 septembre 1938 un jugement brutal venu d'un tribunal prononce la sentence: Dix ans de camp de rééducation par le travail, avec cinq années d'interdiction civique sur le plan légal. À 31 ans sa vie devient un véritable enfer; à l'automne 1938, il est emmené dans un goulag, à la mine d'or de la Kolyma. En 1941, l'URSS rentre en guerre...

*

Le mois d'octobre 1942, voit donc ce superbe succès du vol du *V2* (fusée *A4*) fruit de longues années de travaux de l'équipe de von Braun et de Dornberger, l'ancêtre de la fusée vient de naître!

Cette arme de représailles "V" allemande peut emmener une charge explosive d'une tonne à près de 300 km, von Braun laisse alors exprimer son émotion lorsqu'il apprend qu'avec une altitude de 83 km et une vitesse 5000 km/h atteintes en moins d'une minute de vol, un engin de sa conception vient d'entrer dans l'espace!

Il raconte: « *Pour ce jour-là, nous avions travaillé pendant dix ans, et je n'ai pas honte d'avouer que j'avais les larmes aux yeux. Je ne pu retrouver tout de suite l'usage de la parole. Mon émotion était trop profonde. Nous avons poussé des cris de joie!* » *(ndla: sources autobiographiques de von Braun).*

Ce premier *V2* de l'histoire retombe finalement à 192 km de Peenemünde (moins de cinq minutes après son décollage), touchant la mer, à quatre kilomètres de la cible, une belle performance pour l'époque.

Discours et congratulations en tout genre sont échangés jusqu'aux plus hauts dignitaires présents sur la base. On parle de conquête de l'Espace, de l'avenir des fusées, mais Dornberger donne le ton et parle de la priorité donnée aux fusées militaires et aux armes nouvelles développées au service de la guerre. L'espace sera pour demain lorsque la paix sera revenue.

Ce 3 octobre 1942, Peenemünde est en fête, mais des événements vont vite rappeler qu'une guerre fait rage depuis trois ans. L'Allemagne est maintenant terriblement affaiblie, après Stalingrad, et perd aussi des positions, sur le front à l'ouest.

Les armes "V" doivent entrer en scène au plus vite pour renverser les événements. Le *V1* (développé par la Luftwaffe), véritable bombe volante décollant d'une rampe et le *V2*, missile avant l'heure, (développé par l'Armée de Terre) sont évalués le 26 mai 1943, à Peenemünde devant une commission d'experts, le choix définitif s'oriente alors vers le développement simultané de ces deux armes, bien que le *V1* (volant à basse altitude et très vulnérable) soit moins précis aux essais que le *V2*.

Après ces choix techniques Dornberger est nommé Général, mais ce n'est pas l'essentiel, car en haut lieu ils ne sont vraiment pas convaincus par ces armes. C'est le 7 juillet 1943, que le Führer Hitler convoque Dornberger et von Braun à son QG. Pour convaincre Hitler il aurait été préférable d'organiser cette rencontre à Peenemünde mais curieusement le Führer n'y mettra jamais les pieds.

Il voit le film du tir réussi d'un *V2* du 3 octobre 1942, et Dornberger lui expose tout l'intérêt de cette arme sur le plan militaire. C'est alors qu'Hitler, discute avec son Ministre Speer, présent ce jour. Il se met maintenant à croire dans le *V2*, mais c'est trop tard !

il serre la main de von Braun : « *Toutes mes félicitations pour votre nomination au titre de professeur, Herr Doktor !* ».

Malgré l'appui d'Hitler, on demande à Dornberger et à von Braun de réussir l'impossible ; et, ce qu'ils ne savent pas encore, c'est que les alliés ont pris en photo la base à l'aide d'avions de reconnaissance. En Grande-Bretagne, Churchill, conscient du désastre que ces armes pourraient provoquer, décide le 26 juin 1943 d'engager l'opération "Hydre" d'un bombardement d'envergure. La date est fixée au 17 août dans le ciel de Peenemünde !

Un coût fatal va-t-il être porté au V2 ? Il est près de minuit en ce 17 août, lorsqu'une sirène retentit sur la base, Dornberger et von Braun viennent de terminer leur dîner, et sont sur le point d'aller se coucher. Tout ce qu'il y a de plus banal. Ils ignorent au moment où la DCA de Peenemünde se met à riposter, que 600 bombardiers anglais arrivent à la verticale de la base, et vont déverser près de 1 600 tonnes de bombes explosives, et ce n'est pas tout : Près de 285 tonnes de bombes incendiaires !

Le choc est terrible au cours de cette nuit, car l'objectif de Churchill est de tuer de nombreux savants. On note ainsi la mort de Thiel, un spécialiste « moteurs » du *V2*, et on compte des pertes humaines : Près de 750 sur les 17 000 hommes du site. De nombreux savants comme von Braun, sont sains et saufs. Des dégâts matériels sont constatés tel un hall d'assemblage, mais par contre la plate-forme de tir est intacte, idem pour certains ateliers, mais quel coup dur !

**

Au moment même où von Braun connaît les succès du *V2* de 1942 suivis du terrible bombardement de Peenemünde en 1943, **Korolev** purge des années passées dans un camp de travail forcé, comme beaucoup d'autres que l'on dit être des opposants au régime communiste soviétique.

Il est arrivé à l'automne 1938 dans un endroit sordide où il a dû s'exiler vers l'est contraint et forcé par le régime. Ce lieu est inhumain et il y règne des températures extrêmes passant de + 40 °C à – 40 °C, les prisonniers (*zeks* en russe) sont dans des conditions atroces de détention.

Korolev, constructeur de génie se voit ainsi transformé en « chercheur d'or » dans des rivières de Sibérie orientale.

Il se confie assez peu sur cet épisode de sa vie, il faut alors se référer à son biographe, Golovanov qui s'exprime ainsi :

> « *Son attitude était celle de tous les détenus. Il pensait que tout allait se régler, que ce n'était qu'une erreur. Quand il fût condamné à dix années de camp il était drogué et en piteux état. Il a énormément souffert. On l'a accusé d'avoir travaillé pour les trotskistes en vue de miner la capacité défensive de l'Armée rouge. Pas un seul mot des 18 chefs d'accusation n'était vrai. On l'a même accusé d'avoir saboté son avion-fusée, alors que l'appareil était visible··· dans la cour de l'Institut.* ».

(ndla : L'ouvrage de ce biographe sera interdit de publication pendant longtemps, il faudra attendre les années 1980 de la glasnost, et le régime de Gorbatchev pour en découvrir le contenu).

À trois reprises, Korolev conscient de tout ce qu'il a apporté à son pays, va adresser une requête pour que son procès soit revu, sa mère et son épouse vont tout tenter jusqu'à écrire à Staline. Dans le bureau d'études de Korolev des années de retard sont à déplorer en son absence. Craignant des représailles, ses collègues toujours au travail n'essayent même pas de tenter une requête pour demander sa libération. C'est trop risqué !

Des grandes personnalités du monde de l'aéronautique, plaident la cause de Korolev. Ils tentent de nombreuses actions auprès du Soviet Suprême de l'URSS, mais sans succès !

Mais c'est un véritable retournement de situation qui va se produire pour ce qui concerne le statut de Korolev.

En effet avec l'avancement de la guerre, Staline a l'habitude de visiter des camps de prisonniers, car il recherche des compétences pour l'aviation et les fusées. La guerre est à ce prix, Korolev va pouvoir reprendre du service.

Lors d'un curieux concours de circonstances, Korolev rentre à Moscou grâce à une demande appuyée de son ancien directeur de thèse, le grand constructeur Tupolev, qui recrute des hommes pour un projet de bombardier. Il va, au même titre que d'autres ingénieurs en aéronautique redevenir très utile à l'URSS, alors que la guerre fait rage, il faut fabriquer des avions et des armes.

Un bien curieux destin pour ces hommes "parqués" au sein d'une structure pénitentiaire qui regroupe des savants et des ingénieurs, comme celle de Moscou qui porte pour appellation « TSK-29 » *(ndla: Bureau spécial N° 29).*

Ce bureau d'études doit concevoir et fabriquer de nouvelles armes, sous contrôle de la police secrète NKVD. Korolev fait partie de ces recrues *(ndla: Grâce à Tupolev qui lui sauve ainsi la vie)*, bien qu'épuisé et fragilisé par sa détention, il conserve un professionnalisme et une détermination toujours intacts.

Au moment même où von Braun connaît les succès du *V2* de 1942 suivis du terrible bombardement de Peenemünde en 1943, Korolev purge sa peine dans un camp de travail forcé, comme beaucoup d'autres que l'on dit être des opposants au régime communiste soviétique.

Au début de l'année 1940, il est déjà de retour au travail, à Moscou, avec des conditions de détention améliorées. Il passe son temps à la conception d'un tout nouvel appareil, l'avion *103* (près de 650 km/h, avec une distance franchissable de plus de 2000 km).

Cet aéronef devient ensuite l'*ANT-58*, le prototype du célèbre bombardier *Tu-2*, avion militaire décisif pour que les Soviétiques gagnent la guerre. Les essais de recette de l'avion par l'Armée Rouge sont un succès en août 1942, il va pouvoir équiper les pilotes militaires.

Son avion fusée *RP-318-1* en version améliorée vole en février 1940 avec succès, Korolev devient le père de l'aviation soviétique à réaction, sans le savoir sur le moment, car il est enfermé et coupé complètement du monde extérieur, dans Moscou. Il est géographiquement proche de son épouse et de sa fille qui vivent dans la capitale, mais elles ne le savent pas.

Pendant l'été de 1941, l'invasion de l'URSS par l'Armée allemande oblige le bureau d'études de Tupolev à déménager à Omsk dans l'Oural. Korolev quitte Tupolev pour le bureau du constructeur Miasichtchev, déménagé vers Kazan, et qui veut Korolev pour un projet d'avion bombardier.

Korolev retrouve dans cette ville certains collègues du GIRD et du GDL, comme Glouchko.

Il va pouvoir revenir à ses premiers amours de constructeur aéronautique et travaille - toujours sous contrôle de la police secrète - sur des systèmes de propulsion à réaction et sur des moteurs 'fusée

Le nouveau bébé de Korolev est le moteur 'RD-1'fonctionnant à l'azote liquide et à l'essence de tracteur, il va équiper un bombardier *Pe2*.

En janvier 1943, il est nommé responsable du projet et des essais en vol. En mars il travaille sur un accélérateur "fusée", et apprend dans la presse de l'Armée les succès de von Braun et de son *V2*. Korolev est convaincu de l'avenir des fusées pour mettre fin rapidement à la guerre.

Le 14 octobre 1944, quatre mois après le Débarquement allié sur les côtes de Normandie il prend sa plume pour écrire au Ministère de l'Aéronautique et propose des fusées à longue portée comme le *V2*, baptisées '*D1*'et '*D2*'D'autres ont déjà avancé sur le sujet et Korolev est en concurrence directe avec un autre ingénieur, qui développe des solutions du type du *V1* allemand: Tchélomeï.

Il s'inspire des travaux de Korolev; mais, le 9 mai 1945, Staline annonce la fin officielle de la guerre, donc l'arrêt des efforts de guerre en cours. Korolev apprend sa réduction de peine qui fait de lui un homme plus libre de ses mouvements. Dans un pays libéré de l'occupant, tout va pouvoir redevenir possible!

*

Nous avions laissé **von Braun** et son équipe au lendemain d'une nuit d'enfer, celle du 17 août 1943 qui a vu tomber sur elle un véritable tapis de bombes. Mais fort heureusement les dégâts sont moins importants que prévus: 40 % des bombes sont tombées en mer, mais pas sur le site de Peenemünde.

Il faut se réorganiser. La météo défavorable et le temps couvert n'a pas permis aux pilotes anglais de décimer tous les savants de la base; il semble néanmoins exclu de continuer à produire en série des *V2* comme le demande Hitler. Après un survol des installations par von Braun et Dornberger, il semble se confirmer qu'il faut trouver au plus vite un autre site de production et d'assemblage pour disséminer aux quatre coins du pays ces armes redoutables.

Le 1er septembre 1943, la production série est implantée à Niedersachswerfen, dans une usine aux dimensions pharaoniques creusée sous-terre dans le massif du Harz. Son nom est aujourd'hui facile à retenir: Mittellwerke *(ndla: Usine du milieu)*, car localisée au cœur de l'Allemagne.

Le site est encadré par une douzaine d'ingénieurs venus de Peenemünde (qui reprend ses tirs le 6 octobre 1943), sous contrôle de la Waffen SS qui se charge d'apporter de la main-d'œuvre d'un camp de déportés spécialement construit à cet effet: Dora, situé à cinq kilomètres. Les premiers déportés arrivent fin août 1943; et, en décembre 1943, les premiers *V2* sortent de cette nouvelle usine souterraine.

Le V2 n'est pas totalement au point malgré de nombreux essais qui continuent à Peenemünde, une base mise directement sous le contrôle d'Himmler, le patron des S.S. La présence de certains dignitaires du régime tel Goering et d'autres indique clairement que les nazis veulent « faire main basse » sur cette nouvelle arme secrète allemande, le V2 qui est maintenant prêt. Dornberger comprend la situation :

Les politiques veulent éliminer les « pères » du projet, alors que le succès est acquis : « *Tant que la mise au point de l'*A4 (V2) *n'était qu'une entreprise hasardeuse nous avons été traités d'utopistes et de visionnaires. Maintenant Peenemünde est devenu un fruit mûr que l'on peut cueillir.* »

D'ailleurs depuis plusieurs mois, des espions infiltrés vérifient que ces savants sont « sûrs » politiquement. Le 21 février 1944, von Braun est convoqué par Himmler qui lui propose l'enrôlement à l'un des plus haut grade au sein des SS.

Après un dîner arrosé, von Braun et ses ingénieurs se mettent à parler de l'avenir des fusées et d'exploration spatiale, une fois la guerre terminée. Ces propos vont vite être rapportés en haut lieu par une jeune femme infiltrée ce soir-là. Cela vaut à von Braun d'être réveillé vers 3 heures du matin le 15 mars 1944, par trois policiers reconnaissables à leur manteau de cuir. Ils frappent à la porte et emmènent l'ingénieur, son frère Magnus et deux autres ingénieurs présents à son domicile.

Pendant une quinzaine de jours von Braun est incarcéré, on le soupçonne de vouloir quitter l'Allemagne pour rejoindre la Grande-Bretagne à l'aide d'un avion prêt à décoller avec les plans du *V2*.

Fin mars il connaît un simulacre de jugement. Mais grâce au soutien de Dornberger il retrouve ses fonctions, c'était une manœuvre d'intimidation d'Himmler. Ce dernier souhaite ainsi leur montrer que c'est lui le patron !

En septembre 1944 la fusée A4 reçoit son nom de guerre, le *V2* est né en ce 6 septembre 1944. Le premier tir est destiné à Paris mais il tombe en banlieue sud, à Maisons-Alfort, et le même jour un *V2* atteint Londres et fait ses premières victimes !

– von Braun apprend la nouvelle dans la presse :

« *Nous n'étions pas vraiment ravis de cette nouvelle. Nous savions tous, en 1944, que nos fusées allaient être utilisées à des fins militaires. Mais quand nous avons appris qu'elles passaient à l'action, nous en avons été affligés. Je ne perdais cependant pas mon temps à me tordre les mains, car j'avais vu venir l'inévitable. C'était la guerre* ».

Au total, le *V2* sera lancé à plus de 3250 exemplaires, causant la mort de plus de 2700 personnes *(ndla : Et près de 20000 chez les ouvriers du camp de Dora, morts en assemblant des V2 en série).*

Le 27 mars 1945 un dernier *V2* tombe près de Londres.

La fin de la guerre est proche, les hommes chargés de ces tirs se rendent à la 9ème Armée des USA.

À Peenemünde, von Braun et son équipe sont conscients que la fin de la guerre est proche et qu'il faut préserver ce « butin » que représente plus de dixans de recherche sur la fusée *V2* et bien d'autres engins et armes à l'étude, comme le *projet A10* resté au stade du dessin: Une fusée *A9* avec un pilote à bord!

(ndla: Pour von Braun, il est clair qu'il pense déjà au vol spatial habité).

Mi-janvier 1945, von Braun réunit toute son équipe ainsi que sa secrétaire Dorette Kersten, l'heure est grave et la première phrase plante le décor et l'ambiance,

– von Braun: « *L'Allemagne a perdu la guerre... Mais, les premiers nous avons réussi à pénétrer dans l'espace cosmique, et c'est là notre chance. La seconde, c'est la rivalité qui va opposer les Russes aux Américains. Nous n'avons cessé de croire à la possibilité de lancer des satellites artificiels, et à croire aux expéditions vers la lune... Nous avons maintenant une obligation morale: chacune des puissances victorieuses voudra détenir le fruit de nos connaissances et de notre expérience. Nous pouvons faire pencher la balance dans un sens ou dans l'autre. Nous devons donc savoir... à qui nous voulons confier notre héritage...* ».

Après cette réunion, la décision ne fait plus aucun doute: Il faut se rendre aux Américains, pour bénéficier des meilleures conditions pour travailler aux recherches en fuséologie. Début février 1945, les Russes se trouvent à moins de 160 km de Peenemünde et il va falloir agir au plus vite.

von Braun décide d'un déménagement massif en parcourant 380 km avec plus de 4 300 ingénieurs et familles accompagnés de centaines de tonnes de matériel! En roulant de nuit et en essayant de franchir tous les barrages. À la fin de février 1945, la base de Peenemünde est totalement évacuée.

De village en village ils progressent, les équipes implantent pendant quelques semaines leur "camp de base" à Bleichcherode, une zone textile, Dornberger s'installe sur un autre site, mais les recherches restent surtout théoriques, difficile de faire autrement.

En mars 1945 (le 23), von Braun fête ses 33ans, mais quelques jours avant il a bien failli perdre la vie!

Par manque de sommeil il s'endort au volant, en allant à Berlin par la route: C'est l'accident mais par chance, dans la voiture ses collaborateurs lui viennent en aide.

Épaule brisée et déboîtée, bras gauche cassé à deux endroits, mais le combat continue pour tenter de quitter l'Allemagne.

Après plusieurs déménagements et péripéties Von Braun, Dornberger et d'autres collaborateurs arrivent par avion à Londres, « parqués » dans un camp situé près de Wimbledon. Ceci est la conséquence d'instructions claires : L'opération *Paperclip* qui consiste à partir à la chasse aux savants Allemands, d'ailleurs au début du mois de mars 1945 une liste Osenberg, du nom d'un savant travaillant à Hanovre qui donne les noms de tous les savants Allemands, est retrouvée lors de l'avance de l'Armée Américaine. Sur cette liste on peut y lire les noms de von Braun et Dornberger.

Après la mort juste avant le 8 mai 1945, du Fûhrer Allemand les choses vont ensuite aller très vite, Américains et Russes ont un œil sur Peenemünde et partent à la recherche de ce « butin » de guerre inestimable pour l'avenir.

Finalement c'est le 20 septembre 1945 que von Braun et plusieurs de ses collaborateurs arrivent aux USA sur un aéroport militaire de Boston. Le choix est donc fait, et un avion DC3 se pose sur la piste mais sans Dornberger qui est resté prisonnier *(ndla : Il rejoindra les usa en 1947 !)*. En effet les Anglais ont tenté de retenir von Braun et ont gardé Dornberger, car ils veulent le présenter devant un tribunal pour « crimes de guerre. »

**

Nous avions laissé côté soviétique **Korolev**, libéré de toute peine au regard des autorités politiques de son pays qui vont lui confier une mission de la plus haute importance. Staline le charge de constituer une équipe pour inspecter les *V2* récupérés en Allemagne. Staline n'apprécie guère que les Américains aient fait main basse sur les savants de Peenemünde. Par une belle ironie du sort, lorsque Korolev est envoyé à Bleicherode, il va d'ailleurs dormir dans le même pavillon où Von Braun et ses hommes ont passé plusieurs semaines, au moment de leur fuite. Jusqu'en 1947 l'équipe de Korolev reste sur ce site pour expertise.

Michine, futur grand nom de l'astronautique, a retrouvé les plans complets du *V2*. La mission est de traduire en russe les plans et schémas de l'engin, puis de mettre en production la fusée. En décembre 1945, des essais de mise à feu ont lieu près de Nordhausen. Tout va très vite, et, dans une usine près de Moscou, les *V2* sont reconstitués à partir de ces schémas.

En août 1946, Korolev prend la direction d'un département des fusées et devient constructeur principal des missiles intercontinentaux. L'adjoint est Michine. Les Russes vont récupérer des ingénieurs allemands et parfois les renvoyer chez eux, à l'inverse des Américains qui ont choisi de les garder jusqu'au projet Apollo pour un grand nombre. Korolev développe un missile balistique *R2*, c'est un *V2* amélioré et beaucoup plus puissant. Au même moment en 1947 et 1948 les Soviétiques, à partir de la douzaine de *V2* qu'ils ont réussi à reconstituer, lancent depuis le site de Kapustin Yar le premier *V2* depuis le territoire soviétique, nous sommes en octobre 1947. (ndla : Dix ans avant le *Spoutnik !*).

La *fusée R1* va ensuite prendre la relève, de conception 100 % Russe, il s'agit en fait d'un *V2* à la « sauce Russe », et qui est plus fiable. Korolev travaille aussi à des fusées à vocation scientifique qui se révéleront capitales ensuite.

*

von Braun et plusieurs de ses collaborateurs sont arrivés à Boston, avec dans les bagages quatorze tonnes de documents représentant plus de 500 000 dessins et près de 3 600 rapports récupérés en Allemagne par l'Armée américaine.

Dans le Maryland un site est dédié à un travail de dépouillement de toutes ces données essentielles pour mener des recherches en fuséologie sur les terres américaines ; des savants Allemands sont affectés à cette tâche ingrate.

Autre aspect primordial, il faut trouver un site de lancement : Le polygone de tir de White Sands dans le désert du Nouveau-Mexique.

La première *V2* américaine y est tirée le 16 avril 1946 avec succès, soit sept mois seulement après l'arrivée de l'équipe de von Braun aux USA et dix-huit mois avant celle des Russes.

Les travaux de von Braun avancent à vitesse « grand V », c'est ainsi qu'en associant de la technologie allemande et américaine il réussit l'exploit de lancer la première fusée à deux étages : Wac-Caporal *(ndla : Un V2 surmonté d'une fusée-sonde Caporal du Jet Propulsion Laboratory)* qui culmine à 393 km d'altitude le 24 février 1949, pour atteindre une vitesse de plus de 9 000 km/h *(ndla : Presque dix fois la vitesse de son en 1949 !).*

Le fameux « bras de fer » Ouest-Est pour l'Espace entre **von Braun et Korolev** va pouvoir s'engager.

Avec l'arrivée des années 1950 l'ultime objectif fuséologique est de réussir à concevoir une fusée, pouvant atteindre une vitesse de plus de 28 000 km/h, nécessaire à l'envoi d'un satellite autour de la terre.

**

Pour les Soviétiques, l'objectif premier est d'envoyer des bombes atomiques à l'aide de fusées balistiques. Korolev a ainsi développé toute une gamme de fusées à cet effet : *R1, R2, R5* puis la fusée *R7* (ndla : La Septième ou *Semiorka*, la future *Soyouz)*, capable d'emporter une « tête nucléaire » plus lourde que les autres fusées. Deux bonnes années sont nécessaires au développement de ce missile, mais il s'agit d'une fusée qui va rentrer dans la légende ! La fusée *R7* doit être dédiée non pas à une bombe A mais à une bombe H, cette dernière avoisinant les sept tonnes de masse que les autres fusées ne peuvent emporter.

Les travaux de Korolev sur la *R7* commencent dès 1953 et vont se révéler extraordinairement ingénieux.

Par un système utilisant un groupe de plusieurs moteurs *(ndla : Cela évite aux ingénieurs de plancher sur des moteurs ultra-puissants)* et en s'inspirant du moteur du *V2* « gonflé » et amélioré, on crée alors la célèbre Semiorka (ndla : La camionnette de l'espace toujours en activité aujourd'hui !).

On ne part pas de zéro, mais cette fusée équipée d'une trentaine de tuyères va aussi devoir décoller d'une base spatiale adaptée.

En lieu et place de Kapustin Yar, les ingénieurs cosntruisent à partir de 1955 la célèbre base de Baïkonour qui est située en fait à 300 km de là, près de la ville de Léninsk.

Une façon de tromper l'adversaire en ne donnant pas la localisation de la base, il en sera ainsi pendant des années.

Dès l'été 1956, une maquette à taille réelle d'une fusée R7 est testée sur une plate-forme de lancement.

1957 va être pour les Soviétiques l'occasion d'entrer dans l'histoire par la grande porte : Celle des étoiles.

L'idée est d'envoyer le premier satellite artificiel de la terre sur orbite. 1957 est le centenaire de Tsiolkovski (ndla : Théoricien soviétique de la cosmonautique), et c'est aussi le quarantième anniversaire de la révolution d'octobre.

Pour couronner le tout 1957-1958 c'est aussi l'année géophysique internationale et les Américains ont annoncé leur souhait d'envoyer des petits satellites dans l'Espace.

Après plusieurs échecs successifs de la fusée *R7*, finalement Spoutnik 1 devient le 4 octobre 1957 le premier satellite artificiel de la terre : Superbe victoire des Russes !

Les Soviétiques sont donc les premiers dans l'Espace avec un petit satellite de 83 kg, qui sera suivi dès le 3 novembre 1957 du Spoutnik 2 avec la chienne Laïka à bord.

*

Les Américains ont manqué de peu cette première étape cruciale de l'exploration spatiale.

En effet le 21 septembre 1956, soit un an avant les Russes, une mise sur orbite aurait pu avoir lieu pour les USA, si la décision avait été prise de mettre un objet à bord du dernier étage de cette fusée Jupiter-C *(ndla : Fusée Redstone modifiée)*, qui va avoir le comportement d'une fusée « lance-satellite ».

La vitesse de la fusée de ce tir avoisine les 25 000 km/h, soit pratiquement la vitesse nécessaire pour placer un satellite sur orbite, mais le Pen-

tagone n'a pas souhaité équiper ce quatrième étage totalement inerte !
Il y avait depuis de nombreuses années un véritable conflit entre plusieurs projets dans le domaine des fusées et missiles balistiques.

Trop de projets *(ndla : Le trop-plein !)* simultanément pour lancer le premier satellite de l'Amérique.

Entre la Marine et un projet Vanguard ("Avant-garde") de satellite de dix-huit kilogrammes, L'Armée de l'Air américaine (USAF) et une fusée *Atlas*, et le projet *Redstone* sur lequel travaille von Braun, qui propose de lancer un satellite de sept kilogrammes pour l'été 1956 !

Le 9 septembre 1955 *(ndla : Deux ans avant le Spoutnik Russe)* une commission d'experts opte pour le projet Vanguard

De nombreuses personnalités font pression et ne souhaitent pas y voir une connotation militaire qui pourrait être donnée au lancement du premier satellite américain, si celui-ci était lancé par une fusée militaire, et encore moins allemande !

Cette fusée *Vanguard* est développée par un laboratoire de recherche dépendant de la Marine, mais rattaché à l'Académie des Sciences, donc avec un symbole civil et porteur d'une image scientifique.

C'est en partie à cause de ce contexte-là que la première étape de la course à l'espace est perdue par les USA.

Le projet Vanguard est un échec total, avec l'explosion de sa fusée et de son satellite sur le pas de tir à Cap Canaveral en décembre 1957.

C'est finalement grâce à von Braun, que la fusée Jupiter-C et le satellite Explorer 1 sont lancés le 31 janvier 1958, quatre mois après les Russes, pour venger l'Amérique !

De la course à l'Espace va naitre ensuite une course à la lune...

***

(ndla : Vous retrouverez dans les chapitres suivants le rôle clé qui sera « joué » par Korolev et von Braun dans la suite de l'exploration spatiale, des années 1960, et les premiers vols habités jusqu'à la lune...).

Korolev décède en janvier 1966, suivi de von Braun en juin 1977
Fin de vie pour ces deux grands précurseurs de l'Espace

Jusqu'au bout ces deux grands pionniers consacrèrent leur vie pour l'exploration spatiale. **Korolev** est resté dans l'ombre jusqu'à sa mort et nous a quitté au moment crucial de la course à la Lune, en 1966, où Américains et Soviétiques sont au coude à coude, avec une légère avance côté USA.

Depuis le milieu des années 1960 Korolev se plaint de douleurs. Il est vrai que sa santé est fragile et son passage au goulag l'a décimé physiquement. Sous pression avec son équipe, il travaille d'arrache-pied à la réalisation de grands projets: Le programme Soyouz, des projets de robots planétaires, de stations orbitales, mais surtout le programme lunaire mais avec moins de moyens que les Américains.

À la fin de l'année 1965, il doit se faire opérer de polypes au colon, mais souhaite se faire opérer dans une clinique proche de ses collaborateurs, en grande banlieue de Moscou. Il s'est vu assigner des délais intenables dans les projets dont il a la charge. Opéré par le Ministre de la santé lui-même. Subissant plusieurs anesthésies successives inappropriées, le cœur de Korolev lâche et il décède sur la table d'opération le 14 janvier 1966, c'est la consternation! Un hôpital de Moscou aurait été le plus approprié. Son visage et son nom ne seront dévoilés que le jour de sa mort!

Trois semaines après, Korolev obtient une belle victoire à titre posthume à savoir le premier alunissage réalisé en douceur sur la Lune grâce à Luna 9 le 3 février 1966. Korolev a donné son nom à un cratère lunaire.

Pour **von Braun**, après sa grande victoire de l'alunissage d'Apollo 11 de juillet 1969, il se retrouve quasiment au plus haut sommet de la hiérarchie de la Nasa. Mais des pressions liées à son passé Allemand et nazi ne lui permettront pas d'être administrateur de l'agence spatiale américaine. Il est finalement nommé, en 1970, administrateur délégué.

Au moment où démarre le programme de navette spatiale, sous Richard Nixon, il quitte ses fonctions pour prendre la direction de la firme Fairchild (Vice-Président) en juin 1972. Mais, à la suite d'un examen de santé il se sait rongé par la maladie: Un cancer qui lui est diagnostiqué en 1973. L'année du projet Skylab de station orbitale de la Nasa.

Il se retire de toute activité au début de l'année 1977, en raison de traitements en chimiothérapie malgré une première opération remontant au 6 août 1975. Il est hospitalisé et décède le 16 juin 1977 d'un cancer du foie, au moment ou se déroulent les premiers vols atmosphériques de la navette spatiale Enterprise et de son avion porteur B747 en Californie.

von Braun, visionnaire avait vu très loin en prévoyant le vol pour Mars en 1986. Aujourd'hui, on parle plutôt de 2040!

Un destin croisé jusqu'au bout, même vis-à-vis de la mort: Les deux hommes meurent, l'un d'un cancer, l'autre d'un arrêt cardiaque, à la soixantaine. Korolev à 59 ans et von Braun à 65 ans!

DEUXIEME PARTIE

LE TEMPS DES PREMIERS SPATIOPITHEQUES

« Côté technique, ma confiance est totale. Il ne doit pas y avoir de mauvaise surprise. Mais il arrive qu'on se casse le cou en tombant sur un sol impeccable. Là non plus je ne suis pas à l'abri d'un pépin quelconque. Et pourtant je n'y crois pas. S'il arrive quoi que ce soit, je vous demande à vous toutes et surtout à toi, Valioucha, de ne pas mourir de chagrin. La vie est ainsi faite et nul ne peut jurer qu'il ne sera pas écrasé demain par une voiture. »

Youri Gagarine, le 10 avril 1961,
extrait de la lettre d'adieu de Gagarine à son épouse
écrite l'avant-veille de son vol dans l'espace.

« Allons Sergueï Pavlovitch, tout marchera bien. N'ayez aucune crainte. Je suis sûr de moi et sûr du vaisseau. »

Youri Gagarine, 12 avril 1961
le matin du lancement et tentant de rassurer Korolev

12 AVRIL 1961, GAGARINE "BOUCLE" UN TOUR DU MONDE EN 108 MINUTES !

II

Le 31 janvier 1958, les USA lancent leur premier satellite artificiel: *Explorer 1*, 4 mois après le *Spoutnik 1* soviétique, et créent la Nasa, en juillet 1958. Ils s'engagent dans un projet de vols spatiaux habités: Il s'agit du programme *Mercury*, ultra-médiatisé, raconté dans le film *L'Etoffe des Héros* de Philip Kaufman, qui montre ses sept astronautes recrutés et présentés en "fanfare" aux médias dès le 9 avril 1959. Les Soviétiques, partis les premiers dans l'aventure spatiale, ont réussi à placer sur orbite dès le 3 novembre 1957, à bord de *Spoutnik 2*, la chienne Laïka.

Certains observateurs estiment alors que l'URSS va y envoyer un homme. Hors il n'en est rien et ce n'est pas semble-t-il – officiellement – à l'ordre du jour en 1959, pour les Soviétiques qui marquent des points dans un autre domaine: La Lune et son exploration par des robots et des sondes spatiales automatiques.

En janvier 1959, ils lancent la sonde *Lunik 1* en direction de la Lune. À l'étape suivante, ils posent sur le sol *Lunik 2* le 13 septembre 1959. Pour la première fois un objet artificiel "percute" la Lune et dépose le drapeau soviétique avec son marteau et sa faucille sur un autre monde !

C'est un jour humiliant pour les USA, mais l'URSS enfonce le « clou »: Trois semaines plus tard, le 4 octobre 1959 (deux ans tout juste après *Spoutnik 1*), *Lunik 3* parvient à photographier, pour la première fois, la face cachée de la Lune.

Un exploit extraordinaire malgré la qualité médiocre des photos ; en effet, cette face de la Lune est totalement inconnue des terriens car notre satellite naturel nous présente toujours la même face.

De l'autre côté, l'entraînement des astronautes de *Mercury* est maintenant bien engagé et se déroule « *bon train* », qui va être l'heureux élu ? Va-t-on assister au premier vol d'un homme dans l'espace de nationalité soviétique ou américaine ?

Au début de l'année 1960, les Russes ne souhaitent pas se faire damner le pion par l'Amérique pour envoyer un homme sur orbite. En effet, dès juillet 1959, on élabore un plan de sélection et de préparation de postulants cosmonautes qui doivent être issus de l'Armée de l'Air soviétique. Ces pilotes doivent mesurer au maximum 1,70 m et peser 70 kg (ndla : L'intérieur de la capsule étant très réduit, on pense alors qu'un homme de petite taille supportera mieux les accélérations du décollage), et ne pas être âgés de plus de trente-cinq ans.

Ainsi, le 7 mars 1960, en moins d'un an, ils mettent sur pied le programme de vols habités : Vostok ; et une première sélection de vingt postulants est présentée au Commandant en Chef de l'Armée de l'Air soviétique, Verchinine. Après de nombreux tests médicaux et un premier entraînement (avion, parachutisme, vol parabolique pour récréer l'apesanteur, chambre barométrique, entraînement à la survie etc.) la sélection est réduite après examen final des 17 et 18 janvier 1961 à six membres dont Youri Gagarine et Guerman Titov.

Les Américains ne retiennent, sur plus de 500 candidats, que sept hommes, dont Alan Shépard et John Glenn. Leurs critères de sélection sont stricts aussi mais autorisent des postulants de 1,80 m et de 80 kg, l'age étant limité à quarante et non trente-cinq, et ils peuvent être issus non seulement de l'Armée de l'Air (USAF) mais aussi de l'aéronavale (US-NAVY) et doivent avoir une qualification de pilote d'essai.

Ce recrutement russe est placé sous le commandement du Général Kamanine, et du médecin Karpov et rien n'y a été laissé au hasard. Ces postulants à l'espace doivent répondre à des critères très stricts sur le plan physique et mental, et se doivent d'être aussi de bons communistes et de bons ambassadeurs de l'URSS ! Course à l'Espace et propagande obligent.

À cette époque on ne sait pas grand-chose de l'environnement spatial, et de l'apesanteur, et beaucoup de questions restent encore en suspens : Comment un homme va-t-il supporter un décollage en fusée, avec de fortes accélérations ? Comment va-t-il s'adapter à l'environnement spatial hostile qu'il va rencontrer ? Et le retour sur terre en traversant les couches atmosphériques ?

Les fusées de l'époque qui doivent emporter les premiers astronautes dans l'espace ne sont pas vraiment fiables et connaissent encore de nombreux échecs. Il s'agit des fusées Redstone et Atlas côté Américain, et de la célèbre fusée Zémiorka (R7) chez les Soviétiques. De nombreuses images de ces échecs et de ces explosions existent aujourd'hui et en auraient refroidi plus d'un au moment de s'installer sanglé sur un siège, en haut de ces « missiles » bondés de poudre et de carburants !

En 1960, le processus est maintenant bien engagé, c'est ainsi que les soviétiques marquent de nouveau des points. Le 20 août 1960 deux chiennes Strelka (Ecureuil) et Bielka (Fléchette) reviennent saines et sauves sur terre après un périple d'une journée passée dans l'espace, à l'aide de leur Spoutnik 5 !

Les deux chiennes, ainsi que vingt-deux rats et vingt-huit souris ont visiblement bien supporté le décollage et le voyage en apesanteur, ainsi que le retour dans l'atmosphère de la capsule qui est similaire à la future cabine Vostok des premiers cosmonautes russes.

C'est un succès total pour cette expérience très importante au niveau médical, surtout lorsqu'on apprendra plus tard, sur le plan anecdotique, que l'un des chiens avait été installé à bord de la capsule au dernier moment, sans aucun entraînement. Il avait remplacé au « pied levé » une chienne qui avait choisi de retrouver sa liberté sur la base de Baïkonour. Comme il fallait deux chiens à bord on en attrapa un au hasard, passant à proximité de la fusée dont le compte à rebours ne pouvait être arrêté !

Au retour c'est celui qui avait subi un entraînement rude qui fût le plus malade, l'autre était dans une forme olympique ! C'était encourageant, hormis des vomissements de Bielka lors du vol en apesanteur, constatés par le circuit de télévision envoyant des images vers les médecins au sol.

C'est à partir de cette expérience que les docteurs décident que le premier vol humain se limitera à un tour de terre, et pas plus !

Le succès avec des animaux ne fût pas toujours au rendez-vous, l'Ingénieur en Chef Korolev avait besoin de nombreux essais pour qualifier et préparer un vaisseau de plus de quatre tonnes, qui doit y emporter un jour un homme dans l'espace.

En effet le 23 juillet 1960 deux chiens périssent, leur fusée explosant au décollage, il en est de même le 1er décembre 1960, un *Spoutnik 6* emportant les chiens Mouchk et Ptetchka, qui après avoir passé 24h dans l'espace, rentrent dans l'atmosphère avec leur capsule qui se désintègre !

Le 21 décembre, à quatre jours de Noël, deux chiens sont secourus *in-extremis*, éjectés de leur fusée défaillante en vol, une sécurité qui a bien fonctionné et qui doit être fiable avec un homme à bord.

Alors que des préparatifs s'accélèrent pour ce premier vol humain, on peut noter aujourd'hui un accident spatial, passé alors sous silence à la fin de l'année 1960, d'un missile balistique à très longue portée. En effet ce 24 octobre 1960, à Baïkonour, un missile R16 intercontinetal est resté immobile sur sa plate-forme de tir, au moment même où il doit décoller ; ne comprenant pas ce qui se passe le Maréchal Nédéline, chef des opérations de lancement, s'avance avec d'autres ingénieurs et des officiels pour une inspection du lanceur qui semble totalement inerte et silencieux.

Mais l'allumage du dernier étage est en cours et ils ne le savent pas, c'est alors que son moteur fusée arrose et enflamme littéralement les 300 tonnes de carburant du missile qui explose au sol ! Ce jour « *macabre* » longtemps tenu secret fait une centaine de morts sur la base de Baïkonour dont un Maréchal de l'Armée en fonction.

Et les Américains ? Le projet Mercury connaît lui aussi des problèmes avec des fusées peu fiables et provenant de l'arsenal des missiles des USA ! Certaines explosent devant les caméras en plein vol, d'autres s'allument par les deux bouts après des trajectoires incontrôlées et faisant penser à un feu d'artifice géant !

Le 31 janvier 1961 la Nasa réussit néanmoins une grande première en effectuant des vols spatiaux habités avec des animaux : Un chimpanzé du nom de « Ham » (*ndla : Jambon*), un petit singe qui effectue un vol balistique d'une dizaine de minutes, sans se mettre sur orbite car sa fusée Redstone (pierre rouge) n'est pas assez puissante pour cela.

À la suite d'un incident rencontré sur la fusée, la tour de sauvetage déclenche l'éjection de la cabine *Mercury*, « Ham » subit alors une accélération brutale de près de 10 G (*ndla : 10 fois son poids !*).

Épuisé et manquant de couler avec sa capsule au retour en mer, il est repêché sain et sauf, en véritable héros de l'Amérique. von Braun, n'a pas réussi à convaincre la Nasa de mettre un homme à bord de cette cabine : Alan Shépard, au lieu d'une guenon !

Auraient-ils décidés de laisser les Soviétiques passer devant eux ? Ces derniers remportent au même moment des succès spectaculaires qui font oublier certains échecs de 1960 : les 9 et 25 mars 1961 deux vaisseaux *Spoutnik* 9 et 10, proches des caractéristiques du *Vostok* qui doit emporter un homme, volent dans l'espace avec des chiens : Tchernouchka pour le premier, accompagné d'un mannequin qui porte un scaphandre, appelé « Ivan Ivanovitch ») et Zvezdochka sur *Spoutnik 10* dans la même configuration d'un tour de terre... L'envoi d'un homme semble proche.

Les six cosmonautes assistent au décollage des fusées depuis Baïkonour, car c'est primordial sur le plan psychologique et pour avoir une parfaite confiance dans le matériel.

Le 8 avril 1961, la décision tombe. Les candidats choisis pour ce premier vol sont: Youri Gagarine (titulaire) et Guerman Titov (doublure). Le vol est prévu pour le 11 ou le 12 avril 1961. Alors que Leonov et Komarov sont « *bons pour le job* », Khroutchev souhaite que le premier cosmonaute soit Russe et issu du peuple, né dans un village, de famille ouvrière ou d'agriculteurs et non pas de la classe moyenne ni d'une famille d'intellectuels.

Pour des raisons de volume de la capsule, le candidat ne doit pas être trop grand. Le choix se porte alors sur Youri Alekseievitch Gagarine, 27 ans, (1,59 m), connu aussi pour sa bonté, son sourire chaleureux et radieux, son humour et sa franchise. Korolev le préfère à Titov, issu de la bourgeoisie.

Lors de l'ultime sélection médicale, un docteur a remis un médicament, qui allait donner des nausées, pour départager les candidats. Questionné par les médecins, Gagarine est le seul à dire qu'il a été malade, mais pas les autres car ils craignant d'être recalés!

Le grand jour à Baïkonour approche. La fusée de Gagarine est installée le 11 avril, le remplissage des réservoirs se déroule sans incident. Le feu vert pour ce tir avait été donné dès le 10 avril par une Commission d'Etat qui fixe la date au 12. Korolev, l'ingénieur en chef en charge du suivi de l'expérience ne parvient pas à trouver le sommeil au cours de cette nuit-là.

La veille au soir, le 11 avril il vérifie que Gagarine et Titov dorment profondément – ce qui est le cas – dans une petite maisonnette installée à proximité de l'endroit d'où ils doivent décoller. La sécurité du vol de Gagarine repose intégralement sur ses épaules, et il le sait. Il n'y a pas le droit à l'erreur! Très tôt, à l'aube le médecin Karpov réveille Gagarine et Titov à 5h30 (heure de Moscou), le Général Kamanine est aussi sur le pont.

– E. Karpov (tapotant l'épaule des deux hommes):

« *Il est l'heure de se lever* »;

les deux cosmonautes rejoignent ensuite le gymnase pour faire un peu d'exercice (car il va y en avoir!) et pour se mettre en forme. Puis un copieux petit-déjeuner « spatial » leur est servi avec au menu des aliments en tubes: Purée de viande, café, et marmelade de cassis.

Un ultime examen médical se déroule, et tout semble ok: 36,4 ° C de température, 64 pulsations cardiaques par minute, 12/6 de tension artérielle, les paramètres de Gagarine sont nominaux. Dans une salle spéciale dédiée à leur habillage ils revêtent leur lourd scaphandre de couleurs orange vif, par-dessus un sous-vêtement plus léger et chaud qui lui est bleu.

Des vérifications ont ensuite lieu sur leur équipement de survie, c'est alors qu'un homme entre dans la salle. Il s'agit de Sergueï Korolev, qui donnerait cher pour se retrouver à la place de son petit "protégé", l'espace il en

Biographie de Youri Gagarine (9 mars 1934 - 27 mars 1968) :

Le 9 mars 1934, le jeune Youri naît à la maternité de Gzhatsk, la ville proche du village Klouchino où habite la fratrie Gagarine. Son père Alekseï Ivanovitch est menuisier charpentier, et sa mère est trayeuse, de vrais "gens" du peuple et des kolkhoziens. Il est le troisième enfant d'une famille qui en comptera quatre.

Tout jeune et lors du début de sa scolarité il est déstabilisé lorsque l'Armée nazie - envahissant l'URSS - entre le 12 octobre 1941 dans son petit village, son école est brûlée et sa maison occupée par les Allemands. Son frère et sa sœur aînés, l'un sur le front et l'autre vétérinaire des Armées sont faits prisonniers puis libérés, Youri Gagarine doit attendre mars 1943 pour assister à la libération de son village.

Cette situation donne du travail à son père qui se voit confier la reconstruction de la ville de Gzhatsk, mettant ainsi son talent manuel de travailleur du bois à l'honneur.

Toute la famille déménage alors en ville, en 1949 Youri termine sa scolarité en école primaire, puis il part pour la ville de Lioubertsi pour suivre un cycle d'apprentissage car il souhaite gagner rapidement sa vie.

Il obtient un certificat d'apprenti- fondeur en 1951, qui lui permet d'entrer à l'école de fonderie de Saratov ; simultanément car il rêve de voler, il s'inscrit à l'Aéroclub de cette ville à la fin de 1954.

Plongé dans des ouvrages du célèbre visionnaire russe des vols dans l'espace : Tsiolkovski, Gagarine découvre le vol grâce à l'avion Yak-18 et fait quelques heures de vol pour obtenir son brevet de pilote le 24 septembre 1955.

Il entre alors dans l'Armée de l'Air et apprend à voler sur Mig-15, dans une école spécialisée à Tchkalov.

L'année 1957, c'est la réussite des Spoutniks envoyés par son pays dans l'espace, ce qui ne le laisse pas indifférent, mais c'est aussi le succès de tous ses examens, et son mariage avec Valentina Goriatcheva qui lui donnera deux enfants.

En 1958, il est affecté sur une base arienne, et il commence à voler, puis apprenant que son pays recherche des postulants pour l'espace, il devient candidat en 1959.

Il a l'honneur le 12 avril 1961 de devenir le cosmonaute N° 1 de l'histoire, et met 108 minutes pour boucler un tour du Monde !

rêve depuis tellement longtemps lui aussi. IL est fatigué, les yeux cernés et le teint pâle, il n'a visiblement pas dormi, à l'inverse des cosmonautes ;

– Korolev interroge Gagarine : « *Comment va ?* ».

– Gagarine : « *Très bien. Et vous ?* »

Gagarine silencieux, semble lire dans les pensées de Korolev, qui lui a maintes fois parlé de ce vol et des risques :

– « *Allons Sergueï Pavlovitch, tout marchera bien. N'ayez aucune crainte. Je suis sûr de moi et sûr du vaisseau.* ».

Korolev d'un léger sourire pense sur le moment qu'il a raison. Maintenant il faut y aller ! À 6 h (heure de Moscou), Gagarine et Titov sont présentés à l'ultime Commission d'État et aux officiels présents sur le site, l'ordre de tir est alors donné en cet instant très solennel.

Le Lieutenant Gagarine salue le plus haut gradé présent, par réflexe hiérarchique, le Maréchal Moskalenko, oubliant presque K. Roudnev, le Président de la Commission. D'autres ne parviennent pas à retenir quelques larmes, il est difficile de ne pas montrer de l'émotion face à un tel événement, pour d'autres se sont des embrassades à la russe.

Les deux hommes montent, vers 6^h30, dans un bus qui les emmène vers la fusée Zémiorka-Vostok, Gagarine « escalade » ensuite sa fusée à l'aide de l'ascenseur, il est environ 7 h lorsqu'il est au sommet, et à deux heures seulement du décollage.

Extrait des impressions de Gagarine (rapport "secret" daté du 13 avril 1961 présenté devant la Commission d'État) : « *Nous sommes alors partis en autobus pour le pas de tir, avec mes amis cosmonautes, mon remplaçant Hermann Stepanovitch Titov et les responsables. Une fois sur place, on m'a fait monter en ascenseur jusqu'à la cabine du vaisseau. Les hommes du peloton m'ont installé dans le fauteuil sous la direction d'Oleg Henrichovitch Ivanovski. Tous les branchements se sont faits sans problèmes. Même chose pour les contrôles. La liaison marchait dans les deux sens. Très bonne la liaison. Je me sentais de bonne humeur, en pleine forme. J'ai rendu compte du contrôle des systèmes, des préparatifs du tir, de mon propre état. La liaison marchait sans interruption.* »

Puis un dialogue s'instaure entre Korolev depuis le poste de commandement et Gagarine recroquevillé dans sa capsule, perché à 40 mètres du sol (avec 300 tonnes de carburant hautement explosifs sous les « fesses ! »).

– 7^h32 Aube 1 (nom de code de Korolev) : « *M'entendez-vous ? J'ai un message.* »

– Cèdre (nom de code de Gagarine) : « *Je vous reçois bien.* »

– Aube 1 (Korolev) : « *Youri Alexeïevitch, je voulais simplement vous rap-*

peler qu'à une minute du top, il faudra attendre encore six minutes environ avant le début du vol. Pas d'inquiétude, surtout. »

– Cèdre (Gagarine) : « *Bien compris. Je ne m'en fais pas.* »

– C'est alors qu'un incident arrive, Gagarine raconte : « *Fermeture de la trappe N° 1. J'ai entendu les bruits de verrouillage, les cliquetis des clés. Mais voilà qu'on commence à la rouvrir, puis à l'enlever. J'ai vu que quelque chose ne tournait pas rond...* »

Il est 7^{h}58, et Korolev tente de rassurer Gagarine par radio :

– Aube 1 (Korolev) : « *Youri Alexeïvitch, voilà ce qui se passe : à la fermeture de la trappe, l'un des contacts ne se fait pas ; on va devoir ôter le couvercle et le remettre, vous m'entendez ?* »

– Cèdre (Gagarine) : « *Bien reçu. La trappe est ouverte, on vérifie les contacts.* »

– Aube 1 (Korolev) : « *Parfait, parfait...* »

Extrait du rapport de Youri Gagarine daté du 13 avril 1961 :

« *Bientôt l'équipe a interverti les supports sur lesquels s'appuyaient les contacts. Le tout bien remis, ils ont fermé le couvercle. C'était réglé.* » (ndla : Ce problème ne fût révélé que vingt ans après le vol de Gagarine, le non-verrouillage de l'écoutille de la capsule *Vostok 1* aurait pu court-circuiter le compte à rebours, avec obligation de reprogrammer le tir, voire ajourner le lancement. Gagarine devait rester parfaitement concentré et ne pas s'inquiéter, puis tout rentra dans l'ordre.)

« *Ils ont annoncé la dernière heure du compte à rebours, puis la dernière demi-heure. Puis ils sont passés à l'enregistrement des paramètres physiologiques. Bref, tout s'est bien passé. Je me sentais bien. Le moral était bon.* »

Pour rompre l'ennui et pour que Gagarine patiente jusqu'à l'heure du décollage on lui met de la musique dans ses écouteurs. C'est très apaisant pour Gagarine, observé sur un écran de TV :

– 8^{h}28, Aube 1 (Korolev) : « *On vient de vous voir sur le téléviseur, tout va bien, votre mine enjouée nous a réjouis, m'entendez-vous ?* »

Puis c'est le Général Kamanine, chef du détachement des cosmonautes, qui le rassure en lui donnant ses paramètres médicaux.

– 8 h 41, Kamanine : « *Vous m'entendez ?* »

– Cèdre (Gagarine) : « *Parfaitement. Et vous ?* »

– Kamanine : « *Très bien. Vous avez 64 pulsations à la minute, rythme respiratoire 24. C'est bon.* »

– Cèdre (Gagarine) : « *Compris. Donc mon cœur bat encore !* »

Surprenant, à moins de trente minutes du tir, Gagarine reste imperturbable sur le plan émotionnel. Mais à cinq minutes du décollage son cœur va cogner plus fort dans sa poitrine, entre 110 et 130 pulsations !

Nous sommes maintenant à moins de quinze minutes de l'heure H, la fusée de Gagarine a commencé à « vivre » sous ses pieds, l'instant est gravé dans sa mémoire de pilote-cosmonaute.

Extrait du rapport de Youri Gagarine daté du 13 avril 1961 :

« *Le compte à rebours marquait moins quinze minutes. J'ai enfilé mes gants hermétiques et baissé le heaume de mon casque. Moins cinq minutes. Moins une minute. Départ. Avant ça, j'ai entendu le détachement des tours de visite. Ca produit des chocs sourds contre la fusée. Et la fusée donne l'impression d'osciller. L'appel de pression s'est mis en marche. J'entendais les clapets fonctionner. La commande de lancement a été exécutée. Les moteurs du premier étage sont entrés en action, en provoquant un bruit léger. Le bruit s'est accentué avec l'allumage des moteurs du 2ème étage. Quand le tour est venu de l'étage principal, ce bruit s'est encore amplifié, mais pas trop brutal, pas au point d'assourdir ou de gêner.* »

Le dialogue des derniers instants et du décollage entre Korolev et Gagarine, il est 9h02 :

– Aube 1 (Korolev) : « *Compte à rebours : une minute avant le top, m'entendez-vous ?* »

– Cèdre (Gagarine) : « *Reçu : une minute avant le top. J'étais en train de me mettre en position départ, voilà pourquoi j'ai tardé à vous répondre.* »

– 9h03, Aube 1 (Korolev) : « *Compris. En phase de lancement, vous pouvez ne pas me répondre. Vous répondrez quand ce sera possible. Je vous communiquerai les détails.* »

– Cèdre (Gagarine) : « *Reçu.* »

– Aube 1 (Korolev) : « *Contact !* »

– Cèdre (Gagarine) : « *Reçu.* »

– Puis à 9h04, Aube 1 (Korolev) : « *Clé en position pression.* »

– Cèdre (Gagarine) : « *Reçu.* »

– 9h05, Aube 1 (Korolev) : « *Tout va bien, les clapets de pression sont fermés.* »

– Cèdre (Gagarine) : « *Reçu. Le moral est bon, le physique aussi. Suis prêt pour le départ.* »

– Aube 1 (Korolev):« *Parfait.* »

Puis l'instant que tout le monde attend, le décollage :

– 9h07, Korolev : « *Allumage...* »

– Gagarine : « *Reçu. Allumage.* »

– Aube 1 (Korolev) : « *1er étage... 2e... 3e... Lancement exécuté !* »
– Cèdre (Gagarine) : « *C'est parti (ndla : Poekhali, on y va ! en russe) ! Niveau de bruit bas dans la cabine. Tout va bien, bon physique, bon moral, pas de problèmes.* »
– Aube1 (Korolev): « *Nous vous souhaitons un bon vol. Tout va bien.* »
– Cèdre (Gagarine) : « *Au revoir et à bientôt, chers amis !* »
Puis, après que la fusée se soit élevée au début très lentement, elle se met ensuite à accélérer de plus en plus vite.

Extrait du rapport de Youri Gagarine du 13 avril 1961, qui donne ses ressentis et sensations de ce premier vol spatial de l'histoire :

– « ... *Je m'attendais à pire. La fusée s'est levée doucement, mollement. Je ne m'en suis même pas rendu compte. Ensuite j'ai senti un léger tremblement le long de la fusée... J'étais prêt à l'éjection d'urgence. J'observais les signes de l'ascension. Sergueï Pavlovitch m'a annoncé les soixante-dix secondes. Dans ce laps de temps, le caractère de la vibration change insensiblement. La fréquence baisse, l'amplitude s'accroît. Ca donne une sensation de secousse...*

L'accélération va s'intensifiant, d'une façon régulière, parfaitement supportable, comme dans un avion ordinaire. Environ 5 g. À ce régime, je n'ai pas cessé de faire mon reportage ni de garder la liaison avec le pas de tir. J'avais un peu de mal à parler, tous les muscles de mon visage étant tirés par l'accélération. J'ai dû tendre un peu mes forces. L'accélération a continué de s'accroître et, passé le point culminant, elle s'est mise à faiblir doucement...Ensuite nouvelle poussée. J'étais plaqué dans mon fauteuil... À 150 secondes, la coiffe de protection s'est détachée... »

Quelques minutes après le décollage, vers 9 h 09 les quatre accélérateurs latéraux de la fusée sont largués, puis c'est la coiffe qui est expulsée, Gagarine observe alors les événements et la terre sous ses pieds :

– 9h10, Korolev : « *Expulsion de la coiffe. Tout va bien. Comment vous sentez-vous ?* »

– Cèdre (Gagarine) : « ... *Expulsion de la coiffe... Je vois la terre... L'accélération s'intensifie, je suis en pleine forme, moral parfait.* »

Il est 9h11, heure de Moscou :

– Aube 1 (Korolev):« *Beau travail, parfait. Tout se passe très bien.* »

– Cèdre (Gagarine) : « J'*observe les nuages, la base... C'est beau, oh ! Une vraie splendeur ! Vous m'entendez ?* »

– Aube 1 (Korolev):« *Nous vous entendons parfaitement. Continuez.* »

– Cèdre (Gagarine) :« *L'extinction du troisième étage est survenue brusquement. L'accélération s'est légèrement intensifiée, j'ai senti un claque-*

ment brutal. Dix secondes plus tard environ, l'étage s'est détaché avec une secousse. Le vaisseau s'est mis à tourner lentement...»

Puis vient la délivrance, à 9^{h}21, le *Vostok 1* et Gagarine, se placent sur orbite à 181 km d'altitude puis voguent à une vitesse d'environ 28 000 km/h.

De nouvelles sensations apparaissent : L'apesanteur et un calme parfait, contrastant étrangement avec le bruit des moteurs de la fusée.

Mais Gagarine ne peut pas pleinement ressentir cette sensation de flottement car il est harnaché sur son siège, et il se trouve dans une cabine très exigüe. Il est entre 9^{h}59 et 10^{h}02 (55 minutes après le décollage) lorsque Radio Moscou officialise la nouvelle du lancement du premier conquérant de l'espace, tournant autour de la terre à bord du *Vostok 1*.

Son épouse Valia et sa fille apprennent la nouvelle. Peu avant c'est à 9^{h}52 que Gagarine et son *Vostok* survolent Le Cap Horn tant redouté des marins en mer : Gagarine se trouve à une altitude de plus de 327 km, c'est l'apogée, le point le plus haut de l'orbite.

Pour permettre de donner des informations aux ingénieurs et aux médecins il utilise un magnétophone pour faire un reportage, boit et mange pour vérifier qu'il est possible de déglutir en apesanteur et bien d'autres expériences demandées par le sol :

Extrait du rapport de Youri Gagarine daté du 13 avril 1961, qui raconte et donne ses ressentis de ce premier vol spatial historique :

– « ... *Je prenais des notes dans le journal de bord, je faisais des comptes rendus télégraphiques. En mangeant et buvant, je voyais mon sous-main « nager » devant moi, avec le crayon. Quand j'ai voulu écrire, je n'ai plus retrouvé le crayon. Il s'est envolé. Il tenait à la planchette par un crochet, mais il aurait fallu sans doute le coller ou le pincer plus fort. Le crochet s'est retourné, et le crayon est parti. J'ai rangé dans ma poche le journal de bord devenu inutile. Rien pour écrire !*»

Puis d'autres dialogues échangés avec une station au sol, donnent une pleine mesure du spectacle que Gagarine observe :

– Cèdre (Gagarine) : « *Attention. Je vois l'horizon de la terre. Une auréole magnifique. D'abord un arc-en-ciel qui part de la surface même de la terre et qui passe dessous. C'est très beau. Tout cela par le hublot de droite... Le vol se poursuit dans l'ombre de la terre...* »

Vesna (nom de code d'une station au sol) : « *Compris.* »

Le vol continue mais la phase la plus redoutée – et avec une certaine inquiétude - est le retour dans l'atmosphère qui approche.

La mission de Gagarine est de réaliser seulement un seul tour de terre, et 1 h 48 minutes de vol c'est très court.

Les ingénieurs les plus pessimistes ont estimé sa probabilité de retour à seulement 46 % de chance, pour que celui-ci ne revienne sain et sauf de cette escapade dans l'Espace.

Au cours de sa mission Youri Gagarine rencontre de nombreux problèmes, notamment lorsque son vaisseau se place sur orbite beaucoup plus haut que prévu, ce qui l'aurait contraint en cas de panne du moteur du *Vostok 1*, à devoir attendre cinquante jours avant de regagner la terre par freinage atmosphérique naturel alors qu'il ne dispose que d'une semaine de vivres !

Alors quel problème va rencontrer Gagarine maintenant que le retour approche et qu'il doit réduire sa vitesse ?

Lorsqu'il aborde le retour sur terre, son moteur freine dix minutes de plus que prévu, car son module principal ne parvient pas à se détacher de sa capsule. Ce n'est pas prévu au programme !

À ce moment les contraintes sont terribles pour le vaisseau et son occupant, en rentrant dans l'atmosphère il encaisse près de 10 G (ndla : Soit dix fois son poids de décélération) !

Puis il déclenche son siège éjectable vers 7000 m d'altitude, c'est un détail qui sera d'ailleurs longtemps tenu secret : Le récit officiel raconte en effet qu'il se pose avec sa cabine, mais comme c'est jugé trop dangereux il éjecte avec son siège, et finit son parachute personnel.

Peu après l'éjection il perd une partie de son équipement de survie, et manque de suffoquer, à la suite d'un problème sur son scaphandre.

Il se pose près de Saratov dans la région de Moscou, avec un comité d'accueil pas aussi sympathique que ce que l'on a raconté, heureusement il porte sur lui un « *titre officiel* » qui atteste de son statut de tout premier homme de l'Espace.

En effet à l'époque les Soviétiques se méfiaient des pilotes qui pouvaient « tomber du ciel », ils avaient en effet vécu quelques mois auparavant la chute du pilote d'un avion espion *U2* américain, G. Powers vêtu d'une combinaison pressurisée assez similaire à celle de Gagarine.

Reçu ensuite avec les honneurs, de grandes cérémonies organisées par les autorités soviétiques ont lieu sur la place rouge, où Gagarine passe directement de l'ombre à la lumière, mais pas Korolev lui qui est l'« artisan » de cette superbe victoire...

Gagarine meurt dans un tragique accident d'avion le 27 mars 1968, dans des circonstances longtemps tenues secrètes jusqu'au 8 avril 2011 jour ou des documents de l'époque ont été déclassifiés !

Après son vol spatial historique du 12 avril 1961, Youri Gagarine a été mis en réserve, pour ne pas revoler dans l'espace, et éviter tout accident. Les Soviétiques souhaitent l'« utiliser » comme ambassadeur de l'URSS pour leur propagande. Mais face aux volontés de Youri Gagarine qui souhaite reprendre du service, à la fois dans l'aviation puis pour de nouvelles affectations en tant que cosmonaute il doit s'entraîner.

C'est ainsi qu'Il effectue un vol le 27 mars 1968 avec son instructeur, mais ne le voyant pas rentrer à la base, des avions partent en reconnaissance autour de Moscou. Un incendie près du village de Novosselononvo est repéré, il s'agit du crash d'un avion !

L'enquête a conclu que « le vol 625 avait commencé le 27 mars à 10 h 19 par un ciel couvert.

À 10 h 26 (Moscou), le directeur des vols appela le « 625 » pour lui demander de le prévenir quand il sortirait des nuages. À 10 h 30, Gagarine demanda l'autorisation de changer de cap et, une fois la manœuvre effectuée, la confirma.

Ce fût la dernière communication avec l'appareil. L'enquête conclura au crash de l'avion à 10 h 31 à la vitesse de 600 km/h. Il fût établi que le jour de l'accident la base des nuages se trouvait beaucoup plus bas que ce qu'avait signalé l'avion de reconnaissance météorologique (400 à 500 mètres au lieu des 900 mètres) ».

En résumé : Le crash de l'avion avait eu lieu juste après avoir réussi plusieurs boucles, à la sortie d'une vrille !

Beaucoup de questions subsistent encore aujourd'hui : Pourquoi Gagarine a-t-il demandé à changer de cap pendant le vol, et l'hypothèse d'un autre avion venu gêner le Mig15 dans son périmètre ?

Cette hypothèse a été défendue par le cosmonaute Leonov qui s'est exprimé à l'occasion des 35 ans de la mort de Gagarine le 24 mars 2003 lors d'une interview donnée à la maison des journalistes de Moscou.

Selon lui c'est un avion Sukkoi-11 évoluant dans le même secteur que l'avion de Gagarine et qui n'aurait pas respecté son plan de vol, qui l'aurait gêné !

Et en date du 8 avril 2011 et de la déclassification de documents « Secret Défense » on parle d'une sonde atmosphérique (ballon-sonde) qui aurait gêné Gagarine et son instructeur les obligeant à faire une manœuvre brusque d'évitement mais ceci étant indiqué au conditionnel et comme hypothèse principale.

L'URSS déclarera un véritable deuil national pour le peuple Soviétique très affecté par ce drame. Youri Gagarine ouvrier fondeur, et premier Homme du cosmos était l'un des leurs.

Un bien cruel destin à trente-quatre ans. Il est enterré à côté de son ami Komarov qui s'est tué avec Soyouz 1 l'année précédente ; avec d'autres héros soviétiques, dans l'enceinte du Kremlin !

À deux jours du TOP, lettre d'adieu de Youri Gagarine à sa femme Valentina : « Mes chères, mes tendres petites Valétchka [sa femme Valentina], Lénochka [sa fille aînée Eléna] et Galotchka [sa fille cadette Galina] !
Je me décide à vous écrire ces quelques lignes pour me confier et vous faire partager la joie et le bonheur qui m'échoit aujourd'hui. La commission d'État a décidé de m'envoyer le premier dans l'Espace. Tu imagines combien je suis heureux, Valioucha, et je tiens à partager ce bonheur avec toi. Une mission d'État aussi grande confiée à quelqu'un d'aussi simple que moi : ouvrir le premier chemin dans l'Espace !
Peut-on seulement rêver mieux ? Car enfin, c'est l'histoire en marche ! Une ère nouvelle qui commence !
Le départ doit se faire après-demain. Vous serez pris par vos occupations habituelles pendant ce temps. C'est une très grande tâche qui repose sur mes épaules. J'aimerais passer un petit moment avec vous avant cela, et qu'on se dise des choses. Mais vous êtes loin, hélas. Et pourtant je sens toujours votre présence à mes côtés.
Côté technique, ma confiance est totale. Il ne doit pas y avoir de mauvaise surprise. Mais il arrive qu'on se casse le cou en tombant sur un sol impeccable. Là non plus je ne suis pas à l'abri d'un pépin quelconque. Et pourtant je n'y crois pas. S'il arrive quoi que ce soit, je vous demande à vous toutes et surtout à toi, Valioucha, de ne pas mourir de chagrin. La vie est ainsi faite et nul ne peut jurer qu'il ne sera pas écrasé demain par une voiture.
De grâce, prends soin de nos fillettes, aime-les comme je les aime. N'en fais pas des chochottes, des p'tites fifilles à leur maman, mais de vraies personnes qui n'aient pas peur des mauvais coups de la vie.
Tu élèveras des filles bien, dignes d'une société nouvelle, du communisme. L'État t'aidera. Pour ce qui est de ta vie privée, tu la referas en conscience, comme tu le jugeras bon. Je ne te lie à aucune obligation, je ne m'en sens pas le droit.
Ma lettre tourne un peu trop au deuil. Moi-même je n'y crois pas. J'espère que tu ne recevras jamais ces mots et que j'aurai honte devant moi-même de cette faiblesse passagère. Mais s'il arrive quelque chose, tu dois tout savoir jusqu'au bout.
À ce jour, j'ai vécu honnêtement, dans le juste chemin, en rendant service aux hommes, quoique d'une modeste façon. Je me souviens d'avoir lu ces lignes de Tchkalov, il y a longtemps, dans mon enfance : « Tant qu'à être, mieux vaut être le premier ». Je m'efforce de l'être et je le serai jusqu'au bout. Ce que je veux, Valétchka, c'est dédier ce vol aux hommes de la société nouvelle, les hommes du communisme dans lequel nous sommes d'ores et déjà en train d'entrer, à notre grand pays, à notre science.
J'espère que nous serons réunis de nouveau d'ici quelques jours et que nous serons heureux.
Valétchka, s'il te plaît, n'oublie pas mes parents, aide-les si tu le peux. Transmets-leur mon affection, qu'ils me pardonnent de ne pas avoir été mis au courant, parce que de toute façon ce n'était pas permis. Voilà, je crois que c'est tout. Au revoir, mes chéries. Je vous embrasse de toutes mes forces, votre papa et Youra. »

10 avril 1961,
Traduction du Russe par Y. Gauthier.
Doc. déclassifié 08/04/2011

« Les cinq femmes du groupe ont suivi une formation plus poussée que les hommes... Mais tout le monde avait cette idée folle d'avoir une formation impeccable et d'effectuer un vol spatial. »

...

« Quand je me suis éjectée, j'ai eu très peur en voyant un lac. J'ai pensé, pour une fois qu'on envoie une femme, elle risque de se retrouver dans l'eau !..
Je me suis fait mal avec le casque.
Le parachute s'est enfin détaché, mais j'ai eu un gros bleu sur le nez.»

Propos issus d'une interview donnée à RIA Novosti concernant son entrainement et son retour sur Terre plus de quarante ans après sa mission de juin 1963
Valentina Terechkova

16 JUIN 1963, APRES VALENTINA, PLUS JAMAIS DE "NANAS" DANS L'ESPACE !

III

Valentina, une « *nana* » dans l'Espace !

Oui c'est bien ce type d'expression qu'utilise Sergueï Korolev le constructeur principal, en charge du programme spatial soviétique, pour qualifier le vol de la première femme de l'Espace qui a lieu deux ans tout juste après celui de Youri Gagarine.

Un peu comme si elles n'avaient pas vraiment leur place là-haut à bord de capsules spatiales, et qu'elles n'étaient bonnes qu'à faire la cuisine ou le ménage ! Mais aujourd'hui avec maintenant un demi-siècle de recul dans l'exploration spatiale, on recense et comptabilise une cinquantaine d'astronautes de la gente féminine à avoir eu la chance de voyager autour de la terre mais pas sur la Lune.

Certaines ont volé avec un statut de commandant de bord sur une navette spatiale ou de commandant de la station spatiale internationale (ISS) avec des astronautes "masculins" sous leurs ordres !

D'ailleurs les médecins et spécialistes du spatial d'aujourd'hui s'accordent pour dire que les équipages futurs d'astronautes seront très certainement mixtes. En effet une présence féminine permet un meilleur équilibre de l'équipage, notamment lors des vols de longue durée, ce qui sera le cas lors d'un vol habité martien prévu entre 2030 et 2040, et qui nécessitera deux à trois ans de voyage.

La première d'entre elles : Valentina Terechkova, connue aussi sous son diminutif de la "mouette" pris en effet son envol le 16 juin 1963, à bord d'un vaisseau *Vostok 6* du même type que celui qui emmena dans l'espace Youri Gagarine. Une mission qui dure trois jours, avec un rendez-vous effectué sur orbite avec le vaisseau *Vostok 5*, piloté par le cosmonaute Valéry Bykovski. Et pour couronner le tout elle épouse le cosmonaute Nikolaiev, qui a volé lui-aussi dans l'espace, avec le *Vostok 3* en août 1962.

Deux ans plus tard de cette union, une petite fille voit le jour. Ce "conte de fée" est parfaitement arrangé et orchestré par les dirigeants Soviétiques de 1963 ; en effet Khrouchtchev le Numéro 1 Soviétique a compris tout l'intérêt de cette course à l'espace. En décrochant des grandes premières il va pouvoir valoriser son image en augmentant son crédit et sa capacité d'influence sur l'URSS et sur les autres nations. Il s'agit en fait pour lui de montrer la réussite du régime communiste sur celle du régime capitaliste !

Les années 1961 et 1962 avancent plutôt "bon train", avec des vols tests, des records, et des recrutements au "menu des réjouissances". C'est ainsi que chez les Soviétiques… à peine ont-ils réussi le premier vol de Youri Gagarine qu'ils ont réitéré un vol en août 1961, avec le cosmonaute Guerman Titov (doublure de Gagarine), 25 ans, qui reste le plus jeune cosmonaute de l'Histoire !

Il effectue dix-sept tours de terre en 24 h, soit le premier vol d'un jour complet passé dans l'espace. Cette expérience est de la plus haute importance sur le plan médical car on y observe pour la première fois le mal de l'espace d'un Guerman Titov qui est pris de vomissements.

Alors que les Soviétiques pensent envoyer une femme sur orbite, qu'en est-il outre Atlantique, de nos belles Américaines ?

Quelle place leur réserve-t-on, dans ce métier ?

Au même moment, les USA n'ont toujours pas placé un homme sur orbite, et encore moins une femme !

Les 5 mai et 21 juillet 1961, ils effectuent deux petits sauts de « puce » avec une capsule Mercury en vol balistique. Ce type de vol permet à une cabine spatiale de monter à très haute altitude, dans l'espace, mais sa vitesse n'est pas suffisante pour effectuer un tour de terre (une orbite), elle doit ensuite être repêchée grâce à ses parachutes de freinage sur un océan.

C'est le cas des astronautes Alan Shépard et Virgil Grissom, qui à l'aide d'une fusée Redstone, réalisent successivement un vol d'une quinzaine de minutes. Mais ils retombent très vite en mer, avec leur capsule (ndla : Grissom manqua d'ailleurs de se noyer, car sa capsule coula "à pic" !) sans pouvoir tourner autour de la Terre pour boucler une orbite complète.

MERCURY 13, un projet spatial "Top Secret", de femmes astronautes américaines dès 1960 !

Mercury 13, est un projet « secret » de treize femmes astronautes américaines qui furent recrutées et sélectionnées au moment même du projet Mercury 7 officiel des astronautes « hommes ».

Elles ne volèrent jamais dans l'espace, les américains attendront en fait vingt ans avant d'envoyer une femme en orbite (1983, Sally Ride). Dans les années 1960 le Docteur William Randolph « Randy » Lovelace II de la NASA, s'inspirant des tests de sélection des premiers astronautes du projet Mercury, fit passer à des postulantes femmes les mêmes tests médicaux et psychologiques. En 1960 il invite « Jerrie » Cobb, pilote de formation, qui réussit ces tests avec un succès comparable.

Annonçant cela à la presse, ils recrutent d'autres femmes, pour passer ces batteries de tests. Dans leurs efforts ils sont secondés par une femme pilote célèbre : Jacqueline Cochran. Au cours de l'année 1961, un total de vingt-cinq femmes âgées de vingt-trois à quarante-et-un ans rejoignent la Clinique privée de Lovelace à Albuquerque, au Nouveau Mexique et passent quatre jours de tests, parfaitement identiques à ceux du projet Mercury 7.

De vingt-cinq postulantes, le groupe passe à treize femmes choisies pour d'autres tests qui ont lieu dans un centre de l'US NAVY à Pensacola, en Floride. Ce groupe de finalistes, les « First Lady Astronaut Trainees » (FLATs), compte alors : Jerrie Cobb, Wally Funk, Irene Leverton, Myrtle "K" Cagle, Janey Hart, Gene Nora Stombough [Jessen], Jerri Sloan [Truhill], Rhea Hurrle [Woltman], Sarah Gorelick [Ratley], Bernice "B" Trimble Steadman, Jan Dietrich, Marion Dietrich (décédée), Jean Hixson (décédée).

La NASA craignant que ce projet ne fasse doublon et ne porte préjudice au bon déroulement du projet officiel des sept astronautes « masculins » de Mercury, fixe la barre très haut en demandant à ne recruter que des astronautes issus d'une filière de pilotes militaires et d'essais, et diplômés en ingénierie.

Finalement, l'équipe « Mercury 13 » est dissoute par le Gouvernement Américain, laissant la place aux Soviétiques et à Valentina Terechkova pour devenir la première femme de l'Espace, alors que les Américaines étaient prêtes bien avant !

Après ces deux missions le Président Kennedy a riposté le 25 mai 1961 devant le Congrès Américain, à l'occasion d'un discours entré dans la postérité. Pour répondre à l'humiliation subie par l'avance des Russes, il décide d'envoyer des Américains sur la Lune avant 1970.

Alors que le projet *Apollo* de la NASA est à peine initié, de leur côté les Soviétiques cherchent de nouveau à « épater » leur adversaire « capitaliste », avec une autre grande première dans l'espace:

Ils veulent cette fois-ci être les premiers à y envoyer une femme!

Un recrutement est lancé, 400 candidates Soviétiques sont retenues dans un premier temps, pour subir des tests médicaux et psychologiques aussi rudes que ceux passés par les hommes.

Le 14 janvier 1962, 48 postulantes à un premier vol spatial sont retenues, elles ont toutes dans leur cursus une formation de pilote ou bien de parachutiste.

Le 28 février 1962 elles ne sont plus que cinq dans la sélection finale dont Valentina Terechkova, Irina Solovievia et Valentina Ponomareva qui commencent dès le 14 mars 1962 un entraînement à la Cité des Étoiles près de Moscou.

Entre-temps, les Américains ont enfin envoyé sur orbite un astronaute: John Glenn qui effectue trois petits tours de Terre en réussissant le premier vol orbital Américain le 20 février 1962.

Au même moment les Soviétiques ambitionnent des vols de trois à cinq jours dans l'espace en faisant voler conjointement deux capsules spatiales habitées simultanément: Le 11 août 1962 à 11 h 30 (heure de Moscou), Nikolaiev décolle avec le vaisseau *Vostok 3*, il est suivi le 12 août 1962 à 11 h 02 du cosmonaute Popovitch à bord d'un vaisseau *Vostok 4*.

Dans l'Espace, pour la première fois deux véhicules distincts volent simultanément et s'approchent à moins de 5 000 mètres de distance l'un de l'autre. Ils peuvent presque se faire des signes par les hublots et dialoguer entre eux.

C'est de nouveau un succès total de la part des Soviétiques, qui établissent un record de durée de vol spatial avec plus de 94 h (quatre jours) autour de la terre. Lors de ce vol ils sont aussi arrivés pratiquement à la maîtrise d'un premier rendez-vous spatial!

Cette manœuvre est décisive car elle sera utilisée dans l'avenir pour pouvoir effectuer un voyage vers la Lune.

Dans une cabine Mercury, les astronautes Américains parviennent à rester 36 h à bord, mais avec quelques problèmes de climatisation.

De mars 1962 à mai 1963 trois femmes soviétiques sont à l'entraînement à la Cité des Étoiles, et la Commission d'État confirme de nouveau la réalisation d'un vol groupé entre deux vaisseaux spatiaux autour de la Terre : Avec les vaisseaux *Vostok 5* et *6*.

La date est arrêtée pour la seconde moitié du mois de juin 1963, juste avant l'été : Le Vostok 5 étant habité par le cosmonaute Valéry Bykovsky, lancé le 14 juin 1963 (vol de cinq jours), suivi de *Vostok 6* avec la première femme de l'Espace : Valentina Terechkova, dont le lancement est prévu le 16 juin 1963, depuis Baïkonour.

Valentina est retenue en finale par Khrouchtchev qui préfère une ouvrière du textile de 26 ans, comme titulaire plutôt que sa "doublure" issue d'une autre classe sociale : Valentina Ponomaréva, qui est diplômée d'une grande école, et qui avait semble-t-il vu aussi l'aspect mercantile qu'elle pouvait retirer d'un statut de première femme cosmonaute du monde !

Ce n'est donc pas elle qui allait aider à la promotion du communisme soviétique, les dirigeants de l'URSS avaient opté pour Valentina.

Dès le 1er juin 1963 les deux cosmonautes des Vostok 5 et 6 sont à Baïkonour pour parfaire leur entraînement, et les événements s'accélèrent très vite : Bykovsky et Valentina ainsi que leurs doublures respectives.

Cet entraînement harassant touche enfin à sa fin pour Valentina, qui se souvient, près de quarante-cinq ans après son vol, lors d'une interview donnée à l'agence RIA Novosti, qu'ils étaient beaucoup plus durs que ceux d'aujourd'hui :

– « *Les cinq femmes du groupe ont suivi une formation plus poussée que les hommes… Mais tout le monde avait cette idée folle d'avoir une formation impeccable et d'effectuer un vol spatial.* »

Le jour J du décollage de ces deux vaisseaux approche, c'est le 4 juin que la Commission d'État, se réunit et entérine la décision des vols avec le nom des cosmonautes retenus.

Vostok 5 et sa fusée porteuse est prête pour un décollage le 11 juin, mais une activité solaire intense a lieu la veille, empêchant un lancement e sécurisé sur le plan médical (*ndla : À cause des rayonnements que cela peut engendrer sur l'organisme et les équipements*), finalement le tir a lieu le 14 juin 1963. Il est 14 h 58 (heure de Moscou), lorsque Bykovsky quitte la terre, il doit passer cinq jours dans l'espace, un record !

Pour ce vol, en présence de Valentina présente dans les tribunes, ainsi que certains privilégiés de la presse (*La Pravda* et les *Izvestia*) qui ont la chance, pour la première fois d'entrer sur ce site mythique de Baïkonour. Ils n'ont accès qu'à ce que l'on veut bien leur montrer ou dire, propagande oblige !

– Le 15 juin 1963, Valentina Terechkova est convoquée par le Président de la Commission Spatiale, qui s'exprime en ces termes :

– « *citoyenne Terechkova, vous êtes nommée Commandant du vaisseau cosmique* Vostok 6, *votre départ aura lieu demain, dimanche 16 juin* ».

– Valentina Terechkova : « *Citoyen Président, je suis prête pour le vol. Je suis fière, moi simple jeune fille Soviétique d'avoir été jugée digne d'une telle confiance.* »

Valentina inspirait immédiatement une certaine sympathie à ceux qui avaient la chance de l'approcher. Les yeux gris et les cheveux blonds foncés, d'un sourire radieux, elle était légèrement trapue et avait un peu le style du garçon manqué.

Allait-elle être à la hauteur de ce challenge ?

Il y a à peine deux ans, à l'époque du vol de Gagarine, elle était encore une jeune ouvrière-chef qui avait en charge la surveillance d'une rangée de métiers à tisser dans une filature de coton de la région de Yaroslav. Son vaisseau *Vostok 6* est préparé, comme sa fusée tournée vers le ciel, remplie à l'aide de wagons de carburants liquides hautement explosifs.

Ce 15 juin 1963, veille du tir, est chargé d'émotion, Valentina et sa suppléante rejoignent le pavillon des cosmonautes.

Une femme d'un certain âge s'adresse à Valentina : « *je suis heureuse de vous voir.* », et montre un solide lit d'acier aux jeunes femmes : « *prends le lit de Gagarine, Valyoucha* [Valentina]. *Tu es aussi la première.* »

Valentina est touchée par ces petites marques d'attention d'une femme d'un certain age qui a déjà rencontré tous les cosmonautes en partance pour l'espace et remarque un superbe bouquet de fleurs, des glaïeuls blancs (son pêché mignon) sur la table près du lit. (*ndla : sources L'exploration soviétique de l'espace, de William Shelton (Buchet/Chastel -1969).*

On apprendra beaucoup plus tard que des incidents ont émaillé les préparatifs de la fusée de Valentina Terechkova.

Un des circuits de commande du système de freinage du *Vostok 6* qui montre quelques faiblesses, le vaisseau est alors démonté pendant la nuit (Radio Vatican en fit une allusion, en parlant de report de lancement) mais le lendemain pour 14 h tout était rentré dans l'ordre.

Puis viennent les traditionnelles embrassades avec les cosmonautes et officiels qui accompagnent Valentina en bus, Gagarine et Nikolaïev (son futur mari) notamment qui ne veulent rien manquer de ce spectacle du premier vol d'une femme dans l'espace.

Le bus s'arrête près de la fusée puis un ascenseur monte la cosmonaute à quarante mètres du sol pour rejoindre sa toute petite capsule.

Les ingénieurs ont même prévu un scaphandre pressurisé "féminisé"

Valentina Terechkova

Valentina Terechkova est née le 6 mars 1937, à Maslienikovo, dans le district de Toutaïev, de la région de Yaroslav, en Russie. Père : Vladimir Aksionovitch Terechkov. Mère Elena Fiodorovna Terechkova. Elle a une soeur aînée : Lioudmila et un frère cadet : Vladimir.

Jusqu'en 1953, Valentina Terechkova suit sa scolarité à Yaroslav. En 1955, elle est embauchée dans une usine textile. Elle s'inscrit dans un club de parachutisme, où elle réalise 163 sauts (le premier en mai 1959).

En 1961, elle pose sa candidature pour devenir cosmonaute. À sa grande surprise, après des tests concluants, elle rejoint le Centre de Préparation des cosmonautes, près de Moscou au sein du premier groupe de femmes-cosmonautes. Elle est incorporée dans l'Armée de l'Air et suit des cours à l'Académie des Ingénieurs de l'Air Zhoukovski.

À la fin de 1962, alors que Terechkova est pressentie pour être la première femme à voler sur orbite, le 29 novembre, le Général Kamanine écrit dans son journal : « Sur le premier vol il faut envoyer Terechkova... Terechkova, c'est Gagarine avec une jupe ».

Elle est sélectionnée et vole du 16 au 19 juin 1963, à bord de Vostok 6, pendant trois jours dans l'Espace.

Elle épouse le cosmonaute Andrian Nikolaïev, un mariage dicté par le Kremlin. Les deux cosmonautes donnent naissance à une fille, Elena Andrianovna, le 8 juin 1964. Valentina Terechkova s'entraîne alors pour voler sur des vaisseaux Voskhod et Soyouz, mais l'Union Soviétique ne veut plus envoyer de femmes sur orbite.

En 1969, elle obtient son diplôme de l'Académie Zhoukovski, alors que le groupe des femmes est dissout. Elle est la seule femme à rester membre du corps des cosmonautes et continue à travailler avec le titre d'instructeur cosmonaute.

En 1982, elle divorce de Nikolaïev, puis épouse plus tard Youri Gueorguievitch Chapochnikov (1931-1999). Le 28 avril 1997, elle quitte le Corps des cosmonautes russes, ayant atteint soixante ans (limite d'âge), mais continue à travailler à la Cité des Étoiles.

Valentina Terechkova, veuve, est retirée de service actif comme Major-Général de l'Armée de l'Air. Elle est Héros de l'Union Soviétique (22 juin 1963) et a été déclarée « Femme du XXe siècle » par l'ONU. Un cratère de la face cachée de la lune a été baptisé de son nom.

Valentina Terechkova est citoyenne d'honneur de quinze villes du monde. Elle a reçu de nombreuses distinctions : L'ordre de Lénine et la médaille de l'Étoile d'or. L'Organisation des Nations unies lui a décerné la médaille d'or de la paix et la France la médaille « Joliot-Curie ».

comportant un miroir sur le bras gauche pour que la cosmonaute puisse se refaire une beauté.

Korolev, l'Ingénieur en Chef principal n'est pas loin ; une fois attachée et recroquevillée dans le *Vostok 6* un dialogue peut commencer.

– Valentina Terechkova : « *Je suis Chaika* [la mouette]. *Tout va bien.* »

– Serguei Korolev : « *Je ne peux que vous envier. Ca va beaucoup moins bien pour nous. Le Soleil est brûlant, et c'est très injuste que nous soyons obligés de rester sur la Terre.* »

En effet il y fait près de 40° C à Baïkonour à quelques jours de l'été seulement en milieu de juin 1963 ! Il est alors 12 h 30 heure de Moscou lorsque la fusée s'arrache du sol en emportant avec elle la première représentante de la gente féminine.

Au même moment (ndla : mécanique spatiale et calculs d'orbitographie obligent pour rapprocher deux vaisseaux sur orbite) Bykovsky voguant dans l'espace depuis deux jours déjà survole Baïkonour et passe à la verticale de la base spatiale et boucle son 31ème tour de terre.

– Valentina laisse échapper quelques mots et impressions avant de rejoindre l'orbite : « *Je suis partie.* »,

– Sa voix prenant un ton de surexcitation : « *Je vois l'horizon. Une bande bleue, si bleue. Voilà la Terre··· Qu'elle est belle !* »

Dans le monde, la nouvelle du vol d'une première femme sur orbite, tombe rapidement. Ce sont les Japonais qui captent, à l'aide d'une station au sol, une voix féminine indiquant que tout va bien depuis l'espace.

Lors de la propulsion et de la phase de montée de la fusée, Valentina affiche un rythme cardiaque autour de quatre-vingt pulsations, ce qui est plutôt bon signe. Dès la première orbite la capsule de Valentina atteint le point le plus proche du *Vostok 5* de Bykovsky à environ cinq kilomètres de distance. Il s'agit du dixième vol spatial habité humain, et c'est la deuxième fois que les Soviétiques font voler simultanément deux cosmonautes qui peuvent se rapprocher et dialoguer sur les ondes. Les deux cosmonautes des *Vostok 5* et *6* envoient alors un message vers la Terre en signe de victoire dans les manœuvres de rapprochement des deux vaisseaux :

– « *Avons commencé exécution du vol spatial commun. Communica-tions radio satisfaisantes ont été établies entre nos deux vaisseaux. Sommes très près l'un de l'autre. Tous les équipements fonctionnent parfaitement. Sommes en pleine forme.* »

Valentina décrit de nouveau le spectacle grandiose qu'elle aperçoit et entre en communication avec le Numéro 1 Soviétique : Khroutchev. Elle entame alors son quatrième tour de Terre d'un vol qui doit durer environ trois jours et cinq pour son collègue Bikovsky qu'elle croit apercevoir à un moment mais c'est cinq kilomètres au plus près qui les séparent!

Son visage apparaît sur un écran de télévision, de cette jeune femme qui réalise son rêve de voler dans l'espace.

Elle est engoncée dans un scaphandre, attachée sur son siège, il ne s'agit pas d'un grand confort.

Pour les prochains vols il faudra tenir compte de ces observations précieuses, car il n'est pas aisé de rester dans un scaphandre plusieurs jours durant, avec les risques d'irritation, et avec la présence de capteurs médicaux permanents.

Lors d'autres images de télévision on constate que Valentina a un visage tendu et très fatigué et un regard "flou" dénotant des problèmes d'adaptation à l'apesanteur, elle est prise à un moment de vomissements.

Elle se prête à plusieurs expériences scientifiques bien que ce ne soit pas très facile dans un espace aussi exigu d'une capsule. Elle rencontre des difficultés à changer le film dans les appareils photo de bord et ne parvient pas à atteindre ses expériences biologiques et pour les mettre en œuvre.

Pour l'observation de l'atmosphère et de la terre les résultats sont plus probants mais les contrôleurs au sol ont parfois dû mal à communiquer avec le *Vostok 6* de Valentina. Certains pensent à un moment qu'elle s'est endormie, tombant de sommeil.

Ce qui est effectivement le cas à un moment!

On lui demande à plusieurs reprises d'effectuer des commandes d'orientation manuelle du vaisseau mais sans succès.

Le Général Kamanine, Commandant des cosmonautes, tente par radio d'avoir des explications de son comportement, après avoir déclenché une sirène d'alarme dans la cabine pour la réveiller.

– Kamanine (au sol) : « *Alors ? Pourquoi ne répondez-vous pas ?* »

– Valentina (Vostok 6) : « *Ah ! le vingtième ! Je dormais. J'étais trop fatiguée, je me suis endormie.* »

– Kamanine : « *Pourquoi n'avez-vous pas exécuté l'exercice de descente manuelle du vaisseau ?* »

– Valentina (Vostok 6) : « *J'ai essayé, mais ça ne marche pas : je suis trop fatiguée. Laissez-moi me reposer. Je ferais ça demain matin. Ça marchera.* » (*ndla : Sources,* Gagarine ou le rêve russe de l'espace, *chez Flammarion, d'Yves Gauthier*).

Le médecin du vol Yadovski tente d'arrondir les angles, car Kamanine et Korolev veulent écourter la mission et demandent à ce que l'on fasse revenir sur Terre Valentina, plus tôt que prévu. Valentina refuse de prendre un sédatif préconisé par le médecin et répond à Yadovski:

– Valentina: « *Ne vous inquiétez pas, docteur··· je vais remplir ma mission.* »

Le médecin assume et le vol peut continuer! Pas totalement opérationnelle cette première femme de l'Espace? De plus, elle est confrontée à des problèmes de trajectoire au cours de ce vol; dès le début de la mise sur orbite, son vaisseau s'éloigne dangereusement de la Terre!

– Valentina raconte: « *Le programme de vol automatique d'orientation du vaisseau présentait des défaillances.* Vostok 6 *montait au lieu de descendre. Je ne m'approchais pas de la Terre, mais je m'en éloignais à chaque révolution.* »

Korolev est informé du problème, le lendemain les ingénieurs depuis le sol, parviennent à replacer *Vostok 6* sur la bonne orbite.

– Valentina raconte: « M. *Korolev m'a demandé de n'en parler à personne et j'ai gardé ce secret pendant des dizaines d'années. À présent, il y a des informations à ce sujet et je peux donc en parler librement.* » (*ndla: Interview donnée pour le compte du journal Komsomolskaïa Pravda en 2007*).

Au cours de ce vol de trois jours Valentina ne mange que 40 % de ses rations alimentaires, qui sont prévues sur une base de 2 529 calories journalières.

Ces aliments se composent de plats de poisson et de viande, ainsi que d'autres éléments pris en tubes.

De retour sur Terre, elle va distribuer ce qui reste des réserves alimentaires aux curieux venus à sa rencontre, et, pour couronner le tout, elle se fait inviter par des fermiers qui lui offrent un copieux petit-déjeuner.

Ce comportement lui sera reproché car il ne permet pas de mener des examens médicaux dans de bonnes conditions.

Le grand retour est donc le 19 juin 1963, pour les deux *Vostok*. Bykovsky se pose quelques heures après Valentina bouclant cinq jours complets.

Valentina rencontre avant de se poser dans le Kazakhstan, de sérieuses difficultés: Cela commence par des problèmes pour piloter manuellement l'orientation de la capsule pour la rentrée dans l'atmosphère.

Elle se fait alors aider par Gagarine et Titov depuis le sol. À la quarante-neuvième orbite des techniciens de la BBC parviennent à capter les communications - bien avant les officiels de Moscou - en provenance du *Vostok 6*.

– Valentina Terechkova: « *Ici la mouette. Je suis prête à faire le compte rendu des manœuvres de descente.* »

Au sol ils sont inquiets, Valentina ne donne aucune information, pas plus lorsque le module de descente se sépare. Vient l'éjection vers 7 000 mètres d'altitude qui permet à Valentina de s'extraire de la capsule, mais elle viole certaines consignes concernant le parachute, ce qui provoque la chute d'un morceau de métal qui lui coupe le visage.

Valentina continue la descente, aidée du parachute, la capsule continuant à chuter avec son propre parachute.

Elle voit se profiler un lac ; après ce périple spatial va-t-elle se noyer ?

– Valentina raconte : « *Quand je me suis éjectée, j'ai eu très peur en voyant un lac. J'ai pensé, pour une fois qu'on envoie une femme, elle risque de se retrouver dans l'eau !* »

– Épuisée, Valentina parvient à survoler le lac, grâce au vent, mais se blesse de nouveau : « *Je me suis fait mal avec le casque. Le parachute s'est enfin détaché, mais j'ai eu un gros bleu sur le nez.* » (*ndla : dépêches RIA Novosti, extrait d'une interview*).

Valentina touche enfin la terre ferme dans une ferme collective, située à 619 km au nord-ouest de la ville de Karanda dans le Kazakhstan.

Elle vient alors de parcourir près de deux millions de kilomètres autour de la terre en deux jours vingt-deux heures et cinquante minutes de vol !

Il est très exactement 12 h 30 (heure de Moscou).

Les Soviétiques reçoivent avec les honneurs cette première femme venue du cosmos.

Avant ce vol, ils avaient des objectifs très ambitieux prévoyant de nombreux vols féminins dont certains de longue durée (huit à dix jours), mais il va falloir déchanter très vite.

Une commission médicale indique que le comportement en apesanteur de Valentina n'a pas été exemplaire : Grande fatigue et manque de sommeil.

Le 11 juillet 1963 a lieu une entrevue entre Korolev et Valentina.

– Korolev, est mécontent et fulmine :

« *Plus jamais de femmes dans l'Espace !* ».

Ce vol "féminin" sera le seul pendant vingt ans. On attendra 1 982 pour la seconde : Svetlana Savitskaya, suivie d'Helena Kondakova en 1995.

Depuis 1963, seules trois Russes ont volé, pour près de quarante-cinq Américaines (ndla : La première fut Sally Ride en 1983 sur la navette spatiale de la Nasa), plus une Française Claudie Haigneré, une Anglaise, et des représentantes du Canada, du Japon, d'Iran et de la Corée.

PLUS JAMAIS DE NANA DANS L'ESPACE

En 48 ans on comptabilise pas moins de 55 femmes astronautes, pour près de 470 astronautes de la gente masculine depuis Y. Gagarine et son célèbre tour de terre du 12 avril1961 !

« Au moment où je me poussais en avant, je sentis le vaisseau bondir dans la direction opposée. C'était exactement ce qui devait se produire, selon les lois de la mécanique. Mais cette sensation ne m'était pas familière.
Elle ressemblait probablement beaucoup plus à ce que l'on éprouve en nageant…
Le cordon vital qui me reliait à la cabine s'étira sur toute sa longueur et je cessai de m'en écarter. Mon effort imperceptible pour m'en éloigner avait très légèrement modifié son angle par rapport à moi et notre merveilleux engin s'offrit tout entier à ma vue. »
Alexei Léonov,
Citation 'Piéton de l'espace', chez stock, 1970.

« J'ai toujours su que s'il m'arrivait quelque chose, Pavel (Belaïev) ferait tout pour me sauver et qu'il ne rentrerait pas sur Terre sans moi. Il serait mort lui aussi, nous serions morts tous les deux mais il ne serait pas revenu tout seul. »
Alexei Léonov.
Interview donnée au magazine 'Espace Magazine' numéro 11 (mars-avril 2005)

18 MARS 1965 LEONOV LE PREMIER "MARCHEUR" DE L'ESPACE EST COINCE DANS LE SAS !

IV

Avant 1970, des hommes doivent marcher sur la Lune, tel est le défi de John Kennedy lancé le 25 mai 1961. Pour relever ce challenge tout doit être inventé et expérimenté au niveau technologique et humain. L'année 1965 est une année capitale :

L'homme arrive à vivre sans pesanteur quatorze jours durant à bord d'une capsule Gémini (ndla : La durée d'un vol lunaire), et valide le premier rendez-vous spatial. Reste aussi, expérience délicate, à démontrer que l'homme peut sortir d'une capsule spatiale en plein vol, pour aller marcher dans le vide spatial, équipé d'un scaphandre.

Cet exploit est réalisé par le Soviétique Alexeï Leonov le 18 mars 1965 en sortant de son vaisseau Voskhod 2, à une altitude jamais atteinte (cinq cent kilomètres) avec son Commandant Belaïev, resté à bord.

Il s'agit alors d'un spectacle impressionnant pour Leonov qui sort d'un sas et « nage » dans le vide. À l'image d'un « bibendum », il rampe dans un étroit boyau qui prolonge l'écoutille du Voskhod.

Revenons à l'origine de ce vol et de cet exploit ; à la fin de l'année 1963, les Soviétiques affichent une avance toujours importante au regard de l'expérience américaine dans les vols spatiaux habités.

L'URSS, avec son programme Vostok, a placé sur orbite six cosmonautes dont une femme et détient de nombreux records et des grandes premières réalisées dans l'espace. Pour les USA seuls quatre astronautes vont sur orbite avec des cabines Mercury mais pour des durées beaucoup moins longues.

Les Soviétiques allaient-ils en rester là ?

Ou allaient-ils continuer à occuper la tête de la course à l'Espace, devenue à la suite du défi de Kennedy, une course à la Lune ?

Eh bien non ! Ils passent à la vitesse supérieure et montrent leur savoir-faire tout en continuant leur propagande habituelle.

Le 12 octobre 1964, ils envoient dans l'espace une capsule plus spacieuse : Voskhod 1, qui permet de loger trois cosmonautes en simple survêtement, sans scaphandre, comme pour montrer à l'adversaire que tout est possible et que l'Espace est devenu familier et facile d'accès.

L'homme peut vivre en « bras de chemises » et « en pantoufles » dans l'Espace pendant une journée d'affilée, et c'est le spectacle qui est montré en boucles, vu par les téléspectateurs outre atlantique médusés !

Pour la première fois trois hommes apparaissent sur les écrans de télévision, à l'image on peut les voir assis et blottis les uns contre les autres dans un espace vital exigu, mais l'exploit est là.

Cette expérience se fait au péril de leur vie avec des risques complètement "fous", à la moindre dépressurisation de la capsule, la cabine se vidant de son oxygène, ils seraient victimes d'une mort instantanée.

Avec le vide extérieur le sang de leur corps se mettrait alors à bouillir en quelques secondes. Cet excès de confiance, les Russes vont le payer très cher le 30 juin 1971, trois cosmonautes en survêtement regagnent la terre et meurent d'apoplexie, suite à la dépressurisation de leur Soyouz 11 !

Au début de 1965 le vaisseau spatial utilisé, côté Russe ou Américain par les équipages ne comporte plus que deux sièges pour deux astronautes avec scaphandre. Les Américains démarrent le 23 mars 1965 leur projet Gémini de capsule biplace avec un premier vol. Il est précédé par un nouveau vaisseau : Voskhod 2 que les Soviétiques se préparent à lancer depuis Baïkonour.

Le 18 mars 1965, les cosmonautes, Belaïev et Leonov, décollent enfin. Ce dernier doit réaliser une première marche dans le vide spatial, engoncé dans un lourd scaphandre de vingt kilogrammes (*ndla : quarante avec l'unité de survie*). Avec son Commandant Belaïev, il rejoint la fusée porteuse, pendant que le compte à rebours s'écoule, puis il monte en ascenseur jusqu'au haut de la fusée porteuse.

Le Voskhod est un vaisseau beaucoup plus lourd que celui de Gagarine (six tonnes), fabriqué par les équipes de Korolev. Il se compose d'une cabine et d'un sas permettant un accès vers le vide de l'Espace.

– Leonov a la chance de pouvoir suivre la mise en œuvre et l'aménagement de son vaisseau, il raconte et se souvient : « *Nous assistions à tous les essais et présentions les suggestions qui nous venaient à l'esprit. À notre grande satisfaction, les ingénieurs les prirent toutes en considération… L'essayeur était naturellement un personnage important, mais cela ne nous a pas empêché de mettre nous-même à l'épreuve tous les nouveaux appareils.* » (*ndla : "L'exploration soviétique de l'Espace," de William Shelton, Buchet/Chastel, 1969*).

Cette démarche participative est une première de la part des ingénieurs, avec pour but de renforcer la confiance des cosmonautes dans leur matériel.

En effet la mission de sortie hors d'un véhicule en plein vol comporte d'énormes risques, à tel point que le test effectué en conditions réelles d'un vaisseau emportant deux mannequins le 22 février 1965 est un échec « cuisant » !

Il s'agit d'une répétition générale avec simulation, cet engin lancé sous l'appellation *Cosmos-57*, se place sur orbite, le sas fonctionne correctement mais au retour la cabine explose. Un dernier test a été souhaité par Korolev, et a lieu le 7 mars avec Cosmos-59 mais cette fois-ci la capsule effectue avec succès son atterrissage le 15 mars suivant.

Le choix d'utiliser une capsule habitée, avec un sas et non une simple porte (écoutille) n'est pas le choix le plus facile à l'époque (*ndla : Aujourd'hui c'est la méthode utilisée pour effectuer toutes les sorties spatiales, depuis une station orbitale ou bien depuis une navette spatiale.*)

– Comme le raconte le Général Kamanine : « *Si la dépressurisation et la sortie par simple ouverture de l'écoutille était la meilleure solution, nous aurions été les premiers à les adopter. Notre expérience nous a, toutefois, démontré que tel n'est pas le cas. Ce n'est pas une idée très utile pour le développement de l'astronautique. Nos désirs ne se bornent pas à ouvrir la porte et sauter tout bonnement dans l'espace. Le sas d'air et son tunnel seront également nécessaires pour passer d'un vaisseau spatial dans un autre, ou pour exécuter les travaux nécessaires à des réparations, ou pour accoupler deux vaisseaux l'un à l'autre… Cette méthode est beaucoup plus difficile à réaliser, mais elle est nécessaire pour développer des voyages interplanétaires.* »

Ces choix techniques ainsi validés, les événements s'enchaînent ensuite très vite : Le « *GO* » officiel est donné par la commission qui fixe la mission *Voskhod 2* de l'équipage composé de Belaiev et de Leonov au

18 mars à 10 h 00, depuis Baïkonour.

Un hiver froid règne sur la base comme en témoigne le violent blizzard qui balaye le site à l'heure matinale ou les deux cosmonautes prennent le bus pour les amener jusqu'au pas de tir. Il est vrai que nous sommes pour quelques jours encore en plein hiver Kazakh.

Les cosmonautes vêtus de leur lourd scaphandre, montent par l'ascenseur et s'installent en haut de la fusée, dans leur capsule···

> – Leonov raconte : « *Le compte à rebours était proche de son extrémité. Nous attendions dans une impatience dévorante la mise à feu. Je notais dans mon carnet : « 318 mars 1965. 10 heures, heure de Moscou. Des jumeaux sont dans le ventre de leur mère (allusion faite aux cosmonautes installés dans leur capsule), attendant l'instant de leur délivrance... Tout notre passé n'a existé que pour cette minute capitale... Le moment crucial approchait avec une hâte vertigineuse.* »
> Départ ! (La fusée quitte le sol dans un déluge de feu !)
> – Leonov raconte de nouveau et donne ses ressentis : « *... Une vibration puissante se répercuta dans nos corps, le bruit emplit à ras bord nos oreilles, mais le départ, le grand départ nous parut infiniment doux. Cinq secondes après, nous avions percé l'épais matelas nuageux et filions dans l'azur.* » (*ndla : Sources "Piéton de l'espace", de Leonov chez Stock, 1970*).

Quelques minutes seulement après un décollage qui se déroule sans encombre devant quelques officiels, VIP et journalistes, le Voskhod 2 se place alors sur orbite autour de la Terre.

Moins d'une heure après le tir ils sont à l'apogée de leur trajectoire et montent à une altitude de plus de cinq cent kilomètres ! (*ndla : Aussi haut que la station spatiale internationale I.S.S d'aujourd'hui ou bien cinquante fois plus haut qu'un Boeing ou un Airbus*).

Ils observent un spectacle grandiose d'une Terre défilant sous les pieds. Pavel Belaïev (trente-neuf ans) et Alexeï Leonov (trente ans) sont en parfaite condition physique et ne souhaitent pas attendre trop longtemps pour réaliser l'exploit du vol :

La première sortie dans le vide spatial. Il est 11 h 45 (heure de Moscou) :

> – Leonov : « *Vot ya probouyou,* (*ndla : Voilà ! J'essaye*). »

Avec Belaiev de nombreuses vérifications ont eu lieu sur le scaphandre de Leonov, rien ne doit être laissé au hasard car les risques d'une sortie spatiale sont très élevés. La vie de Leonov dépend du bon fonctionnement et de l'étanchéité de ce scaphandre « Berkut » pesant au total plus de quarante kilogrammes. (*ndla : cf. Le Guide des combinaisons spatiales et du vol habité, Jean-François Pellerin, chez Tessier & Ashpool*).

Alexeï Leonov entre dans le boyau du sas qui a été déployé vers l'extérieur du vaisseau, et se met à ramper.

– Leonov raconte : « *Pour y pénétrer, nous égalisâmes la pression de la cabine et du sas. Puis après avoir ouvert l'écoutille les séparant l'un de l'autre, je la franchis et entrai dans le sas. J'amenai la pression du vêtement spatial au niveau voulu, en vérifiai l'herméticité, et veillai à ce que le casque soit bien fermé et la visière filtrante en bonne place.* »... « *Enfin, je contrôlai le bon fonctionnement de l'arrivée d'oxygène et répétai mentalement chacun des mouvements qu'il me faudrait effectuer pour ma sortie dans l'espace ; puis je me préparai à passer à l'exécution du plan. Belaîev referma le panneau séparant la cabine du sas et dépressurisa celui-ci. Puis il ouvrit l'écoutille donnant sur l'extérieur ; un rayon de soleil d'une intensité aveuglante illumina l'intérieur – On aurait dit que quelqu'un y faisait de la soudure à chaud.* » (*ndla : "L'exploration soviétique de l'Espace", de William Shelton, 1969*).

Au péril de sa vie, Leonov se retrouve en contact direct avec le vide spatial et la lumière du Soleil, il avance vers l'inconnu dans un silence qu'il juge impressionnant. Cette première sortie pourrait être assimilée à un accouchement, ou le cosmonaute sort d'abord sa tête, les épaules, puis viennent le torse et les jambes.

Leonov porte sur le dos un sac contenant la réserve en oxygène, son casque blanc est muni d'une visière filtrante qu'il peut actionner à sa guise. Sur le haut du casque les initiales CCCP (URSS). Leonov, peu avant de sortir est fébrile et en surexcitation, son Commandant doit tempérer ses ardeurs, et lui donne des consignes de sécurité jusqu'au dernier moment où il lui "lance" le « *GO* » pour sortir···

– Leonov : « *Je me penchai vers l'extérieur et faillis partir en avant. Je prévins Pavel* (Belaïev). *J'y vais ?* »

– Belaiev (depuis la cabine) : « *Pas si vite. Attends une seconde !* »

– Leonov : « *Je restai ainsi penché et attendis. La voie vers le vide de l'espace m'était ouverte. J'étais impatient.* »

– Belaiev : « *M'étant assuré que tout l'appareillage permettant de maintenir Alexeï Leonov en vie, pendant sa tentative, fonctionnait bien, que son pouls et sa respiration étaient normaux, je lui donnai l'ordre de sortir dans l'espace au moment indiqué.* »

La sortie peut alors commencer, la tête de Leonov sort en premier, laissant encore un moment ses pieds recouverts de bottes grises dans le boyau du sas. Une dernière vérification sur le scaphandre pour s'assurer qu'il est

Biographie de Alexeï Leonov (30 mai 1934-) qui devient le premier marcheur de l'Espace le 18 mars 1965.

Alexei Arkhipovich Leonov est né le 30 mai 1934 à Listvyanka, Kemerovo, en Russie. Huitième enfant d'une fratrie qui en compte neuf, il est originaire de la région de l'Altaï et passe son enfance sur la mer Baltique.

L'un de ses frères, technicien dans l'aviation va l'influencer. Il suit l'école de préparation des pilotes à Kremenchug et sort diplômé avec les honneurs des Hautes Ecoles de l'Air Force de Chuguyevskoye (Ukraine), en 1957.

Breveté pilote de combat, il est ensuite diplômé de l'Académie d'Ingénierie de l'Air Force de Zhukovsky en 1968 (célèbre école de pilote d'essais) : un passage obligé emprunté par la plupart des cosmonautes russes. Il est diplômé en sciences et techniques en 1981.

Talentueux dessinateur et peintre reconnu, enfant plutôt précoce et très doué, il est diplômé de l'Académie des Arts de l'Armée de l'Air Soviétique à Riga, ses autres violons d'Ingres principaux sont le théâtre et le cinéma. Il épouse une ancienne étudiante en médecine, Svetlana qui lui donne deux filles.

Il est recruté cosmonaute au sein du groupe N°1 du 7 mars 1960 et quitte le service actif en tant que cosmonaute le 26 janvier 1982, avec à son actifs deux vols spatiaux prestigieux, l'un en mars 1965 avec Voskhod 2 qui lui permet de devenir le premier piéton de l'espace (18 mars 1965) pendant une quinzaine de minutes.

Intellectuellement passionné par la lune et son exploration il est aussi nommé premier commandant de mission circumlunaire L1 (mais les Soviétiques ne marcheront jamais sur la lune). Il participe en juillet 1975 au premier vol conjoint américano-russe Apollo-Soyouz. Américains et Soviétiques se rejoignent dans l'espace et échangent une poignée de main historique.

Il devient Chef cosmonaute, Major Général de l'Air Force Soviétique, et dirige la Cité des étoiles, près de Moscou jusqu'en 1991. Après s'être retiré du spatial il devient en 2001, Président de la banque « the American Alpha Capital investment corporation » à Moscou.

Leonov a de nombreux hobbys et pratique plusieurs sports : Natation, ski nautique, parachutisme, photographie, cinéma et chasse. Il sera très affecté par la mort de ses amis Gagarine et Komarov qui lui étaient très proches !

bien pressurisé, tout est « *ok!* »

– Leonov: « *Enfin, tout était prêt et je pouvais sortir. Je passai la tête à l'extérieur.* »

À demi-sorti et d'une simple poussée Leonov s'éloigne légèrement du vaisseau, retenu par un cordon de sécurité de plus de 5 mètres. Sous ses pieds le spectacle de la terre est grandiose.

– Leonov raconte: « *Les étendues infinies de l'espace se déployèrent sous mes yeux dans leur indescriptible beauté. Je regardai d'abord la terre. Elle voguait majestueusement et semblait plate. Seules, les courbes de ses bords rappelaient sa forme sphérique. Malgré lapuissance filtrante de ma visière, je vis des nuages brillants, l'azur de la mer, je distinguai le bord des côtes, la chaîne du Caucase…* » (*ndla: "L'exploration soviétique de l'Espace", de William Shelton Buchet/Chastel, 1969*).

(ndla: Le record d'une sortie extra-véhiculaire - EVA - est aujourd'hui de huitheures et cinquante-six minutes, elle fût réalisée en 2001).

Véritable « piéton » de l'espace, Leonov nage dans le bonheur en découvrant de toutes nouvelles sensations, encore jamais rencontrées auparavant.

– Leonov raconte: « *Au moment où je me poussais en avant, je sentis le vaisseau bondir dans la direction opposée. C'était exactement ce qui devait se produire, selon les lois de la mécanique. Mais cette sensation ne m'était pas familière.*

Elle ressemblait probablement beaucoup plus à ce que l'on éprouve en nageant… Le cordon vital qui me reliait à la cabine s'étira sur toute sa longueur et je cessai de m'en écarter. Mon effort imperceptible pour m'en éloigner avait très légèrement modifié son angle par rapport à moi et notre merveilleux engin s'offrit tout entier à ma vue. »

Le commandant a lui aussi de véritables sensations, bien que resté dans la cabine, aux bruits et aux mouvements provoqués par Leonov se mouvant à l'extérieur avec son équipement;

– Belaîev raconte: « *Je percevais chacun des mouvements d'Alexeî (Leonov). Je sentis sa poussée en avant et entendis le bruit de sa botte, frottant contre la coque. Et même, quand il passa la main sur le côté du vaisseau, j'entendis une sorte de bruissement.* » (*ndla: "L'exploration soviétique de l'espace", de William Shelton chez Buchet/Chastel, 1969*).

Des caméras installées à l'extérieur du vaisseau *Voskhod 2* retransmettent avec un léger différé les images de cette prouesse, mais pour ce terrien engoncé dans un scaphandre qui marche dans le vide, c'est alors qu'un incident de pressurisation sur sa combinaison vient nous rappeler que dans l'espace rien ne « marche » totalement comme on l'avait prévu.

Leonov dont le scaphandre a gonflé de façon plutôt inquiétante ressemble au bout de quelques minutes à un véritable "bibendum" à l'image du personnage de la marque Michelin.

Comment-va-t-il réintégrer le sas?

Il a alors une "peur panique", pour réussir à refaire le chemin inverse, et traverser le sas qui fait environ quatre-vingts centimètres cm de diamètre!

Puis il regagne son siège dans la capsule, aux côtés de son commandant de bord inquiet. Des stations radio d'écoute basées au sol captent des messages inquiétants en provenance de Leonov, alors qu'ils ne sont plus en mesure de diffuser des images de télévision de ce qui se déroule là-haut.

> – Leonov (tentant de rentrer par le sas) : « *Je ne peux pas... Je ne peux pas···J'essaie de nouveau, rien à faire... Encore un essai... Non vraiment, je ne peux pas... Je ne peux pas y arriver...* ».

La solution que Leonov utilise consiste à baisser dangereusement la pression dans son scaphandre, pour le dégonfler, mais sans en informer les contrôleurs au sol.

Cette « manip » de la dernière chance n'est absolument pas à conseiller aux cosmonautes car elle peut entraîner la mort!

Il ouvre alors une soupape pour descendre la pression dans la combinaison qui passe de 0,40 à 0,27 bars et décide d'entrer la tête la première dans le sas étroit, et parvient à rentrer dans le boyau pour regagner son siège près de son Commandant de bord.

Ceci se fait au prix d'énormes contorsions et avec le retournement de 180° du corps de Leonov pour qu'il puisse se retrouver dans la bonne position. Tel un nouveau né qui revient dans le ventre de sa mère!

Ensuite ils ne sont pas au bout de leurs peines et de leurs émotions, une baisse brutale de la pressurisation est constatée plus tard (au cours de la treizième orbite) dans la capsule Voskhod. Elle passe de 75 à 25 atmosphères seulement de pression, et il y a une teneur importante en oxygène. Ce n'est pas très rassurant et cela va nécessiter d'abréger la mission pour ramener au plus vite l'équipage au sol. Nous sommes alors à un « cheveu » de la dépressurisation totale du vaisseau, épuisé Leonov raconte ce moment ou il regagne enfin son siège, et une fois que l'écoutille est refermée :

> « *J'étais déjà à ma place lorsque je sentis des filets de sueur m'inonder le front et les joues. Il est sans doute encore un peu tôt pour comparer le vide spatial à un lieu de promenade, comme l'ont fait*

quelques journalistes. Je suis certain que, si je n'avais pas été entraîné comme je l'ai été, pendant plusieurs mois, il m'aurait été impossible de mener à bien la tache qui m'avait été assignée. »

– Belaîev (heureux du retour de son équipier dans la cabine) : « *Je saluai mon collègue par cette exclamation. Bon travail !* »...
Puis Alexeî (Leonov) prit quelques moments de repos··· » (*ndla : L'exploration soviétique de l'Espace, de William Shelton chez Buchet/Chastel, 1969*).

On imagine si Leonov était tombé inanimé et inconscient, lors de sa sortie dans le vide ; il lui aurait été impossible de regagner la cabine. Son Commandant aurait-il fermé l'écoutille et abandonné Leonov à une mort certaine pour regagner seul le sol ?

Quarante ans après l'exploit Leonov est revenu sur cet aspect lors d'une interview donnée à *Espace Magazine* (N° 11 de mars-avril 2005) : « *... J'ai toujours su que s'il m'arrivait quelque chose, Pavel (Belaïev) ferait tout pour me sauver et qu'il ne rentrerait pas sur Terre sans moi. Il serait mort lui aussi, nous serions morts tous les deux mais il ne serait pas revenu tout seul···*»

Il est évident que Belaîev aurait tout tenté pour essayer de faire revenir dans la capsule son ami Leonov qui est maintenant à ses côtés. Encore en état de surexcitation après avoir vécu cette escapade.

Sa température corporelle monte de près de 2° C et il est littéralement trempé de sueur. Ne trouvant pas le sommeil il dessine et crayonne pour immortaliser ce qu'il vient de vivre, lui le peintre talentueux et reconnu par ses pères.

Au cours de l'orbite qui suit la sortie, une liaison officielle a lieu entre le *Voskhod* et les dignitaires du Kremlin. Ces derniers ne savent rien des problèmes rencontrés lors de la sortie, et grâce à des charges explosives Belaîev et Leonov larguent le sas.

La cabine, à la suite de cette manœuvre, se met à tourner sur elle-même à une vitesse de trois tours par minute. Finalement après la grave baisse de pressurisation dans la cabine, d'un commun accord avec le sol ils décident au seizième tour de terre de déclencher le retour au sol.

Mais les contrôleurs sont très inquiets lorsqu'au moment de l'allumage du moteur de freinage les cosmonautes rencontrent des difficultés avec le système assurant le contrôle automatique de la rentrée dans l'atmosphère de la cabine.

Ce même type de panne a été rencontré quelques années auparavant, lors du retour de capsules Vostok, chargées de ramener des chiens de l'espace.

Ces animaux brûlèrent dans l'atmosphère à cause d'un problème d'alignement de la cabine.

Nouvelle tentative des cosmonautes pour une rentrée automatique au dix-septième tour, panne de nouveau, ils décident alors de faire une orbite de plus pour assurer une rentrée manuellement.

Mais à la surprise de ceux qui sont chargés de récupérer la capsule et ses occupants, la trajectoire de rentrée est complètement décalée sur le plan orbitographique. Cela leur vaut de se poser à plusieurs centaines de km du site prévu (ndla : A cent kilomètres de Solikamska, au nord de Perm dans l'Oural).

Détail « croustillant » pour ceux qui aiment les émotions, la cabine avec ses deux cosmonautes, tombe dans une forêt de sapins et de bouleaux géants, enneigée de Sibérie et non au Kazakhstan où attendent les fameuses équipes de récupération avec leurs hélicoptères.

Auparavant la cabine a encaissé près de dix G de décélération, car le module orbital (*ndla : Zone de vie du Soyouz*) ne se détache pas correctement de la capsule, ceci ayant pour répercussion d'allonger la trajectoire, la cabine finit sa course folle, amortie par un manteau de plusieurs mètres de neige, avec son parachute qui reste accroché aux branches d'un arbre !

Les cosmonautes ne parviennent pas à entrer en contact avec le centre de contrôle, et ne savent pas s'ils ont bien été localisés par les hélicoptères de récupération. Ils lancent finalement sur une fréquence radio, à destination des équipes de secours, un message de détresse indiquant qu'ils sont vivants.

La capsule *Voskhod 2* se bloque contre un arbre, et Belaîev parvient à s'en extirper ; Leonov, coincé sur son siège, doit très vite retirer ses sous-vêtements mouillés qui risquent de geler avec une température de – 30° C. Repérés quatre heures plus tard, les cosmonautes reçoivent par parachutage des vêtements chauds et une hache. Condamnés à bivouaquer, cernés par les loups et les ours, ils passent la nuit sur place.

Une violente tempête de neige retarde l'arrivée des hélicoptères. À l'aube une équipe finit par les rejoindre à ski, allume un feu et construit une cabane. Il faut attendre un jour de plus, pour qu'ils réussissent à rejoindre à ski les hélicoptères ; et Baïkonour le 21 mars 1965 !

Quel retour épique pour Alexeî Leonov, premier marcheur de l'espace, devenu skieur de fond par grand froid !

Alexeï Leonov, surnommé le "velu" de l'Aventure Spatiale, aurait pu ne jamais devenir cosmonaute, à cause de sa pilosité !

Alexei Leonov, a pour surnom au sein du corps des cosmonautes : Le « velu », parce que la nature l'avait doté d'une très grande pilosité sur la poitrine et sur le dos.

Ce n'est pas très commode pour les médecins qui doivent l'examiner, et encore moins pour lui implanter des capteurs médicaux. Ce signe de virilité a failli lui jouer des tours, jusqu'à le « recaler » lors de sa sélection en 1959 pour devenir cosmonaute au sein de l'équipe de Youri Gagarine. Lors d'un examen, un des médecins de la commission l'informe qu'il ne peut faire ce métier compte tenu d'une pilosité abondante et gênante. Mais Leonov, sortant de la file d'attente des futurs postulants à l'Espace s'en va dans les douches, aidé de son ami Gagarine, il se rase intégralement le corps !

Il retente sa chance, en reprenant la file d'attente et se retrouve devant le même médecin qui ne le reconnaît pas. Six mois plus tard et de nouveau poilu, Leonov passe devant ce même médecin, qui lui indique qu'il est très poilu. Finalement, Leonov révéla au médecin qu'il avait dû tricher pour pouvoir devenir cosmonaute.

Leonov au retour de son vol du 18 mars 1965, se retrouve cerné pendant quarante-huit heures par d'autres bêtes « poilues » bien moins sympathiques : des ours, en pleine forêt sibérienne, ainsi que des loups !

(texte rédigé et inspiré d'informations provenant de l'ouvrage de Jacques Villain, "dans les coulisses de la conquête spatiale", Cépadues).

TROISIEME PARTIE

1970 : KENNEDY ET L'OBJECTIF LUNE !

« C'était accablant, À l'intérieur, tout était brûlé, noir de cendre. C'était une chambre mortuaire. Manifestement, l'équipage avait tenté de sortir... Les combinaisons les avaient protégés des flammes. Aucun d'entre eux ne présentait de brûlures graves. C'était cette saloperie de produit dans l'unité de régulation de l'environnement qui les avait eus, qui les avait asphyxiés. Je n'ai pas pu m'empêcher de détourner le regard. »

Donald « Deke » Slayton, chef des astronautes regardant à l'intérieur de la cabine après le drame d'Apollo 1, et se souvenant de ce 27 janvier 1967

27 JANVIER 1967, APOLLO 1 : « HOUSTON, IL Y A LE FEU DANS LE COCKPIT ! »

V

Cap Kennedy, 27 janvier 1967 : « Feu dans le cockpit ! »

Les années 1965 et 1966 ont été menées « tambour battant » pour les vols spatiaux habités américains du programme Gémini. Nous sommes alors à la fin de 1966 et à moins de trois ans de l'objectif fixé par le Président John F. Kennedy: Envoyer des Américains sur la Lune avant 1970. C'est ainsi que dès le 21 mars 1966, un communiqué de presse de la NASA, annonce les noms des prochains astronautes affectés aux derniers vols Gémini de l'année 1966 et ceux des premières missions Apollo. Dans ce contexte Il est prévu un vol entièrement simulé sur le pas de tir au Cap Kennedy.

Ces vols *Apollo* sont ensuite envisagés autour de la terre dès le 21 février 1967, puis vers la lune. Des hommes vont ainsi pouvoir étrenner ce tout nouveau vaisseau spatial triplace beaucoup plus spacieux.

Cette mission est prévue pour le premier trimestre de l'année 1967, avec les astronautes Virgil « Gus » Grissom (Lieutenant-Colonel de l'USAF), Edouard H. White II (Lieutenant-Colonel de l'USAF), et Roger B. Chaffee (de l'US NAVY).

Il s'agit d'un équipage expérimenté pour deux d'entre eux, seul Chaffee est un « bleu » de l'espace, mais qui a déjà eu des responsabilités spatiales au « sol » comme « Capcom » de mission habitée (c'est-à-dire la voix officielle entre l'équipage qui est dans l'espace et le centre de Contrôle de Houston). En janvier 1967, à quelques jours du déroulement de la mission simulée « AS-204/*Apollo 1* », les astronautes ont de l'appréhension!

Tout au long des semaines qui ont précédé la mission *Apollo 1*, les trois astronautes montrent en effet une certaine inquiétude pour ce vol. Ils ont participé à certaines étapes clés du processus de conception de leur vaisseau spatial et pris part aux différentes revues d'avancement, ainsi qu'aux inspections de fabrication. Gus Grissom a vu un certain nombre de choses qui ne l'on pas rassuré et il n'est pas totalement serein. « Gus » a même, pour la première fois, apporté du travail à la maison, ce n'est pas dans ses habitudes!

Il préfère consacrer du temps à ses enfants. Mais cette fois-ci il est vraiment tendu et ce projet lui occupe l'esprit. L'arrivée du vaisseau Apollo « 012 » au Cap Kennedy a apporté beaucoup plus de problèmes que prévu, et il est évident que de nombreuses modifications techniques demandées restent inachevées!

C'est le cas notamment de l'unité de gestion et de contrôle de l'air ambiant de la cabine qui fuit comme une véritable passoire, et qui a dû être enlevée du module. Le projet a du « plomb dans l'aile » et a pris plusieurs semaines de retard. On observe aussi des dysfonctionnements sur le simulateur de vol d'Apollo, une maquette grandeur nature de leur vaisseau, qui est utilisé pour la formation des équipages. et Il n'est semble-t-il pas mieux que le vaisseau réel, et Cunningham de l'équipage de secours montre lui aussi ses doutes... et ses craintes!

Grissom s'en prend même un jour de façon très virulente (après un test de réception du matériel) à celui qui a en charge de mettre en conformité le simulateur de vol par rapport au vaisseau Apollo réel, sur le plan sécurité. Il s'agit de Riley McCafferty, et Gus ne mâche pas ses mots, après une séance dans le simulateur. Rouge de colère, et juste avant de se sangler sur son siège:

- Virgil Gus Grissom: « *"Nom d'un chien", Riley. Ce simulateur ne vaut pas un clou! Pourquoi n'est-il pas à niveau? Il y a trop de choses qui ne sont pas comme sur le vaisseau. C'est plus déroutant qu'utile.* »
- Riley McCafferty: « *Mais...* », tentant de se justifier.
- V. Gus Grissom: « *Riley, c'est de la "merde"!* »

Le lendemain de cette altercation, Grissom est mécontent du travail de l'entreprise North American Aviation à Downey. Cette firme reçoit un flot de centaines de modifications venues de la NASA, et qu'elle doit apporter au vaisseau en les intégrant au simulateur. Devant la presse Grissom « enfonce le clou ». Il parle du projet en ces termes, et ironise:

– Virgil Gus Grissom: « *J'ai quelques craintes. Il est déjà arrivé que nous ayons des problèmes, mais là, il en vient à la pelle. Franchement, je pense qu'il y a très peu de chances que cette mission dure lesquatorze jours prévus !* »

Puis le jour J approche. Le 22 janvier 1967 (cinq jours avant le vol): Grissom fait un bref arrêt chez lui avant de repartir pour Cap Kennedy. En apercevant le citronnier dans l'arrière-cour de la maison, couvert de citrons aussi gros que des pamplemousses, Gus attrape le plus gros d'entre eux et le saisit à pleine main. Sa femme assiste à la scène et le questionne avec étonnement sur ses intentions:

– Betty (son épouse):
« *Gus, qu'as-tu projeté de faire avec ce citron ?* »
–Virgil Gus Grissom:
« *Je vais l'accrocher sur le vaisseau spatial (Apollo 1)* »

(Ndla: Pourquoi un citron? Virgil Grissom avait été très énervé en sortant un jour d'un essai de son vaisseau chez le constructeur et estimait peut être qu'Apollo tel qu'il avait été conçu à ce moment ne méritait pas beaucoup plus de considération. Le citron symbolisait aussi dans son esprit: « pressés comme des citrons ! » Une expression qui montre l'ambiance dans laquelle se déroule le projet, ou sur le plan organisationnel, personnels, entreprises, sous-traitants et astronautes d'Apollo étaient alors « pressés comme des citrons ! » (ndla: course à la Lune oblige... et délais à tenir !). Les Américains étaient en retard au début de la course à l'espace; ils avaient été critiqués par les Soviétiques qui surnommèrent les premiers « Spoutniks » américains, des pamplemousses ! Leurs satellites ne pesant que quelques kilos au regard d'un Spoutnik 2 de 508 kg et du Spoutnik 3 avoisinant les 1327 kg !)

Puis Grissom embrasse sa femme avant de rejoindre le Kennedy Space Center. Sur le moment elle ne réalise pas qu'il s'agit du dernier passage de « Gus » à la maison, et des derniers mots échangés avec elle !

Déjà, Grissom, réputé pour son franc parler, avait eu des propos prémonitoires, notamment avec son épouse au début du projet Gémini:

– Début 1965, Grissom: « *Si un jour il y a un accident grave dans le programme, ce sera probablement moi !* »

En 1966, quelques semaines avant *Apollo 1*, Grissom n'exclut pas de perdre la vie lors d'un vol spatial et il aborde ouvertement les risques pris et les incidences sur le déroulement du programme spatial en cours:

– Gus Grissom: « *Si nous mourrons, nous voulons que les gens l'aceptent. Notre métier est risqué, et nous espérons que si quoi que ce soit nous arrive, cela ne retarde pas le programme. La conquête de l'Espace vaut qu'on y risque la vie.* »

Un autre jour, en conférence de presse, il échange des propos eux aussi très explicites:

– un journaliste: « *Pour vous en tant qu'astronaute, quelle est la phase du vol que vous jugez la plus dangereuse?* »

– Grissom: « *Celle entre le décollage et l'amerrissage!* »

(ndla: iI manqua de se noyer lors du retour de Mercury le 21 juillet 1961!)

Cela ne s'invente pas. Une autre réponse à classer dans le registre des anecdotes et qui remonte à 1961, bien avant son vol Mercury. Il est invité à faire un discours devant près de 20000 ouvriers d'une usine fabriquant de la fusée Atlas: La Général Dynamics en Californie.

N'ayant pas préparé de « speech », un officiel de la NASA lui en propose un, mais Grissom décline la proposition. Il se lève, s'approche alors du micro, retient sa respiration et se tourne vers l'auditoire:

– V. Grissom: « *Faites du bon travail!* »

Il se rassit aussitôt... la foule reste alors silencieuse... puis vient un tonnerre d'applaudissements et des cris de la salle. Après ce jour les ouvriers de l'usine confectionnèrent un écriteau dans l'usine: « *Do good Work!* »

Au cours d'une dernière conférence de presse qui a lieu juste avant la mission simulée du 27 janvier 1967, un autre astronaute: Walter Schirra (commandant de l'équipage de réserve), s'exprime aussi sur ce projet. Il vient juste d'effectuer une simulation dans la cabine avec ses équipiers de l'équipage « back up »), il montre alors lui aussi ses craintes et ses doutes:

– W. Schirra: « *C'est bizarre, il n'y a rien qui aille particulièrement mal sur ce vaisseau, mais je m'y sens mal à l'aise. Il y a quelque chose qui cloche!* »

Cela a vraiment le mérite d'être clair et de « planter le décor » à l'approche de ce premier vol!

Il s'agit des propos de ceux qui sont les tous premiers concernés: Les astronautes... en première ligne!

Mais aussi ceux des opérationnels et des responsables du projet qui ne sont pas plus rassurants et qui n'hésitent pas à qualifier le vaisseau Apollo et le projet en des termes très déroutants et guère positifs:

– Un inspecteur du contrôle qualité, Thomas Baron:

« Bâclé et dangereux. »,
en parlant du vaisseau et de sa conception;
– un responsable du projet Apollo, John Shinkle:
« La moitié du travail d'ingénierie. »,

tout reste encore à faire selon lui, alors que le projet a connu près de 20000 pannes au cours de son avancement, indique Joe Shea le responsable des vaisseaux Apollo. Pour les opérationnels, chargés du lancement ils ne sont pas confiants non plus:

– Rocco Petrone, Directeur des opérations de lancement:
« *Tas de boulons!* », et il juge que globalement que ce contexte est *« inacceptable »...*

Et pourtant, malgré ce contexte, le vol va bien avoir lieu... Course à la Lune oblige, et il faut battre les Soviétiques pour relever le défi de John Kennedy, et offrir la Lune aux Américains et au Monde!

Le matin du 27 janvier, avant de revêtir son scaphandre, Grissom prend son petit-déjeuner avec ses équipiers. Ils se retrouvent au bâtiment des équipages, avec Deke Slayton, responsable des affectations des astronautes, Joe Shea le responsable « vaisseau Apollo », ainsi que Walter Schirra, le commandant de l'équipage de réserve. Slayton se souvient de ce matin-là ou Grissom s'en était pris à Joe Shea:

– Virgil Gus Grissom: « *Bon Dieu, Joe, si tu es sûr que ce « Bazar » tient la route, pourquoi tu ne viens pas poser ton « cul » dans la ca bine avec nous pour voir l'effet que ça fait?* »

Ils étaient conscients pour la plupart, des incidents qui existaient sur le vaisseau, notamment dans les moyens de communication. Joe Shea s'était au cours du mois de décembre qui précède cet essai simulé, exprimé devant la presse selon des propos pas très rassurants et montrant les soucis rencontrés sur le vaisseau Apollo: « Nous faisons des prières pour que ce qui passe au travers n'affecte pas la sécurité. » Ils quittent alors le bâtiment des équipages pour rejoindre la rampe de lancement, puis l'ascenseur les monte au « niveau 8 » où se trouve la cabine, Grissom passant en tête. Son ami Schirra, inquiet, donne ses dernières recommandations à Gus, juste avant qu'il ne s'installe:

– Wally Schirra (commandant « Back-up » - doublure - d'*Apollo 1*):
« *Écoute-moi bien, Gus. Il te faudra au moins quatre-vingt-dix secondes pour ouvrir toutes ces écoutilles. Si tu as le moindre problème (de communication), tu sors de la cabine au plus vite jusqu'à ce que le problème soit résolu. Compris?* »
Grissom avait semble-t-il retenu la leçon...

– Virgil Grissom : *« Compris ! J'aurais l'œil. »*

Le 27 janvier 1967, à 18 h TU (ndla : Temps Universel, équivalent au méridien zéro de Greenwich, temps utilisé dans tous les dialogues qui vont suivre dans le récit de ce vol) : Les astronautes s'installent dans la cabine Apollo de la mission simulée « Plug-out »* « AS 204 » sur le Pas de tir « 34-A », du Cap Kennedy.

(ndla : * *Plug-out désigne une mission spatiale qui se déroule sans aucun branchement électrique, et dont le but est de démontrer que le vaisseau Apollo, ses différents éléments ainsi que sa fusée peuvent fonctionner entièrement et totalement sur leurs propres sources d'énergie et indépendamment de la tour de lancement).*

Les astronautes d'*Apollo 1* s'allongent respectivement chacun sur une « couchette » à l'intérieur de cette toute nouvelle cabine spatiale conique qui doit un jour emmener des hommes vers la Lune. Avec une certaine appréhension, Grissom s'installe à gauche en tant que Commandant de bord, White au centre, le Pilote senior et Chaffee à droite avec le titre de Pilote.

Au cours de ce test « réel mais sans décollage », assis en haut d'une fusée, Gus attend le compte à rebours, et se plaint à plusieurs reprises que rien ne marche comme il faut, il y a des problèmes dans les moyens de communication et ironise ces difficultés en pensant au jour où elles devront être fiables entre la terre et la lune. Juchés en haut d'une Saturne 1B de soixante-sept mètres de haut, pour une simulation au sol, ils parlent avec ceux qui contrôlent l'expérience « plus loin » dans une salle, distante de seulement huit kilomètres !

Maintenant au Cap Kennedy, et à Houston, les protagonistes et opérationnels de ce vol, se préparent au compte à rebours.

(ndla : Pour assurer habituellement le lancement d'un vaisseau spatial habité Américain dans l'Espace où vers la Lune, les opérations de préparation de la fusée, la phase de compte à rebours final, le lancement ainsi que l'arrivée sur orbite (dans l'espace) du vaisseau, sont gérées depuis une salle de lancement présente au Cap Kennedy (Floride). C'est ensuite un centre de contrôle situé à Houston au Texas qui prend le relais. Il en est ainsi de toutes les missions même simulées comme en ce 27 janvier 1967 avec Apollo 1 !).

L'équipage, concentré attend les dernières instructions du compte à rebours qui est lancé...

– Un contrôleur du Poste de lancement :

« Parés pour le compte à rebours... »

– Poste de lancement :

« Gus » Grissom est affecté à cette mission du 27 janvier 1967, alors qu'un "certain" Alan Shépard aurait pû être à sa place !

Si l'on tient compte des règles arithmétiques pratiquées par la NASA qui régissent les affectations des astronautes aux différentes missions et aux vols spatiaux, Grissom n'aurait jamais dû se retrouver Commandant de cette mission *Apollo 1*. Au moment ou il quitte sa femme, ce 22 janvier 1967, pour Cap Kennedy, il ne se doute pas de la suite des événements.
Alan Shépard ayant été le premier américain envoyé dans l'espace avec une capsule Mercury le 5 mai 1961, est le premier de la liste, et c'est lui et non Grissom qui aurait dû commander la première mission du projet Gémini de 1965 puis celle d'Apollo 1 du 27 janvier 1967.
Mais, à la suite d'un problème médical, Shépard est disqualifié et interdit de vol. Il est donc remplacé par le deuxième Américain de l'espace sur *Apollo 1* : A savoir Gus Grissom !
C'est une infection à l'oreille interne (syndrome de Ménière) diagnostiqué chez Shépard qui va donc lui sauver la vie ! Mais va tuer Grissom.
Beaucoup plus tard Shépard le « chanceux » retrouve son aptitude au vol et il devient le commandant d'Apollo 14 qui pousse des exclamations de joie lors d'une partie de golf improvisée sur la Lune le 6 février 1971.
« Gus » ne verra jamais ces images, et ne marchera pas non plus sur la Lune, un bien cruel destin pour cet astronaute chevronné !

« Tout le monde en piste ! »

À 19 h 50 la cabine est verrouillée puis pressurisée à l'oxygène pur.

La NASA ne voit aucun risque dans ce test car les réservoirs de la fusée sont vides. Le sas se referme sur eux !

– Poste de lancement :

« Je confirme "sas fermé et verrouillé" »

En fait les astronautes ne sont pas « chauds » pour ce type de cabine qui possède un sas à double coque. À l'inverse des capsules précédentes où les trappes s'éjectent sous l'action d'une cartouche explosive, celle d'Apollo demande une longue manipulation de deux bonnes minutes pour dévisser douze écrous !

Ce jour-là au Cap Kennedy peu d'astronautes sont présents, car au même moment a lieu des festivités officielles à Washington, avec l'administrateur de la NASA Jim Webb. L'événement est fondamental et capital : Il s'agit de la signature du tout premier traité de droit spatial régissant ces activités sur le plan juridique. On y trouve un texte sur la non-appropriation d'un corps céleste qui appartient à l'humanité. Le fait qu'un État plante son drapeau ne signifie pas que c'est un acte de propriété.

De nombreux astronautes sont conviés à ce grand jour, seuls Deke Slayton, et Stuart Roosa, chargé des communications avec l'équipage, (le Capcom de mission, voix officielle qui dialogue entre le centre de contrôle et les astronautes), sont présents pour cette simulation.

À côté de lui: Slayton, Shea, et Rocco Petrone (Responsable des opérations de lancement) sont assis dans une salle du Poste de lancement situé près de la fusée.

Au centre de Houston se trouve le Directeur de vol: Chris Kraft *(ndla: Célèbre dans l'épopée des vols habités Américains).* D'autres sont à des centaines de kilomètres et suivent aussi ce test, car dans les mois qui précédèrent l'arrivée de la cabine « 012 » en Floride tout ne s'est pas passé sans anicroche chez les sous-traitants du programme. Le Directeur d'Apollo, Samuel Phillips, alors à Washington, a été informé qu'une explosion a eu lieu à Sacramento, lors d'une simulation sur l'étage Saturne S-IVB (*ndla: Partie de la fusée Saturne 1B se situant en dessous du vaisseau Apollo et du module lunaire*), le 20 janvier 1967, *Sept jours avant l'accident.*

Il écrit aux différents centres des vols habités et souhaite une véritable enquête avec l'envoi d'experts en sûreté; il pose la question sur ce qui se serait passé avec des hommes à bord? Il demande la rédaction de recommandations pour le 6 février 1967 et souhaite que l'on apporte des modifications et des corrections avant la mission “AS204” et les futurs vols Apollo.

Après enquête il sera confirmé que l'entreprise travaillant sur la cabine Apollo (module de commande) avait recommandé de réaliser un système d'ouverture de la cabine avec systèmes de boulons explosifs pour une ouverture en urgence si besoin. Ils avaient également préconisé un mélange gazeux constitué d'oxygène et d'azote pour l'air ambiant.

Ils ne seront pas écoutés, de même en ce qui concerne les courriers du Directeur du projet Apollo qui demande des garanties. Mais sans succès!
Le test du 27 janvier 1967 débute, avec des accords oraux; il n'y a pas toutes les signatures requises. On connaît la suite, ou tout du moins on la devine... au moment ou est verrouillée l'écoutille de la capsule sur les trois hommes,

L'expérience simulée de vol doit se dérouler entre 19 h 50 et 23 h 31 (si tout va bien!). Les hommes sont installés et harnachés à leur siège depuis 18 h, avec les différents raccordements nécessaires aux « systèmes vie » du véhicule. Mais une odeur aigre et très désagréable respirée à l'intérieur de la cabine amène à reporter le début de l'expérience à 19 h 42.

À 19 h 45, la pressurisation de la cabine peut enfin commencer. Une fois la capsule scellée, tout l'air de la cabine est peu à peu remplacé par de l'oxygène pur. En fait l'odeur aigre revient, c'est ce satané système qui contrôle et régule l'air ambiant de la cabine qui est défaillant.

De la capsule, les contrôleurs entendent des plaintes de l'équipage; puis pendant une dizaine de minutes, les trois hommes « reçoivent » des grésillements dans leurs casques. Ils sont confrontés à des problèmes de transmission.

Grissom, qui avait déjà fait des remontrances à ce sujet, et bien avant cette simulation, trouve cela extrêmement désagréable.

Les dialogues qui viennent de Roosa, le Capcom du vol, ainsi que de Chauvin, responsable de la partie électronique, deviennent incompréhensibles et quasiment inaudibles. Le Comandant de bord « Gus », d'une humeur exécrable, appelle les contrôleurs et ironise:

- Virgil Grissom: « *Si je ne peux pas vous parler à tout juste 8 kilomètres, comment pourrons-nous communiquer depuis la Lune ?* »
- Chauvin (responsable électronique): « *Bon on arrête !* »

Le compte à rebours arrive à T moins dix minutes... et les astronautes sont depuis plus de cinq heures dans la cabine. Peu après 23 h, Grissom n'en peut plus, et en a plein les oreilles, il se bat avec son micro défectueux et appelle le centre:

- Virgil Grissom:
« *merde, je ne peux même plus fermer mon micro maintenant !* »

Ces communications fonctionnent à l'électricité et s'appuient sur un système électrique dans un état indescriptible et lamentable, Chauvin décide alors l'arrêt du compte à rebours pour tenter d'identifier l'incident et réparer le cas échéant avant de reprendre la chronologie. Un certain énervement règne dans la salle...

- Un ingénieur du Poste de lancement s'adressant à Chauvin l'électronicien: « *Si on arrêtait pour aujourd'hui ? Ca peut durer encore longtemps. Il vaudrait mieux arrêter tout et recommencer l'essai.* »
- Chauvin l'électronicien: « *Négatif !* »

Il est 23 h 31 : Chauvin décide finalement de faire l'impasse sur le problème du micro de Grissom. Pour lui les moyens de transmission ne sont pas primordiaux pour ce vol simulé et le compte à rebours redémarre à sa demande. Mais la reprise de la chronologie va être fatale, l'irréparable va se produire: Court-circuit, arc électrique puis incendie !

Personne ne voit venir la catastrophe qui se prépare. Depuis de longues heures en fait, la cabine Apollo 1 baigne dans de l'oxygène pur pressurisé à plus de 1100 hectopascals: Une bombe en puissance !

L'oxygène pur est un gaz extrêmement corrosif qui attaque les matériaux. Fils, tuyaux, plastiques et autres équipements présents dans la capsule peuvent s'enflammer et brûler.

Sous le siège gauche de Virgil Grissom, au moment ou le compte à rebours est arrêté, des fils électriques dénudés et en faisceaux, certains, sans isolants et piétinés, baignent littéralement dans l'oxygène pur. Il s'en suit un arc électrique qui met « le feu aux poudres! ».

La cabine, en quelques secondes, s'enflamme comme une gigantesque boite d'allumettes!

À distance, sur les différents écrans de contrôle, de nombreux paramètres laissent « deviner » qu'il se passe quelque chose de grave dans la cabine: Voltmètres et ampèremètres affichent des chiffres hors normes. Des surtensions et des sautes de courant; les thermomètres d'*Apollo 1* s'affolent, virant vers les « maxima » de la limite supérieure...

Apollo 1, 27 janvier 1967, 23 h 31 et 47/100ème de seconde:

– « *Feu à bord.* »

Les contrôleurs au sol entendent l'équipage qui n'a la parole que pendant dix secondes de transmission seulement: Le temps de crier chacun une phrase terrible:

– Ed. White: « *Au feu!* »

Ce cri provient de la couchette centrale, il s'agit du pilote qui ne prononce que deux mots, suivi du commandant, qui lui, lance un véritable appel de détresse, sa voix est profonde et reconnaissable:

– Virgil Gus Grissom: « *Il y a le feu dans le cockpit!* »

Presque simultanément et resté allongé pour ne pas être au contact direct avec la fumée, le pilote ordonne qu'on les sorte de là:

– Roger Chaffee: « *Nous brûlons!... Sortez-nous de là!* »

« Hey...! » (Hurlement de douleur)... puis un silence de mort.

À 23 h 31 et 22,4: Les communications s'interrompent! L'incendie qui fait rage dans la cabine, où l'on enregistre des températures dépassant les 500° C est d'une violence inouïe. Après l'annonce par l'un des astronautes qu'un feu s'est déclenché à bord, ce dernier va se propager très vite en trois étapes successives: Pendant les quinze premières secondes, températures et pressions augmentent dans la cabine, un phénomène qui est enregistré jusqu'à 23 h 31 et 19 secondes.

Puis, l'incendie se déplace pour s'étendre à tout le reste de la cabine. Il se crée un mur de flammes sur la gauche, ou nylon, velcro, et autres matériaux brûlent. La dernière étape de l'incendie se caractérise par une création importante de gaz carbonique. Trente secondes seulement viennent de s'écouler, et il se déroule un vrai cauchemar pour les contrôleurs de vol et pour ceux qui ont en charge la plate-forme de tir.

Ils assistent impuissants aux événements:

– D.Slayton (Poste de lancement): « *Bon Dieu, qu'est-ce qui se passe?* »

Au plus près de l'incendie, ce n'est pas moins de vingt-sept personnes qui sont présentes, dont cinq qui sont dans la salle blanche près de la cabine.

Ils s'agitent tous sur cette plate-forme de lancement pour lutter contre ce terrible feu qui « rôde » aux abords de la capsule qui se trouve au « niveau 8 ». Cette tour devient rapidement « une tour infernale », le responsable des installations, à peine entend-t-il le cri de Grissom, qu'il envoie aussitôt James Gleaves qui se trouve à quatre mètres de la cabine :

– Donald Babbitt (Chef de la Plate-forme) : « *Sors-les de là !* »

C'est alors que Gleaves tente de toutes ses forces d'ouvrir l'écoutille, sans succès. Au même moment un contact radio est tenté vers l'équipage :

– Gay, Directeur des essais (Bâtiment de contrôle) : « *Équipage, sortez !... Équipage, pouvez-vous sortir maintenant ?* »

Puis un contrôleur hurle un ordre en espérant être entendu :

– Propst (Bâtiment de contrôle) : « *Faites sauter l'écoutille !... Pourquoi ne font-il pas sauter l'écoutille ?* »

Alors que la tour de lancement risque de s'embraser, un appel :

– Quelqu'un crie depuis la tour : « *Le vaisseau va exploser !* »

– Un autre de la tour : « *Evacuez le niveau !* »

Au même moment Roosa (Capcom) du bâtiment de contrôle, tente d'entrer en contact avec l'équipage, mais n'y parvient pas. Slayton à ses côtés, attrape dans la foulée par la manche, les médecins présents au bâtiment et leur donne un ordre expéditif :

– Deke Slayton : « *À la rampe de lancement ! Ils vont avoir besoin de vous.* »

Simultanément le centre de contrôle de Houston réagit lui aussi dans un laps de temps record, et montre de l'inquiétude :

– Chris Kraft (Centre de Houston) : « *Pourquoi ne peuvent-ils les sortir de là ? Pourquoi personne ne peut-il aller jusqu'à eux ?* »

Le chef de la plate-forme appuie sur l'interrupteur d'alarme général, et c'est à ce moment qu'une véritable onde de choc est générée par une explosion venant de la cabine. Bien que repoussé par le souffle, avec les hommes du « niveau 8 », il parvient finalement à 23 h 32 à donner des ordres avec un porte-voix :

– Babbitt (s'adressant à un technicien des communications près de l'ascenseur) : « *Dis au responsable des essais qu'il y a le feu. J'ai besoin des pompiers, des ambulances et de l'équipement.* »

23 h 32 : Les pompiers se rendent sur le lieu de l'incendie. Mais avec leurs équipements il faut de longues minutes pour rejoindre la tour de lancement, puis pour accéder aux étages, au niveau A8, où se trouve la cabine Apollo.

Très vite la nouvelle se répand à l'extérieur de Cap Kennedy, les images parlent d'elles-mêmes, c'est ainsi que par téléphone l'entreprise North American Aviation qui a conçu le vaisseau Apollo est contactée en Californie, à Downey par Jim Pierce son représentant présent au Cap.

– Jim Pierce (North American Aviation) : « *Tout le bazar risque d'exploser à tout moment ! Je... Il y a des flammes qui sortent du vaisseau spatial... Je vois du métal fondu qui tombe !* »

L'ambiance est indescriptible au siège de l'entreprise californienne, les images reçues sur les écrans sont terribles et cruelles de vérité pour ceux qui ont construit cette cabine :

– Un ingénieur à Downey (en téléconférence) : « *Mon Dieu !* »

À proximité de la cabine au « niveau 8 », Babbitt aidé de Gleaves et de deux autres techniciens reviennent à la charge.

Dans une fumée épaisse ils approchent de l'écoutille :

– Babbitt (chef de rampe) : « *Enlevons l'écoutille, il faut les sortir de là !* »

Sans masques de protection, ils ramassent au sol des extincteurs, plongeant dans le nuage de fumée, aveuglés face aux gaz toxiques et aux flammes, ils font demi-tour. Un technicien trouve des masques, ils s'équipent mais parviennent avec beaucoup de difficultés à respirer.

Puis des hommes de la rampe tentent de défaire les écrous de l'écoutille, suffoquant et titubant, le feu se propage maintenant aux "niveaux 6 et 7" de la tour de lancement. Entendant des appels au secours venant du « niveau 8 » William Medcalf, mécanicien posté au « niveau 4 » monte par l'ascenseur.

Il arrive dans la salle blanche qui jouxte la cabine, où il se retrouve cerné par de la fumée et des flammes, il voit aussi des hommes à bout de souffle, qui s'effondrent, dont Babbitt noir de suie, qui le regarde et cherche de l'aide et des secours en vain :

– Babbitt (chef de la rampe) : « *Deux pompiers tout de suite !*
J'ai un équipage à l'intérieur et je veux qu'ils sortent ! »

Medcalf voit Gleaves quasi inconscient, deux autres sont mal en point et sont remplacés sur le champ.

Encore plusieurs minutes à lutter pour ouvrir l'écoutille.

Babbitt, le chef de rampe y parvient à grand-peine, puis s'écroule d'épuisement, et totalement à bout de force.

Reece un technicien système est le premier à scruter l'intérieur de la cabine et aperçoit quelques voyants d'alarme encore allumés et rentre sa tête dans l'obscurité.

23h36 : Cinq minutes après l'annonce de l'incendie la cabine est ouverte avec l'ensemble des trappes intérieures et extérieures, mais l'équipage est semble-t-il inconscient, il s'est écoulé de nombreuses minutes depuis le dernier appel de détresse de Chaffee, et des gaz toxiques s'échappent de la cabine !

Au poste de lancement, les hommes assistent en direct à l'ouverture de l'écoutille et échangent quelques propos faisant signe de croire qu'ils sont encore en vie :

– Rocco Petrone (Poste de lancement) :

« *Pouvez-vous faire quelque chose pour les gars ?* »

Ce message est retransmis par radio dans la salle blanche.

– Une personne située au « Niveau 8 » : « *Faites venir un docteur, vite !* »

Mais il n'y a bien sûr plus d'espoir :

– Une personne dans la salle (Poste de lancement) : « *Non c'est trop tard.* »

C'est alors que les images deviennent insoutenables :

– Rocco Petrone (Poste de lancement) : « *Éteint la télé. Je t'en prie. Je ne veux plus voir ça.* »,

Puis Slayton le copain de Grissom, de l'équipe Mercury arrive sur les lieux, pensant peut-être encore à un miracle possible, et si Gus avait survécu... !

– Deke Slayton (En courant vers la plate-forme de lancement) :

« Tiens bon, mon vieux ! Tiens bon, Gus ! Tiens bon. »

23h 40min : Arrivée des pompiers au niveau « A8 » en haut de la fusée Saturne où se trouve la cabine, après être montés par l'ascenseur. Les premiers arrivés constatent que toutes les trappes de la capsule sont ouvertes. En fait, après minutage pour l'enquête, il était impossible de mettre moins de sept à huit minutes pour faire le trajet entre la caserne des pompiers et la cabine *Apollo 1* !

Il est entre 23h43 et 23h45, lorsque les médecins arrivent. Ils viennent d'être prévenus par l'un des responsables du « pas de tir », qui estime que l'équipage est certainement décédé !

Ils constatent alors que les corps des hommes ne peuvent être déplacés avant le lendemain matin pour les photos et les besoins de la commission d'enquête. Reece, une fois introduit dans la cabine carbonisée, ne parvient pas à voir l'équipage. En tâtonnant, il pense toucher Ed. White sur son siège central, mais il sent quelque chose similaire à du tissu brûlé. Comme pour entendre une réponse à son appel il pose une question pour se rassurer :

– Reece (Technicien système dans la cabine dont l'écoutille est ouverte) :

« *Y a-t-il quelqu'un par ici ? Y a quelqu'un ?* »

D'autres techniciens équipés de lampes électriques arrivent à la rescousse dont Medcalf, essayant d'éclairer l'intérieur de la capsule, mais avec la fumée ils ne distinguent rien si ce n'est des cendres sur les sièges des astronautes. Medcalf confirme alors ce qu'il a vu :

– William Medcalf (Mécanicien de la rampe près de la cabine dont l'écoutille est ouverte, et s'adressant au chef de rampe) : « *Il n'y a plus rien à l'intérieur !* »

Puis c'est au tour de Rabbitt (*ndla : Chef de rampe*) d'aller voir dans la cabine, et il découvre White semi-allongé, les bras tendus vers l'écoutille (*ndla : Il a certainement lutté pour tenter d'ouvrir cette satanée porte, pour aider Grissom à sa gauche occupé lui aussi à essayer d'ouvrir les trappes).* Chaffee n'a pas bougé, au fond, respectant les consignes de sécurité.

Sur les écrans de contrôle les ingénieurs avaient en effet perçu cette activité soudaine. Les paramètres médicaux des astronautes avaient aussi révélé de nombreux mouvements. Après Rabbitt, c'est James Burch du poste de sécurité et des pompiers du Cap Kennedy arrivé sur place, qui est un habitué de ce genre de moment pour le moins délicat qui entre dans la pénombre.

Il se retrouve au-dessus de White et il aperçoit une botte de scaphandre. Pour déterminer ou non si l'équipage est mort, il tire violemment dessus puis en fait de même avec la jambe.

Cela lui suffit pour se faire une idée et constater le décès de ces hommes qui étaient pourtant encore bien vivants un quart d'heure auparavant. Au moment de ce constat il est alors environ 23 h 45.

– James Burch (Service incendie du Cap Kennedy) : « *Ils sont tous morts. Le feu s'est éteint !* »

– Un médecin penché sur l 'écoutille de la cabine et en présence de Deke Slayton, regardant à l'intérieur : « *C'est fini !* »

– Deke Slayton (ndla : En regardant dans la cabine *Apollo 1 et qui se souvient*) :

« *C'était accablant, À l'intérieur, tout était brûlé, noir de cendre. C'était une chambre mortuaire. Manifestement, l'équipage avait tenté de sortir... Les combinaisons lesavaient protégés des flammes. Aucun d'entre eux ne présentait de brûlures graves. C'était cette saloperie de produit dans l'unité de régulation de l'environnement qui les avait eus, qui les avait asphyxiés. Je n'ai pas pu m'empêcher de détourner le regard.* »

– Deke Slayton (Penché sur la cabine et touchant le gant du scaphandre de Grissom) : « *Tu n'as pas souffert, Gus... merci mon Dieu, d'avoir fait en sorte qu'ils ne souffrent pas !* »

Les médecins mettent 1 h 30 pour extraire le corps des trois astronautes, à l'aube de ce 28 janvier 1967 à 5 h 30. Bien qu'arrivés sur le site dix minutes après l'annonce de l'incendie, ils décident d'attendre le lendemain car il y a encore des dégagements de fumée et de gaz toxiques. Certains sauveteurs montés au niveau supérieur du pas de tir où se trouve la cabine, et qui ne sont pas équipés de masque à oxygène doivent être hospitalisés !

Au même moment à Washington, une cérémonie est en cours...

L'accident qui a lieu au Cap Kennedy finit par être connu bien au-delà de la Floride ; dans la capitale, plusieurs astronautes dont Lovell (futur membre d'*Apollo 8* et Commandant d'Apollo *13*) qui accompagnent l'administrateur de la NASA à l'occasion du traité de l'Espace, sont inquiets et regardent souvent leur montre au moment précis où se déroule l'essai.

L'administrateur, prévenu par un adjoint, semble ne pas y croire.

– Julian Scheer (Administrateur Adjoint de la NASA, chargé des Affaires Publiques) : « *Jim, il y a eu un accident à Cap Canaveral, un incendie...* », puis l'administrateur pense que ce n'est qu'un simple incendie sans gravité et le questionne :

– Jim Webb (Administrateur de la NASA) :

« *Je sais. Quoi de neuf depuis ?* »,

et de façon lapidaire l'adjoint lui annonce la mort des astronautes :

– Julian Scheer (Administrateur Adjoint de la Nasa, chargé des Affaires Publiques) : « *Les trois astronautes d'Apollo 1 sont morts, Monsieur.* »

Présent à cette cérémonie se trouve aussi un homme clé du programme, qui prend alors le téléphone d'une main ferme pour se mettre en contact avec la Floride, puis il donne ses instructions en temps que directeur du programme Apollo, il a alors à ce moment en charge de gérer cette tragédie :

– Samuel C. Philipps (Général de Division/Directeur du projet Apollo) : « *Saisissez tout ce qui est associé à cet incendie, toutes les archives, toutes les bandes, le matériel jusqu'au plus petit boulon, j'ai bien dit tout. Fouillez partout. J'arrive.* »

et à Dallas...

Un autre homme est sous le choc, ancien du *projet Mercury*, il s'agit d'Alan Shépard, qui en tant que Chef du bureau des astronautes de la NASA, alors qu'il s'apprête à faire un discours dans un dîner est informé du drame. Il monte à la tribune et perd tous ses moyens...

il ne se souviendra d'ailleurs pas de ses propos ensuite...

– Alan Shépard : « Je... Je viens d'apprendre la mort... la mort de mes camarades... »

À Washington la cérémonie touche à sa fin, plusieurs des astronautes présents dans la capitale se retrouvent à leur chambre d'hôtel. Un message leur indique qu'ils doivent téléphoner d'urgence à l'Officier des relations publiques de la NASA concernant les essais de vol simulé *Apollo* en Floride...

(Lovell se souvient, dans son ouvrage co-écrit avec Jeffrey Kluger, *Apollo 13, perdus dans l'Espace*, chez Robert Laffont).

C'est alors que Lovell décroche, il est très inquiet par le ton de la voix qui lui répond au bout du fil :

– Administrateur des relations publiques de la NASA (au téléphone avec Lovell à son hôtel à Washington) :

« Nous ne connaissons pas encore les détails, mais il y a eu un incendie sur la rampe trente-quatre ce soir. Un vilain incendie.

L'équipage n'a sans doute pas survécu. »

– Jim Lovell (de son hôtel) : « Que voulez-vous dire par "sans doute" ? Sont-ils vivants ou non ? »

– Administrateur des relations publiques de la NASA (après un long silence) : « *Ils n'ont sans doute pas survécu.* »

– Jim Lovell (fermant les yeux) : « *Qui est au courant ?* »

– Administrateur des relations publiques de la NASA : « *Les gens qui doivent le savoir. Mais les médias l'apprendrons bientôt et bondiront alors sur le premier venu en relation avec l'agence. Nous vous suggérons fermement, vous quatre, de disparaître jusqu'à ce qu'on reprenne contact avec vous.* »,

perplexe avec ses autres amis astronautes :

– Jim Lovell : « *Disparaître ? Ca veut dire quoi ?* »

– Administrateur des relations publiques de la NASA : « *Ne quittez pas l'hôtel de la nuit. Ne quittez pas vos chambres. Si vous avez besoin de quoi que ce soit, appelez la réception. Si vous voulez prendre un repas, faites-vous servir dans vos chambres. Nous ne voulons pas de rencontre imprévue.* »

Lovell raccroche le téléphone sous le choc, lui qui vivra trois ans plus tard en tant que Commandant de bord l'extraordinaire suspense d'*Apollo 13*. Il finit la soirée avec les autres astronautes qui méditent sur la mort et les risques pris dans leur métier.

Pour ces hommes d'*Apollo 1*, qui étaient des collègues, leur décès « stupide » en haut d'une fusée en restant « cloué » au sol, ils qualifient cela de vraiment totalement inadmissible ; et ne trouvent pas cette mort très digne en ce temps des pionniers et des pilotes d'essai.

Comment les Hommes d'Apollo 1, sont-ils décédés : Asphyxiés ou brûlés vifs ? Quelles étaient leurs chances de survie face à cet incendie ?

Dès l'ouverture de la capsule, on réalise l'envergure des dégâts, une commission est créée et chargée de mener un travail d'investigation et d'enquête pour comprendre les raisons de cet accident. Une équipe est constituée dès le 28 janvier et comporte un astronaute chevronné : Frank Borman.

Moins de deux ans après le drame pour honorer leurs noms, il sera le premier Commandant d'une mission lunaire (Apollo 8) à tourner autour de la Lune, il récite à cette occasion des textes de la bible. Il semble que sans cet accident ce but n'aurait probablement jamais été atteint aussi vite. Lors d'Apollo 15 les astronautes déposeront sur la Lune une plaque commémorative avec les noms des victimes de l'Espace.

On lit des textes concernant Apollo 1 qui par erreur, mentionnent très souvent que l'équipage est mort « carbonisé » ou brûlé vif !

Hors il n'en est rien, car un rapport officiel d'autopsie des astronautes a conclu à une mort des trois hommes par asphyxie dû à l'inhalation du gaz toxique des fumées de l'incendie. Ils ont tous les trois été empoisonnés par le monoxyde de carbone et ont perdu la vie en quelques secondes. Par contre il a été constaté de graves brûlures, sur une surface plus ou moins importante, en fonction de leur position par rapport au foyer de l'incendie.

Ce dernier s'est déclaré sous le siège de Virgil Grissom. Son scaphandre a ainsi été détruit à 70 %, le feu ayant pris sous sa jambe gauche. La visière de son casque, déformée, et fondue est recouverte de suie. Même en cas d'ouverture rapide de la trappe il aurait certainement été blessé et brûlé gravement.

Pour Ed. White, le scaphandre est détruit à 25 %, les dégâts les plus importants ont touché les jambes et le côté gauche. La visière de son casque recouverte de suie a peu souffert. Sa combinaison n'aurait pu le sauver.

Par contre pour R. Chaffee, le plus éloigné de l'incendie, son scaphandre n'est touché qu'à 15 %. La partie supérieure est restée presque intacte. Si cet astronaute avait pu être alimenté en oxygène jusqu'au bout, il aurait peut-être été retrouvé vivant à l'ouverture de la trappe de la capsule Apollo 1 !

Le 31 janvier 1967 des funérailles nationales sont célébrées pour ces trois pionniers de la conquête spatiale devenus des héros de l'Amérique !

Après le drame d'Apollo 1, des pages de recommandations sont publiées pour que le projet puisse "renaître de ses cendres":

Vingt mois d'arrêt du projet. Tout sera revu de fond en comble, à commencer par l'atmosphère en oxygène pur (ndla: Utilisée pourtant à bord de Mercury et Gémini) remplacée par un mélange gazeux oxygène/azote. Tous les éléments inflammables présents à bord de la cabine, sont proscrits.
Une nouvelle trappe doit être construite pour pouvoir s'ouvrir en moins de dix secondes. La tuyauterie et le câblage (longueur de cinquante kilomètres) doivent être recouverts d'un isolement de protection. 1 407 problèmes de câblage vont alors être corrigés dans la suite du projet.
Une importante recommandation préconise le port d'un nouveau scaphandre à protection ignifuge -anti-feu- du type « A7L » en remplacement du « AC1 » (issu du projet *Gémini)*. Ce dernier, en effet est beaucoup plus fragile et n'avait pas de matériaux anti-feus, le « A7L » devient la référence de toutes les missions Apollo suivantes. (Cf. "*Guide des combinaisons spatiales et du vol habité*", chez Tessier & Ashpool, 2006, par Jean-François Pellerin).
On remet en cause, à la demande de la commission, les protocoles de sécurité, l'équipement des sauveteurs, et les accès aux étages, dans la tour de lancement doivent être plus fonctionnels et mieux adaptés, de même qu'il est demandé de revoir les moyens de communications.
La commission conclue aussi à de sérieuses négligences qui ont précédé la mission « AS 204 », avant la livraison du module de commande « 012 », de nombreux incidents n'étaient pas résolus.
En 1967 la course à la Lune n'est pas perdue pour autant par les Américains, car trois mois après les Soviétiques vont eux aussi connaître un drame avec l'accident du *Soyouz 1* le 24 avril 1967 (cf. chapitre VI).
Après l'incendie tous les vols Apollo deviennent des vols inhabités automatiques pour valider la fusée Saturne et les différents éléments des vaisseaux Apollo (ils portent alors la dénomination *Apollo 2* à *Apollo 6*; à partir du N°7, des astronautes retrouvent le chemin des étoiles).
C'est d'ailleurs à la reprise des vols habités Apollo en octobre 1967 avec *Apollo 7*, que certains osent s'exprimer avec lucidité et franchise:
- Deke Slayton: « *Nous aurions fini par nous « casser la figure » à plusieurs reprise avant d'arriver sur la lune, peut-être même n'y serions-nous jamais arrivés s'il n'y avait pas eu Apollo 1. Nous sommes tombés sur "un nid de vipères" qui nous auraient donné bien du fil à retordre par la suite. Les problèmes auraient été traités petit à petit, sur plusieurs vols, en zigouillant plusieurs personnes au passage. L'incendie nous a obligés à arrêter tout le projet et à faire du grand nettoyage*!

« Il n'a plus le contrôle. Le vaisseau spatial fait des culbutes que le pilote a du mal à arrêter. Nous devons nous rendre à l'évidence. Il y a peu de chances qu'il survive à la rentrée dans l'atmosphère ! »

Le Directeur du Centre de contrôle des vols constatant les problèmes rencontrés par Komarov dans l'Espace et faisant une annonce aux contrôleurs de vol 24 avril, 1967

24 AVRIL 1967, CRASH DE SOYOUZ 1 : KOMAROV SE TUE A 180 KM / H !

VI

Trois mois seulement après *Apollo 1*, le cosmonaute soviétique Vladimir Komarov se tue au retour de sa mission *Soyouz 1*, le 24 avril 1967. À peine la communauté spatiale a-t-elle « fait son deuil » du drame de la première mission *Apollo*, qu'une autre tragédie a lieu en URSS. Cette fois-ci elle touche les Soviétiques et son nouveau programme de vaisseaux spatiaux habités du nom de *Soyouz* (« Union » en russe). Un projet qui existe encore de nos jours, et qui est aujourd'hui l'un des plus fiable au monde.

Nous sommes alors en pleine course à la Lune, et le père du spatial de l'URSS, Korolev nous a quitté un an plus tôt, en janvier 1966, suite à un accident chirurgical. Au même moment les Américains terminent avec succès leur programme *Gémini* (« Jumeaux ») de cabines biplaces. Chez les Soviétiques, en 1964 et 1965 on enregistre deux vols de vaisseaux *Voskhod* (un tout nouveau vaisseau assez similaire au *Vostok* de Youri Gagarine, et qui peut emmener deux ou trois cosmonautes « serrés comme des sardines en boite ! ».

Le premier se déroule en octobre 1964, avec trois cosmonautes dont Vladimir Komarov, qui volent dans l'espace en « bras de chemises » sans aucun scaphandre ni sécurité, pour pouvoir loger dans la cabine trois personnes !

Démonstration de force des Soviétiques qui montrent qu'il est possible d'envoyer trois astronautes dans la même capsule !

Le deuxième vol se déroule le 18 mars 1965 et permet à Leonov de sortir de sa cabine Voskhod 2 en plein vol. Ce dernier devient le premier piéton de l'Espace. À la mort de Korolev, son successeur Michine, en mai 1966 hérite d'un tout nouveau projet : Soyouz.

Un vaisseau triplace qui doit ouvrir à terme la voie aux vols vers des stations spatiales (ndla : Avec rendez-vous spatiaux et transferts d'équipages), puis aux vols vers la Lune avec une version appelée Zond qui s'inspire du Soyouz sur le plan de sa conception.

À l'image du projet Apollo qui se déroule simultanément, le développement du projet Soyouz est mené lui-aussi « tambour battant », avec les conséquences que l'on sait.

En 1966, sur les trois essais de ce vaisseau de nouvelle génération testé à vide, les trois missions se terminent toutes par un échec cuisant !

L'objectif affiché est de réaliser des rendez-vous dans l'Espace, le premier concept du Soyouz est adopté dès le 21 mars 1963, puis évolue selon plusieurs variantes.

Ce vaisseau d'environ sept tonnes, pour sept mètres de longueur se compose de trois modules : Propulsion, orbital et module de retour (capsule) ; possède une zone de vie de $10\,m^3$ environ d'espace vital.

L'engin est alimenté en énergie électrique grâce à l'apport de panneaux solaires. Il est testé pour la première fois sans cosmonaute à bord, le 28 novembre 1966, sous l'appellation *Cosmos-133*.

Mais un problème d'allumage du moteur de freinage, après trente-quatre tours de terre, le contraint à un atterrissage non contrôlé sur le territoire chinois !

Les Soviétiques prennent alors la décision de télécommander volontairement la destruction de la capsule ; une procédure d'urgence utilisée pour éviter de laisser de la technologie « tomber » dans les mains de leurs voisins asiatiques ! (ndla : Espionnage oblige !).

Au second lancement de décembre 1966, cette fois-ci c'est le lanceur Soyouz qui explose sur la plate-forme de lancement à Baïkonour, la tour d'éjection fonctionne et permet d'extraire la capsule de l'incendie et de la récupérer !

Le troisième vaisseau, *Cosmos-140*, qui est la copie conforme de celui qui doit emmener un homme dans l'Espace en avril 1967, décolle le 7 février 1967, pour effectuer un vol de deux jours dans l'Espace...

Mais au retour le bouclier thermique de la capsule, chargé de la protéger, en rentrant dans l'atmosphère, est percé.

La cabine amerrit sur la mer d'Aral, et l'eau pénètre par la brèche du bouclier, la capsule coule comme une pierre ! Ce test est de nouveau un échec.

Comme lors du projet Apollo, le vaisseau soviétique n'est pas non plus prêt à emmener un homme dans l'Espace, et pourtant des pressions politiques amènent à donner néanmoins l'autorisation pour assurer le lancement de *Soyouz 1* avec à son bord Vladimir Komarov, qui arrive à Baïkonour dès le 12 avril 1967...

Komarov, a participé au premier vol d'un équipage de trois cosmonautes dans l'Espace mais cette fois-ci il est le Commandant d'un vol d'envergure où les Soviétiques vont tenter de nouveau d'épater les Américains.

Dans le scénario retenu, Komarov doit décoller avec un nouveau vaisseau : *Soyouz 1*, seul dans une cabine très spacieuse, il doit ensuite être rejoint par un *Soyouz 2*, qui doit décoller 24 h tout juste après lui de Baïkonour, pour aller le rejoindre dans l'Espace.

L'objectif dévolu à cette mission est très ambitieux et doit être une première mondiale. Les médias soviétiques laissent alors entendre qu'un événement spatial de grande envergure doit avoir lieu prochainement.

Nous sommes au début du mois d'avril de l'année 1967, trois mois après la mort des astronautes américains d'Apollo 1, « le champs est libre, et l'Amérique doit renaître de ses cendres ». Le deuxième Soyouz va emmener trois cosmonautes qui tenteront de rejoindre le premier, habité par Komarov.

À 28 000 km/h de vitesse ils doivent effectuer le premier rendez-vous spatial de l'histoire, entre deux engins spatiaux autour de la terre !

Pour compliquer l'opération, il est prévu un transfert de deux cosmonautes du *Soyouz 2*, pour rejoindre Komarov dans l'autre Soyouz. Pour couronner le tout ils sortiront dans l'Espace aidés d'un scaphandre pour assurer ce transfert en toute sécurité, puis Komarov reviendra sur terre avec ces deux nouveaux équipiers.

Ce type de démonstration de « force » effectuée dans l'espace, est de la plus haute importance. L'objectif est de valider des manœuvres nécessaires dans l'avenir pour aller sur la Lune ou pour amener des équipages à bord de stations spatiales autour de la terre vers 1970.

Le Colonel Komarov arrive à Baïkonour le 12 avril 1967, sa femme n'est pas informée de ce vol, on lui a dit qu'il partait plusieurs jours en voyage d'affaires et rien de plus ! L'épouse de Youri Gagarine s'était retrouvée dans la même situation en avril 1961. C'était alors le temps de la loi du silence et des secrets biens gardés, pour ne rien dévoiler à l'adversaire. L'URSS devait se préserver de l'éventualité d'un échec.

Vladimir Komarov, accompagné de sa « doublure », Youri Gagarine, est sombre et plutôt tendu, lorsqu'il arrive en bus à proximité du pas de tir, en ce 23 avril 1967 à 0 h T.U. de Baïkonour.

On remarque aussi la présence de Kamanine le responsable du détachement des cosmonautes et Michine (Ingénieur en Chef).

À proximité, une autre fusée est déjà prête pour un lancement planifié le lendemain *(Soyouz 2)*. Komarov est conscient qu'il décolle avec un vaisseau spatial pas parfaitement au point et il a eu connaissance des trois échecs à vide de ce vaisseau, Michine l'ingénieur qui a pris la succession de Korolev à la mort de ce dernier ne parvient pas à convaincre les autorités politiques d'ajourner ce vol pour parfaire les essais du vaisseau.

Seul le charisme de Korolev aurait permis d'expliquer la situation à ses supérieurs pour obtenir des délais encore nécessaires avant d'envoyer *Soyouz 1* !

Mais rien n'y fait, les pressions, la course à la Lune, la décision de lancement a été prise dès le 14 avril par la Commission d'Etat, et le 17 avril suivant Kamanine donne ses instructions concernant le rendez-vous spatial et les procédures prévues.

Le 20 avril de nouveau, la confirmation du jour et de l'heure de décollage est maintenant fixée : 23 avril à 0 h 35 !

L'équipage du deuxième engin *(Soyouz 2)* est confirmé : Bykovski, Eliseiev et Khrounov avec un décollage prévu le 24 avril à 0 h 10.

Le 22 avril un briefing des équipages a lieu près de la fusée, avec l'équipe qui doit assurer le lancement. Il est évoqué l'annulation du tir du deuxième Soyouz si une panne est à redouter au niveau du système assurant le rendez-vous (Igla). Il en est de même si Soyouz 1 était amené à manquer d'électricité avec des panneaux solaires défectueux.

Le 23 avril à 0 h 35 : La trentaine de tuyères des moteurs de la fusée Soyouz s'allument simultanément en « crachant » du feu pour 'arracher' du sol le Colonel Komarov. Moins de 550 secondes plus tard (neuf minutes), *Soyouz 1* est sur orbite à la vitesse de 28 000 km/h et à 200 km d'altitude. Komarov contemple de nouveau la Terre vue de l'espace.

Un spectacle qui provoque beaucoup d'adrénaline et procure des émotions intenses. Après seulement un tour de Terre, effectué en moins de deux heures, de nombreux problèmes surviennent à bord de *Soyouz 1*. Komarov est confronté à une série d'avaries...

Après une orbite, un premier constat est fait, il manque au vaisseau de la puissance électrique, le *Soyouz* qui utilise des cellules photovoltaïques - panneaux solaires - pour transformer l'énergie du Soleil en électricité, n'a qu'un seul panneau de déployé, le gauche étant resté bloqué et inactif !

Il en a absolument besoin pour assurer le fonctionnement des équipements de bord et pour communiquer avec la Terre ! (ndla : Pour information les engins américains tirent leur énergie de piles à combustibles).

À défaut de moyens de communication classiques, Komarov avec son Soyouz 1 parvient en ondes ultra-courtes, à entrer en contact avec le sol et fait un compte rendu de la situation :

– Komarov (Soyouz 1) deuxième orbite : « *Les conditions sont mauvaises. Le panneau solaire gauche n'est pas déployé. La charge électrique n'est que de treize à quatorze ampères. Les communications par ondes courtes ne marchent pas. Je ne peux pas orienter le vaisseau vers le soleil. J'ai essayé de l'orienter manuellement en utilisant les moteurs de contrôle d'attitude 'DO-1', mais la pression dans les réservoirs de 'DO-1' est tombée à 180 mm (de mercure) !*»

Au sol, les contrôleurs inquiets, se mettent tous en alerte !

–Egorov (ancien équipier de Komarov lors du *Voskhod 1*- contrôle du vol) recevant des données par télémétrie, concernant des mesures de pression acquises sur *Soyouz 1*, et parlant à Komarov :

« *La pression en cabine est de 560 mm (de mercure), et elle est à zéro dans le « DO-1 » (moteur d'attitude) (à la lecture de ses instruments)* ».

Ces données acquises depuis le sol semblent erronées ou imprécises ; de nouveau la situation est confirmée depuis le Soyouz, qui ne parvient pas à se stabiliser.

L'engin se met à dériver à cause d'une dissymétrie du Soyouz, à qui il manque « un bras », à savoir un panneau solaire. Les contrôleurs au sol demandent de réessayer avec les moteurs d'attitude et d'économiser l'énergie de bord, en utilisant certains équipements uniquement en cas de nécessité absolue.

–Komarov (Soyouz 1) : « *760 mm (de mercure) de pression dans la cabine, 180 mm pour le moteur d'attitude, et quatorze ampères de puissance électrique. Les panneaux solaires ne sont pas déployés et je ne peux m'orienter vers le Soleil !* »

La réponse de Komarov a le mérite d'être claire. Dès le cinquième tour de Terre les contrôleurs au sol sont parfaitement conscients de la gravité des incidents et se mettent à craindre pour la vie de Komarov, le Soyouz étant mis en mode « dérive ».

Komarov parvient très difficilement à contrôler son vaisseau, l'électricité faiblissant, il ne peut changer d'orbite et corriger sa trajectoire. Et lorsqu'il passe en manuel avec ses moteurs d'attitude, ils ne fonctionnent que par saccades et de façon irrégulière.

CRASH DE SOYOUZ 1 : KOMAROV SE TUE À 180 KM/H

Entre le septième et le treizième tour de Terre, Soyouz 1entre dans une période de « black-out radio » car il n'est pas en visibilité avec les stations au sol. Reste à Komarov à prendre un peu de repos, où tout du moins d'essayer sur les conseils avisés venus du sol.

– Centre de contrôle : « *Essayez donc de dormir, "camarade" Komarov...* »

Le 23 avril 1967 entre 10 h 30 et 18 h 20 : Vladimir Komarov tente de prendre quelque repos avant un programme chargé avec la venue sur orbite d'un autre équipage. Mais il n'en sera rien... Après treize tours de Terre, Komarov redonne des nouvelles encore plus alarmantes : le système électronique assurant la stabilisation du vaisseau de façon automatique est définitivement hors service.

Le contrôle manuel ne peut se faire de façon régulière à cause des « ratés » des moteurs. Compte tenu de la situation, les contrôleurs au sol envisagent un scénario de secours : Lancer le deuxième *Soyouz*. Réussir un rendez-vous spatial avec Komarov, puis faire sortir un cosmonaute en scaphandre dans le vide pour tenter de déployer le panneau solaire récalcitrant.

Mais confrontés à une météo exécrable, ce scénario est abandonné. Gagarine appelé à la rescousse assure des relais en communication radio depuis la station de Crimée (Yevpatoria). Le seul objectif des contrôleurs au sol est de tenter l'impossible : ramener Komarov sain et sauf ! Une voix laconique venue du sol se fait entendre...

– Le Directeur du Centre de Contrôle des vols fait une annonce :

« *Il n'a plus le contrôle. Le vaisseau spatial fait des culbutes que le pilote a du mal à arrêter. Nous devons nous rendre à l'évidence. Il y a peu de chances qu'il survive à la rentrée dans l'atmosphère !* »

Cruelle réalité ! L'épouse de Komarov, Valentina est appelée pour venir au centre. Elle va disposer d'un créneau radio pour dialoguer avec son époux. Installée à l'écart des contrôleurs, devant une console, elle a un dernier échange avec son mari. Il faut se résigner à une évidence, ce dernier est certainement en train de vivre ses dernières heures, le retour dans l'atmosphère risque d'être fatal avec un engin spatial incontrôlable !

Nous sommes le 23 avril, 22 h 20 : Les Soviétiques décident d'annuler définitivement le lancement du *Soyouz 2*. Les réserves énergétiques du *Soyouz 1* ne permettent pas à Komarov de vivre plus de 24 h. On envisage alors dès le seizième ou dix-septième tour de Terre, de freiner et d'assurer une rentrée dans l'atmosphère. Mais le freinage échoue, une ultime tentative est réussie par Komarov lors de la dix-neuvième orbite, en mode manuel.

Une manœuvre extrêmement délicate à laquelle il n'a pas été préparé.

Mais cela marche !

– 24 avril 1967, 2 h 57 : le début du freinage atmosphérique du vaisseau *Soyouz 1* est amorcé par Vladimir Komarov. La rentrée dans l'atmosphère peut commencer. Puis, peu après 3 h, une des toute dernière phrase de Vladimir Komarov parvient jusqu'au sol :

– V. Komarov (nom de code du vaisseau, « Rubin », rubis) : « *Ici c'est 'Rubin' qui vous appelle ! La séparation va avoir lieu...* »

3 h 09 et 20 secondes : La capsule *Soyouz 1* se sépare de son module de propulsion qui assure ensuite sa descente vers la Terre.

Selon des sources de radioamateurs entre 3 h 18 et 3 h 20 la voix de Vladimir Komarov est entendue pour la dernière fois par ondes ultra-courtes. Sa voix est jugée calme et sans hâte, malgré une surcharge de 8 G de décélération subie par le cosmonaute (*ndla : Huit fois son poids !*) par cette trajectoire balistique brutale, qui dérive de 8° de sa trajectoire initiale.

Cette dérive va manifestement l'amener à se poser à des centaines de kilomètres du point prévu, ce qui complique la récupération. Mais les contrôleurs se remettent néanmoins à croire au miracle !

Il est 3 h 21 : C'est le moment crucial où la capsule Soyouz 1 se trouve à 7 000 mètres d'altitude. C'est alors que survient un problème d'ouverture de parachute qui compromet la fin de la descente, la cabine tombe comme un gros caillou !

En effet le parachute principal, qui doit assurer le freinage est resté bloqué en partie dans le logement supérieur de la cabine.

Ne s'ouvrant pas, c'est le parachute de secours qui tente de s'ouvrir à son tour, mais il s'empêtre dans les fils d'un autre parachute dit d'extraction. C'est ce qu'on appelle le cumul des « emmerdes maximum ! » Aucun freinage ne peut alors s'opérer... On imagine alors ce qui se passe dans la tête de Komarov, conscient que rien ne va plus !

C'est le drame, il percute le sol en ce 24 avril 1967 à 3 h 23 et 52 secondes. L'impact est d'une violence inouïe, sa capsule Soyouz 1 touche le sol à près de 180 km/h, soit cinquante mètres à la seconde !

Les fusées chargées (rétrofusées) d'assurer un dernier coup de freinage de la capsule, explosent et mettent le feu au Soyouz et à son occupant, qui est tué sur le coup. Le point d'impact a lieu à 65 km à l'Est d'Orsk (près de la frontière du Kazakhstan et de la Russie), dans la région d'Orenbourg.

Il est plus de 4 h, lorsque les équipes de récupération fouillent la cabine et parviennent à trouver le corps de Vladimir Komarov, réduit de moitié dans sa longueur, quel choc !

Les médecins confirment la mort du cosmonaute.

Entre 5 h 30 et 6 h 30 (ndla : En fonction des différentes sources) Le Général Kamanine (venant du centre de Yevpatoria), chef du détachement des astronautes, arrive à Orsk sur les lieux du crash et de l'incendie de la cabine.

6 h 30 : Le Général Kamanine, présent sur le site de l'accident de Soyouz 1, téléphone et informe Dimitry Ustinov, le Secrétaire du Comité central du parti communiste soviétique, des circonstances du crash de la capsule dans les steppes.

Autour de 9 h 00 : Dimitry Ustinov informe par téléphone Léonid Brejnev, qui est présent en Tchécoslovaquie au moment du drame. Des membres de la Commission d'Etat qui avaient donné l'autorisation d'effectuer ce vol : dont Keldysh, Tyulin et Rudenko, arrivent sur le site et prennent connaissance de la tragédie et de ses circonstances.

-Vers 9 h 27 (?) : Un communiqué officiel et commun entre l'agence TASS et Radio Moscou, rédigé par Dimitry Ustinov, annonce au monde entier le drame et la mort de V. Komarov !

Vers 21 h 45 : Kamanine, après avoir récupéré le corps de Komarov, rejoint l'aérodrome d'Orsk, et à l'aide d'un avion Iliouchine-18, rentre aux toutes premières heures de la matinée à Moscou. Il est accompagné de Youri Gagarine et de l'équipage de Soyouz 2, dont la mission avait été annulée, et qui devait rejoindre Komarov dans l'Espace.

L'avion se pose en fait à Sheremetievo, et après 1 h 30 d'attente, des moyens de transport terrestres arrivent sur place. Les ordres des autorités soviétiques sont les suivantes : Prendre des photos de Vladimir Komarov pour la commission d'enquête, puis l'incinérer en mettant ses cendres dans une urne funéraire.

Des cérémonies de funérailles nationales se déroulent le 26 avril 1967 ou 150 000 personnes lui rendent hommage. Encore un pionnier qui a sacrifié sa vie pour la conquête de l'Espace !

Cette urne repose depuis bientôt un demi siècle dans l'enceinte du Kremlin.

Juste avant, l'autopsie pratiquée par les médecins, confirme que Komarov a été tué sur le coup et souffre de traumatismes à la tête, au squelette et à la moelle épinière.

Pour honorer sa mémoire, un astéroïde porte aujourd'hui son nom ainsi qu'un cratère lunaire. Le nom de Komarov est aussi gravé sur une plaque commémorative déposée en 1971 sur la Lune, par les astronautes Américains d'Apollo 15.

Biographie de Vladimir Komarov (16 mars 1927- 24 avril 1967)

Vladimir Komarov est né le 16 mars 1927 à Moscou et vit dans le cocon familial dans le même immeuble que le célèbre académicien Boris Youriev, qui est connu pour ses travaux de recherche sur les hélicoptères. C'est ainsi que le tout jeune Vladimir a des échanges avec ce savant qui vont susciter très tôt son intérêt pour le monde des « machines volantes ». À l'école, il est jugé très bon élève par ses professeurs, et se distingue dans les mathématiques. Il décide en 1942, à quinze ans, d'être aviateur pour rejeter l'occupant nazi qui envahit son pays. Il pense qu'en étant pilote de chasse, il pourra défendre sa patrie.
Il est très affecté par le décès de son père engagé dans l'Armée et qui se tue au front, il choisit alors l'aviation. En 1943, il entre à la 1ère Ecole Spéciale de l'Armée de l'Air soviétique de Moscou dont il sort diplômé en 1945. En juillet il découvre le vol et apprend les techniques de pilotage tout en suivant sa scolarité, au sein de la 3ème Ecole Spéciale d'Aviation de Solov.
En septembre 1945, la deuxième Guerre Mondiale terminée, il intègre l'Ecole des pilotes militaires Borissogleb. Après un an de formation, il suit l'Ecole des pilotes d'aviation militaire de Bataïsk et en sort en décembre 1949, breveté pilote de chasse. Komarov sert alors l'Armée de l'Air de son pays. En 1949, avec une affectation à Grozny, dans le district du Caucase Nord, il sert dans le 382ème régiment de chasse aérienne de la 42ème division aérienne de chasse de l'Armée de l'Air soviétique. Le 28 novembre 1951 il est promu pilote senior. Il n'en reste pas là, il est affecté le 27 octobre 1952, au 486ème régiment de chasse aérienne de la 279ème division de chasse au sein de la 57ème armée aérienne pour deux ans.
Il n'a plus qu'un seul rêve : Devenir pilote d'essai, il complète sa formation en devenant ingénieur aéronautique. En août 1954, il intègre la prestigieuse Académie d'aviation militaire Joukovski de Moscou et en sort diplômer ingénieur de l'air en août 1959. Affecté à l'Institut de Recherche Aérospatiale de l'Armée de l'Air soviétique Chkalov, il devient l'adjoint d'un ingénieur en chef, ce qui sera pour lui très formateur.
Apprenant que son pays recherche des postulants pour effectuer des premiers vols dans l'Espace, il pose sa candidature en 1959 et devient l'un des premiers cosmonautes d'URSS retenu par le Général Kamanine. Il intègre en février 1960 le groupe des premiers cosmonautes (qui compte Youri Gagarine).
Sans plus attendre il rejoint le Centre de Préparation et d'Entraînement des Cosmonautes. Après des ennuis de santé il doit attendre 1964 pour voler dans l'espace avec Le *Voskhod 1* qui emmène trois cosmonautes pour la première fois. Son deuxième vol *Soyouz 1* lui est fatal le 24 avril 1967. Il était Colonel, marié et père de deux enfants.

« Tranquillité. Il y a içi une bande de gars sur le point de 'tourner de l'œil' Nous respirons enfin...Il y a un tas de visages souriants dans la salle maintenant et partout dans le monde.»

Houston apprenant au moment précis la réussite de l'alunissage et s'adressant aux deux hommes du LEM

« Ici des hommes de la planète Terre ont pour la première fois posé le pied sur la Lune en juillet 1969 de l'ère chrétienne (AP. J.-C.)...Nous sommes venus pacifiquement au nom de toute l'humanité. »

Neil Armstrong, dévoilant une plaque fixée à l'un des pieds du LEM et lisant à voix haute 20 juillet 1969

21 JUILLET 1969, APOLLO 11 : SUEURS FROIDES POUR UN ALUNISSAGE ET UN REDECOLLAGE À HAUTS RISQUES ! VII

Nous sommes le 16 juillet 1969 au Cap Canaveral en Floride, et le grand show lunaire tant attendu doit avoir lieu devant près de deux millions de spectateurs venus nombreux aux abords de la base spatiale américaine. Il y règne d'ailleurs ce jour une chaleur écrasante à proximité de la plateforme de lancement 39-A où se tient une fusée Saturne 5 prête au décollage et porteuse du vaisseau Apollo 11.

De Daytona Beach à Melbourne, et d'Atlanta à Orlando les hôtels affichent « complet » partout et une véritable ferveur et hystérie règnent sur Cocoa Beach. Cet ancien village de pêcheur, compte moins de 750 habitants seulement lorsqu'en 1958 a lieu le premier lancement du satellite américain Explorer 1. Aujourd'hui il en est tout autre avec près de 200 000 habitants, et sur une étendue de plus de vingt kilomètres !

Ce site est en fait le « temple du spatial américain », et cela depuis le 24 juillet 1950 d'où décolla une fusée Allemande V2 de ce triangle de terre qui représente en 1969 près de 8000 hectares dédiés aux activités spatiales américaines.

Pour réussir le projet Apollo, cette zone de terre a été complétée par un secteur situé à seize kilomètres plus au nord, et s'étendant sur 35 000 hectares de marécages dans Merritt Island, dont la NASA est devenue propriétaire dès 1962.

Cette étendue de terre devient le célèbre « Kennedy Space Center ». Un bâtiment d'assemblage « VAB » pour *Apollo* y a aussi été construit ; mesurant 160 m de haut, pour préparer ces fusées géantes Saturne 5, et qui représente un kilomètre de marche pour celui qui en fait le tour à pied !

Le grand reporter « spatial » Serge Berg se souvient de ce jour mémorable du décollage d'*Apollo 11* vers la Lune. En effet par manque d'eau pour se désaltérer sur place le public et les journalistes, pour ne pas risquer une insolation, doivent se verser sur la tête le contenu de bouteilles de coca-cola achetées à la sauvette. Une boisson à la mixture secrète symbole de l'Amérique !

En ce 16 juillet 1969 beaucoup d'Américains ont aussi une pensée pour le regretté Président John Kennedy qui leur a promis la Lune avant 1970. (*ndla : Il ne peut être présent à cet événement car il a été assassiné à Dallas en novembre 1963*). Nous sommes en pleine course à la lune avec les Soviétiques et la « page » de l'année 1967 et de l'incendie d'Apollo 1 est définitivement tournée :

En effet les vols habités Apollo ont repris en octobre 1968 avec la toute première mission d'une capsule triplace autour de la terre : *Apollo 7*. Cette mission est suivie d'*Apollo 8* : Un vol à haut risque le 21 décembre 1968 qui voit s'élancer vers la lune une première fusée *Saturne 5* habitée par l'équipage Anders, Borman et Lovell qui "fuient" la terre à la vitesse de 40 000 km/h. Ils sont les premiers êtres humains à échapper à l'attraction terrestre pour rentrer sous influence gravitationnelle de la lune, mais ils ne sont pas les premiers êtres vivants à vivre de telles émotions.

En effet en septembre 1968, quatre tortues soviétiques à bord d'un véhicule « Zond » automatique ont réussi cet exploit avec succès, et sont revenues au bercail sur la planète terre après avoir approché et tourné autour de la lune !

Apollo 8 est une répétition grandeur réelle d'un vol habité lunaire qui permet aux astronautes de se placer sur orbite autour de la lune, la veille de Noël 1968. Elle valide après dix orbites, les étapes critiques de retour vers la terre, de rentrée atmosphérique et d'amerrissage dans le pacifique de la capsule freinée par ses trois parachutes.

Le vol Apollo 8 est un succès total, mais il est à noter l'absence du module lunaire (LEM) lors de cette escapade autour de la lune, et en cas d'explosion à bord du module de service Apollo comme ce sera le cas avec *Apollo 13* les hommes auraient été perdus irrémédiablement sans pouvoir se réfugier à bord d'une « chaloupe » de sauvetage pour revenir vers notre planète. La décision de faire le « grand saut » avec *Apollo 8* se prend très vite car ils craignent d'être dépassés par les Soviétiques et leur programme lunaire habité en cours.

Les Américains mettent « les bouchées doubles » car leurs satellites espions qui observent la base de Baïkonour sont formels : Une fusée est prête à décoller côté Soviétique, et un équipage est présent sur le site dans le Kazakhstan ! C'est la météo exécrable sur la base soviétique qui aura raison de ce vol annulé, Apollo 8 ouvre alors la route du succès aux Américains vers la lune. Ces derniers ne vont pas en rester là !

Au printemps 1969 et à l'aide du vol Apollo 9, ils testent les manœuvres délicates avec un module lunaire (*ndla : Rendez-vous et amarrage*) sur orbite terrestre avec trois astronautes. Cette mission de répétition est reproduite en conditions réelles en mai 1969. C'est ainsi qu'une mission Apollo 10 décolle de Floride le 18 mai 1969 avec les astronautes Stafford, Cernan et Young. Les deux premiers astronautes approchant du sol de la lune à seulement quatorze kilomètres d'altitude grâce à leur module lunaire qui se comporte comme il se doit, mais l'alunissage définitif ils le réservent aux hommes d'Apollo 11 pour le mois de juillet suivant.

L'équipage d'Apollo 11 qui se prépare au lancement en ce jour du 16 juillet a été présenté dès janvier 1969 et se compose d'astronautes vétérans expérimentés qui répondent aux critères de sélection des postulants participants au programme lunaire. À savoir être âgé de trente à quarante ans, être marié et avoir plusieurs enfants. Posséder une qualification de pilote d'essai et avoir fait des études du niveau d'un doctorat de sciences et techniques.

Avoir une santé excellente avec une absence totale de toute déficience physiologique et être doté d'un équilibre nerveux exceptionnel. Faire preuve d'un sang froid remarquable avec une grande capacité de concentration. Une intelligence méthodique et précise avec un sens affirmé de l'efficacité, un caractère réfléchi avec un esprit de décision et un sens des responsabilités développé. Armstrong (Commandant de bord), Aldrin Jr. (Pilote du LEM) et Collins (Pilote du module de commande) répondent parfaitement à ces critères, tous les trois âgés de trente-neuf ans et anciens du projet de capsule Gémini biplace préparatoire au projet Apollo, ils ont déjà volé dans l'espace. Ils possèdent un passé aéronautique notamment de pilote d'essai, comme Armstrong qui fût affecté par le passé aux essais en vol de l'avion fusée X15.

Un critère spécifique à la sélection des hommes d'Apollo 11 a été rajouté : Il faut que dans leur métier passé ils aient fait acte de courage en parvenant à sortir indemne d'un accident ou incident grave, et d'avoir aussi fait preuve d'une excellente réactivité et d'un sang froid hors pair !

Ce critère s'adapte parfaitement à ces trois hommes aux nerfs d'acier comme en témoigne la vie passée de Neil Armstrong qui manque de perdre la vie à trois reprises dans sa carrière aérospatiale bien remplie :

C'est un pilote chevronné !

À chaque fois, il est parvenu à se "sortir d'affaire" ; en 1966, alors que sa capsule *Gémini 8*, devient totalement incontrôlable en se mettant à tournoyer dans tous les sens dans l'Espace, il réussit avec les commandes manuelles, et à l'aide des moteurs de correction, à contrôler de nouveau sa cabine et plonge dans l'atmosphère, pour regagner la Terre.

Une autre fois, alors qu'il vole à bord d'un simulateur de module lunaire, il s'éjecte de son engin en feu à quelques mètres du sol et sort indemne, aidé de son parachute. Éjecter est toujours un moment psychologiquement effroyable ; dès l'âge de vingt ans il se souvient de sa première éjection d'un avion 'F9 F-2', le 3 septembre 1951.

Il est alors affecté au 51ème Escadron de chasse de la NAVY où un accident le contraint à abandonner son avion, il est l'un des seuls survivants de son unité, au cours de cette Guerre de Corée. Voilà donc Neil Armstrong qui se prépare à quitter la Terre et à piloter le Lunar Excursion Module (LEM) le 21 juillet 1969. Aldrin, passionné de scoutisme et grand pilote de la Guerre de Corée, est Colonel de l'USAF et a l'étoffe des héros.
Il s'illustre lors du programme Gémini, où il expérimente les sorties extra-véhiculaires en scaphandre, une expérience capitale avant d'aller marcher sur la Lune !

Collins qui restera autour de la Lune pendant que ses deux collègues fouleront le sol de la Lune, est un passionné de pêche, lui aussi, il a fait ses preuves lors du programme spatial habité Gémini. Le compte à rebours d'Apollo 11 s'égrène et le décollage approche... Dès le mois de mai 1969, Armstrong Aldrin et Collins passent des journées de dix à quatorze heures quotidiennes en simulateur, ils doivent être fin prêts pour cette mission qui doit rentrer dans l'histoire. La veille du tir, le 15 juillet 1969 vers 17 h à Cap Kennedy, le communiqué de presse suivant est publié par la salle de presse Apollo : « *Le compte à rebours d'Apollo 11 débutera ce soir à 23 h quand les équipes de lancement commenceront à refroidir les systèmes d'injection des combustibles liquides de la fusée Saturne V. Ces combustibles cryogéniques, de l'oxygène et de l'hydrogène liquides, sont emmagasinés et véhiculés à des températures extrêmement basses...*

L'ensemble des systèmes doivent ainsi être refroidis pour recevoir ces combustibles. L'équipage d'Apollo 11 a passé la plus grande partie de la journée à se relaxer dans ses appartements. Neil Armstrong, le Commandant, et Edwin Aldrin, le pilote du module lunaire, se sont en outre entraînés dans le simulateur de vol. » (Traduction extraite de "J'ai marché sur la Lune" de Neil Armstrong, textes essentiels, L'esprit du temps, 2008, PUF).

Le 16 juillet au matin, les trois astronautes sont sanglés en haut de la fusée *Saturne 5*, en position allongée, sur leurs sièges dans la capsule Apollo perchée à 111 mètres du sol, et attendent la mise à feu !

Au même moment un homme caché par des « Ray Ban » et son épouse prennent un petit « breakfast » dans un café de Melbourne, situé à plusieurs kilomètres du Kennedy Space Center. Ils tentent de se noyer parmi des touristes anonymes, mais rien n'y fait ils sont vite reconnus : Il s'agit du Docteur Wernher von Braun, le père du *V2* Allemand, devenu Américain en 1955 et accompagné de sa femme Maria. Pour von Braun l'événement de ce jour est capital, c'est un rêve de gosse qui va se réaliser sous ses yeux. Voir des hommes quitter la terre à bord d'une fusée de sa conception et qui vont prendre le chemin de la lune, c'est bien sûr, un moment pour lui, à ne manquer sous aucun prétexte !

– À 60 Secondes du décollage d'*Apollo 11*, Armstrong raconte :

« *Ce fut un compte à rebours sans problème. Nous avions dépassé le top des 50 secondes et le transfert de puissance vers le lanceur s'était effectué. 40 secondes. Tous les réservoirs du deuxième étage sont maintenant pressurisés. 35 secondes. Nous avons toujours le feu vert pour Apollo 11. 30 secondes. Nous allons bien. Décollage moins 25 secondes. 20 secondes. 15 secondes. L'équipage prend les commandes. 12, 11, 10,9 l'ordre de mise à feu est donné, 6..4..2..1..0 tous les moteurs sont allumés. Décollage ! Nous avons décollé 32 minutes après l'heure prévue. Décollage d'Apollo 11. Terminé.* » ("*J'ai marché sur la Lune", L'esprit du temps, 2008, PUF*).

Ce lanceur "mastodonte" de 3000 tonnes quitte le sol en donnant un spectacle phénoménal : Cinq moteurs principaux qui « crachent » du feu après avoir « avalé » dix-sept tonnes de carburant en moins de 8,9 secondes (*ndla : Chaque moteur « buvant » 1600 litres d'hydrogène et d'oxygène liquide à la seconde*) ! Tout ceci en générant des flammes d'une longueur sous la fusée de plus de 600 mètres (deux fois la hauteur de la Tour Eiffel) ! Le public, par sécurité, est maintenu à cinq kilomètres de distance. Trente secondes après le décollage les pulsations cardiaques des astronautes sont de 110 (Armstrong), 99 pour Collins et 88 pour Aldrin, elles sont moins élevées que celles de leurs précédentes missions spatiales, rien d'inquiétant donc, le vol propulsé continue.

APOLLO, UN PROGRAMME AUX CHIFFRES ASTRONOMIQUES :

Décrocher et marcher sur la Lune a nécessité de construire des engins et des installations gigantesques dignes des pharaons!

La fusée lunaire SATURNE 5 de von BRAUN :

- **Une hauteur de 111 mètres**, soit la moitié de la hauteur de la tour Montparnasse à Paris ou bien la hauteur d'un immeuble de 32 étages!
- **Une masse au décollage de 2967 tonnes**, soit 50 % du poids de la Tour Eiffel! L'équivalent du poids de six Boeing B747-400, ou de cinq Airbus A380.
- **Capacité à mettre sur orbite plus de 130 tonnes**. L'équivalent de la masse de 1550 Spoutnik de 83 kg! Soit le poids cumulé de tous les vaisseaux spatiaux habités Russes et Américains antérieurs à Apollo en une seule fois.
- **3 650 000 litres de carburant** (ergols) **pour propulser la fusée et Apollo.** Avec ce volume d'essence une voiture aurait la possibilité de parcourir près de 1000 tours de Terre (un tour = 40 000 km) !
- **Le premier é tage de Saturne 5 a une puissance de 120 millions de kilowatts**, l'équivalent d'une centaine de centrales nucléaires de 1200 mégawatts (puissance unitaire)
- **Il consomme quatorze tonnes de carburant par seconde**, 70 baignoires, où bien 230 réservoirs d'essence d'une automobile!
- **La flamme sortant des moteurs faisait près de 600 mètres**. Soit six fois la longueur de la fusée, ou deux fois la hauteur de la Tour Eiffel à Paris.
- **Les moteurs** (5) **du premier étage : masse 8400 kg** (poids d'un bus), hauteur 5,70 m (hauteur d'un pavillon), consommation en carburant : 2,7 tonnes par seconde (turbopompe = 60 000 CV (cinq TGV Atlantique).

Le « VAB » : Bâtiment d'assemblage des fusées Saturne 5 construit au Cap Kennedy (ndla : il est aussi utilisé pour les navettes spatiales). 218 mètres de longueur, pour 158 m de largeur et 160 m de haut! Il tient dans un volume de 5,5 millions de m^3.
Ossature métallique de 89 000 tonnes! Le bâtiment est doté de portes hautes comme la statue de la liberté ou la basilique Saint-Pierre de Rome! 45 minutes pour les ouvrir ou les fermer! Il contient 125 ventilateurs et 141 ponts roulants!

Le CRAWLER (ndla : pour déplacer la fusée du VAB vers le Pas de Tir) : Véhicule monté sur chenilles pesant avec la fusée Saturne 5 et les installations plus de 6000 tonnes (Le poids de la Tour Eiffel)! Le crawler est propulsé par seize moteurs électriques alimentés par deux moteurs Diesel de 2750 chevaux chacun. Chaque chenille se compose de 57 patins en acier, d'un poids unitaire de 907 kg! Vitesse de déplacement de l'ensemble 1,6 km/h!

Le COÛT : **24 milliards de dollars** ($ années 1970).

Les EFFECTIFS : **400 000 personnes** pendant une décennie.

Sources provenant de l'auteur ainsi que de l'ouvrage "Dans les coulisses de la conquête spatiale" de Jacques Villain, chez Cepaduès Editions Toulouse, 2003.

En quelques secondes de propulsion Armstrong indique que la fusée a englouti 39 tonnes de carburant, soit 34 fois plus que ce que le voyage de Charles Lindbergh en mai 1927 avait nécessité pour son avion « Spirit of St-Louis », pour réussir la première traversée de l'Atlantique en 33 h 30 de New York à Paris !

Quelques minutes après, le vaisseau *Apollo* se place sur orbite terrestre, le temps nécessaire aux 450 contrôleurs de Houston pour vérifier l'état de l'ensemble des systèmes, et pour décider du « *GO* » pour se placer sur une trajectoire trans-lunaire.

Les manœuvres d'amarrage du module lunaire s'étant effectuées sans incident majeur, 3 heures après tout est ok pour que le troisième étage de *Saturne 5* propulse *Apollo* et le LEM vers la Lune.

Le voyage dure près de trois jours avant qu'*Apollo 11* n'entre dans le champs gravitationnel lunaire, et ne soit « capturé » par notre satellite naturel distant de la terre d'environ 384 400 km !

À la vitesse de 40 000 km/h, Apollo 11 se place sur orbite autour de la lune avec succès le 19 juillet 1969, 75 heures 54 minutes et 28 secondes après le décollage de Floride !

Il s'agit du troisième équipage d'astronautes à tourner autour de la lune après *Apollo 8* et *10*. Armstrong et Aldrin doivent entrer dans l'histoire en réussissant le premier alunissage d'un module lunaire. Ce moment est extrêmement critique car jamais celui-ci n'a été validé en conditions réelles, sur un autre monde.

Sa descente va être émaillée d'incidents où le sang froid et les nerfs des deux hommes du « Lunar Excursion Module » et du centre de contrôle de Houston vont être mis à rude épreuve...

C'est après une douzaine d'orbites autour de la lune et au treizième passage derrière la face cachée que le LEM emportant Armstrong et Aldrin vers sa surface commence son insertion sur une orbite de descente (*ndla : Les communications avec la terre ne sont pas bonnes et régulièrement interrompues en passant derrière la Lune*). Après plus de 102 heures (quatre jours) de mission, en ce 20 juillet 1969 la descente est engagée, le LEM est maintenant à 12 000 mètres d'altitude au-dessus de la surface lunaire et à moins de dix minutes de l'alunissage !

Houston a donné son feu vert pour la phase la plus critique du vol, et le radar de descente se met en route. Il y a une véritable émotion pour le concepteur de ce radar : T. Claude Ryan, soixante-douze ans qui assiste à la descente, en tant que directeur de la firme Ryan Aeronautical spécialisée dans les radars Doppler d'avant garde.

Quarante-deux ans plus tôt c'est la firme Ryan Airlines qui avait conçu l'avion de Charles Lindbergh, vainqueur de l'atlantique, une même émotion avait alors submergé Ryan, mais en ce 20 juillet 1969, l'exploit est d'une toute autre portée.

Peu après l'activation du radar, au cours de la descente, un voyant d'alarme se déclenche à bord du L.E.M,

– Armstrong (Apollo 11) :

« *Houston, attention ! 34 000 pieds, nous avons une alarme « 1202 », nous répétons 1202 !* »

(*ndla : 34 000 pieds représente une altitude d'environ 11 000 mètres - soit onze kilomètres - au-dessus du sol de la Lune.*)

Charlie Duke (Capcom) au centre de Houston entendant la voix d'Armstrong a l'impression de recevoir un violent coup de pied dans l'estomac. Cette alarme « 1202 » est comparable à un “directeur qui serait débordé de travail”. L'ordinateur du LEM indique en fait à l'équipage qu'il a trop de travail et dit « Je vais reprendre le programme à zéro ».

Houston hésite un moment à continuer la descente pour alunir, et les astronautes demandent des explications, ils devront attendre quinze longues secondes interminables. Un jeune ingénieur de 26 ans Steves Bales (Officier de navigation) de permanence au centre de contrôle donne le « GO » pour continuer, ce voyant « 1202 » dans la nomenclature indique une saturation de la mémoire informatique nécessaire aux calculs assurant les manœuvres délicates de la descente.

Puis se déclanche une autre alarme (« 1201 »), qui s'affiche lors du déroulement de la descente. Un mois auparavant des simulations de ces deux pannes ont eu lieu avec le centre de recherche MIT du Massachusetts, et il les connaît parfaitement et sait les isoler et les neutraliser. Houston évite de justesse l'avortement de l'alunissage. Alors qu'il est un moment envisagé de stopper la procédure, Steves Bales, lui sait que l'on peut passer outre et continuer à descendre vers le sol de l'astre des nuits.

Le célèbre Gene Kranz, responsable du vol, lui fait totale confiance, et confirme le « GO » pour continuer. Plus tard, un autre imprévu, c'est Armstrong qui indique aux contrôleurs en regardant à travers les hublots qu'il ne reconnaît pas cette zone d'alunissage par rapport au programme de vol planifié. En effet sous ses pieds il y a un cratère et non une surface plane sécurisée pour poser les quatre “pattes” du L.E.M. qui risqueraient de se briser.

Il prend alors la décision de débrancher le pilote automatique et prend les commandes de l'engin pour assurer manuellement la phase finale de la descente vers le sol. Pendant de longues dizaines de secondes interminables, il est aidé d'Aldrin qui lui donne des instructions.

Alors que la télémétrie du Docteur Berry indique que les battements cardiaques de Neil Armstrong « grimpent » à plus de 130 pulsations par minute (*ndla : Pour atteindre 156 au moment même de l'alunissage, soit deux fois plus que la moyenne !*), il décide de modifier sa trajectoire pour chercher une zone d'alunissage beaucoup plus saine et sécurisée.

Houston retient son souffle, mais ils savent que la main de ce pilote, pas choisi au hasard, ne tremblera pas ! Aldrin communique :

– Aldrin (Eagle -LEM) :

« *540 pieds (environ 180 mètres d'altitude)... Descendons à trente (pieds / seconde).* » Silence total et pesant règnent à Houston...

– Aldrin (Eagle -LEM) : « *Avançons, Glissons vers la droite. vingt pieds (environ sept mètres).* »

De nouveau un voyant s'allume et leur indique qu'ils arrivent en fin de réserve de carburant sur le moteur de descente. Houston peut à tout moment ordonner l'allumage du moteur de montée pour re-décoller (*ndla : Une procédure d'« ABORT » s'exécutant en moins de 0,432 secondes !*). (*ndla : Pour information, comme La Lune ne possède pas d'atmosphère, au moment des derniers mètres restant de la descente, le LEM, s'il avait été en « panne sèche » serait alors tombé comme une pierre !*)

Il n'en est rien, et alors que les quatre « pattes » du LEM se posent, le voyant carburant allumé, il n'en reste que pour quinze secondes, à la lecture de la jauge. Mais moins de quarante-cinq secondes dans la réalité... Armstrong le sait, et il s'en est fallu de peu, il est d'ailleurs rappelé à l'ordre par Houston juste avant de toucher le sol !

– Capcom (Houston) : « Trente *secondes (de carburant) !* »

Dans un véritable dégagement de poussière depuis le sol de la Lune la voix d'Aldrin arrive dans les écouteurs des contrôleurs :

– « *Témoins de contact allumés... Moteur coupé... Armement moteur coupé...* »

et d'une phrase laconique Armstrong annonce : « *Ici la mer de la tranquillité, Eagle (l'Aigle – nom de code du LEM) s'est posé !* »

Personne ne s'attendait à cette phrase et dans le centre de contrôle de Houston le suspense fût total... Les ingénieurs sont debout devant les consoles, ils viennent juste d'assister impuissants aux dernières secondes de pilotage manuel de Neil Armstrong, l'homme de la situation ! Après avoir évité le crash sur un cratère grand comme un terrain de football, il a réussi à réduire sa vitesse qui était beaucoup trop élevée. Il s'est posé avec moins de 3,78 litres de carburant en réserve et à six km du point prévu par le programme de vol ! C'est finalement la victoire de l'homme sur le robot !

– Houston : « *Vous avez fait un magnifique job, les gars* ».

– Houston : « *Tranquillité. Il y a ici une bande de gars sur le point de « tourner de l'œil ». Nous respirons enfin... L'heure historique de l'alunissage est 21 h 17 min et 42 sec. (Heure de Paris)... Il y a un tas de visages souriants dans la salle maintenant et partout dans le monde.* »

Premiers terriens arrivés sur une autre planète, Buzz Aldrin retire son gant et serre la main vigoureusement du Commandant Armstrong, soulagé d'avoir réussi cette phase très critique du vol.

À peine sur ce sol d'un gris plutôt désolant, de longues minutes sont nécessaires avant que le centre de Houston confirme que le LEM est maintenant parfaitement sécurisé pour rester au sol.

Armstrong : « Ne vous inquiétez pas, on en a pour une minute ! ». Une bien curieuse réplique venue de la Base de la tranquillité. Un nom dont même « Houston » n'avait pas eu connaissance. Pas prévu en effet au programme de vol !

– Charles Duke (Capcom à Houston) :

« *Pour l'instant vous restez là* ». En attente des dernières vérifications d'usage. dix-sept minutes après l'alunissage, et alors qu'aucun incident grave n'est détecté sur le LEM, Houston donne son « *GO* » pour le début de la mission sur la Lune. En fait, en cas d'urgence et s'il avait été nécessaire de décoller très vite, la procédure avait prévu que trois minutes ou douze minutes après l'alunissage le LEM puisse quitter la Lune.

Cela dans des conditions appropriées (*ndla : Notamment de réception radio*) pour permettre de réaliser un rendez-vous avec le module de commande Apollo sur orbite puisse se dérouler de façon optimale. Collins aurait alors été rejoint par les deux hommes, mais ce dernier avait aussi la possibilité si besoin de descendre jusqu'à 1500 mètres d'altitude pour aller les rechercher, en cas de panne grave !

Tout est ok, la marche lunaire va commencer...

Les trois astronautes devaient prendre du repos avant d'effectuer leur marche sur le sol, mais rien n'y fait ils sont tellement impatients d'en « découdre » avec ce nouveau monde. Houston propose d'avancer la sortie de plusieurs heures, le Docteur Berry connaissant bien les astronautes sait qu'Armstrong n'aurait jamais réussi à dormir et est parfaitement apte avec son collègue Aldrin à commencer cette sortie dès maintenant, à savoir :

21 h 50, heure de Houston.

En haut de l'échelle, Armstrong est à neuf marches de la Lune !

– McCandless (Houston) : « *OK. Neil, on peut vous voir descendre l'échelle maintenant...* » ... Puis Armstrong pose le pied sur le sol.

– Armstrong (Apollo 11) : « *C'est un petit pas pour un homme, un bond de géant pour l'humanité.* ».

– À Paris notre ami Albert Ducrocq (ndla : Grand vulgarisateur) laisse éclater sa joie :

« *L'Homme 'est à' la Lune !* ».

Dans la capitale et en France il est 3 h 56 et 29 secondes !

Ensuite une sortie mémorable d'Armstrong et d'Aldrin a lieu sur le sol de la Lune pendant deux bonnes heures, à la fois pour ramasser des échantillons de précieuses roches, et pour planter le drapeau américain symbole de la réussite et de cette victoire dans la course à la Lune engagée contre les Soviétiques.

Le spectacle est grandiose et féerique Neil Armstrong avance de quelques pas, exprimant avec beaucoup d'émotions cette escapade :

– « *La surface est fine et poudreuse. Je peux soulever cette poussière avec mon pied; elle adhère comme de la poudre de charbon sur la semelle et le montant de mes bottes. Je ne m'enfonce pratiquement pas; quelques millimètres tout au plus, mais je peux voir clairement les empreintes de mes pas... Je n'ai aucune difficulté pour me déplacer; c'est même plus facile que lors des simulations à Terre. Il n'y a vraiment aucun problème pour marcher. La tuyère du moteur de descente n'a pas creusé de cratère, mais elle a soufflé la poussière; je vois comme des sillons qui partent de la surface en dessous.* »

Moins de vingt minutes plus tard, Aldrin s'apprête à descendre l'échelle, et regarde avec émotion lui aussi le paysage en silence :

– « *C'est d'une beauté absolue. Cela ressemble beaucoup au grand désert des Etats-Unis. C'est différent, mais vraiment très beau* » ; puis aidé des conseils de son collègue déjà familiarisé avec cette pesanteur réduite d'un sixième, il le rejoint à la surface.

Il est environ 4 h 25 (heure française) lorsque Neil Armstrong dévoile une plaque métallique fixée à l'une des « patte » du LEM. Elle symbolise à l'aide d'un schéma des deux hémisphères terrestres et d'un petit texte l'exploit accompli par des terriens sur une autre planète. Armstrong lit à voix haute ces écrits :

– «*Ici des hommes de la planète Terre ont pour la première fois posé le pied sur la Lune en juillet 1969 de l'ère chrétienne (AP. J.C.)... Nous sommes venus pacifiquement au nom de toute l'humanité.* », c'est signé par les membres de l'équipage d'*Apollo 11* ainsi que par le Président Américain Richard Nixon. C'est ce dernier, qui d'ailleurs va demander ensuite à entrer en communication radio avec les astronautes.

Il est dans le bureau ovale de la Maison Blanche, et via le centre de contrôle de Houston, il souhaite les féliciter chaleureusement.

Mais juste avant, vers 4 h 42 (heure de Paris), une petite cérémonie permet aux astronautes de planter le drapeau américain sur la Lune.

Ils se tiennent prêt à écouter cette conversation « intersidérale » historique, gravée depuis dans la mémoire de tous les Américains :

– Houston : « *Base de la tranquillité ? Nous aimerions que vous vous mettiez tous les deux dans le champ de la caméra Neil et Buzz, le président des USA est dans son bureau et voudrait vous dire quelques mots.* ».

– Armstrong (Base Tranquillité) : « *C'est un honneur pour nous.* »

– Houston (assurant le relais de cette conversation depuis la terre) : « *Allez-y Monsieur le Président; Ici Houston. À vous.* »

– Le Président Richard Nixon (Maison Blanche) :

« *Neil et Buzz, je vous téléphone de la chambre Ovale de la Maison-Blanche. C'est certainement le coup de téléphone le plus historique que l'on ait jamais donné. Je ne peux pas vous dire combien nous sommes fiers de que vous venez d'accomplir. Et je suis certain que les peuples du monde entier se joignent aux Américains pour saluer cet immense événement. Grâce à ce que vous avez fait, les cieux font désormais partie du monde de l'homme. Lorsque vous nous parlez de la mer de la Tranquillité, cela nous incite à redoubler d'efforts pour amener la paix et la tranquillité sur terre. Pendant un inestimable moment de l'histoire de l'humanité, tous les habitants de cette terre sont réellement unis - unis dans leurs fiertés de ce que vous avez fait. Et unis dans leurs prières pour que vous reveniez sains et saufs.* »

– Armstrong répondant à R. Nixon, la voix cassée par l'émotion :

« *Merci Monsieur le Président. C'est un grand honneur et un grand privilège pour nous de représenter ici non seulement les États-Unis mais les hommes pacifiques de toutes les nations – des hommes pleins de curiosité, des hommes au regard tourné vers l'avenir. C'est un honneur pour nous d'avoir pu participer à cela.* »

– Le Président Nixon (Maison Blanche) :

« Merci Beaucoup. Je me réjouis à l'avance, nous nous réjouissons tous, de vous voir jeudi prochain à bord du Hornet. (Porte-avions de récupération).

– Armstrong : « Merci. » (pour conclure la conversation).

– Aldrin (à ses côtés près du drapeau et s'adressant au Président Richard Nixon) :

« Je m'en réjouis également beaucoup. »

(Dialogues issus du livre "Premiers sur la Lune", Laffont, 1970).

Le temps passe à « vitesse grand V » sur la Lune, surtout après de telles émotions, et alors que quelques échantillons de roches ont été ramassés, il est temps pour les astronautes de regagner le module lunaire « Eagle ».

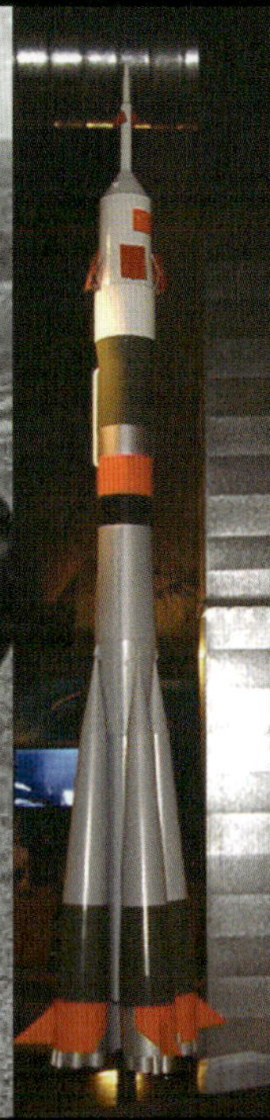

Korolev *(au centre) est le constructeur principal du spatial Soviétique, dès les années 1930 (à gauche col. de l'auteur, La Coupole Nord-Pas-de-Calais), au sein du GIRD, un groupe de passionnés de propulsion, il développe ses propres fusées comme ici la "Gird-X". Vingt ans plus tard il est le père de la fusée Semiorka-R7 (fusée en bas à gauche, photo J.-F. Pellerin) qui lance Spoutnik. Elle devient très vite le célèbre lanceur Soyouz qui emmène les cosmonautes (fusée en haut à droite, photo de l'auteur) !*

Fusée R7 en version Spoutnik de 1957

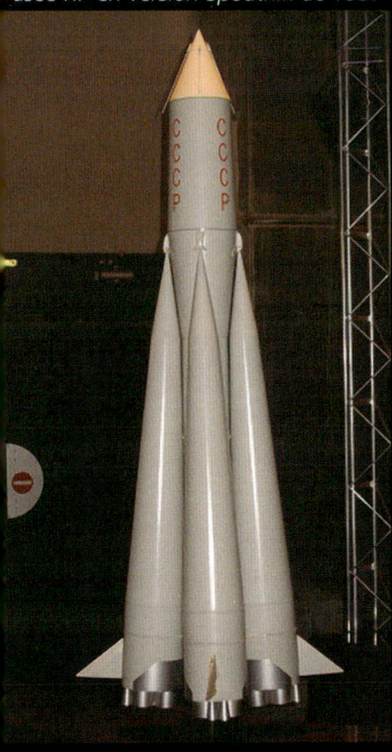

Victoire de Korolev avec le lancement du premier satellite artificiel le 4 octobre1957, une petite boule de 83 kg de métal et de 58 cm de diamètre. Spoutnik 2 le 3 novembre 1957 emporte une chienne Laïka, encore une idée de Korolev, Le premier satellite Américain ne sera lancé que le 31 janvier 1958, Explorer 1 pesant seulement 14 kg. © Nasa

Von Braun des premières fusées au vol en apesanteur.

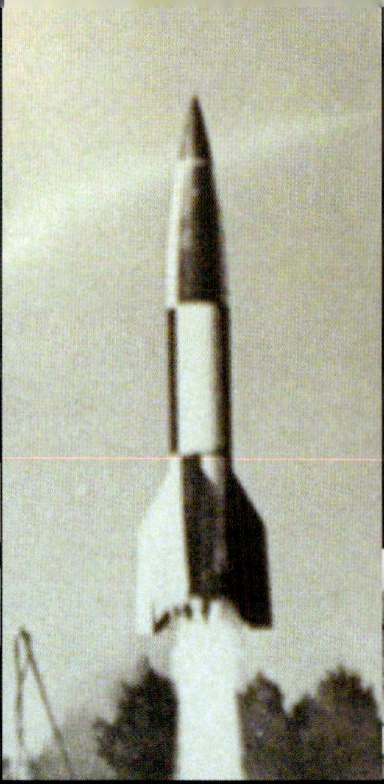

Wernher von Braun après avoir été directeur technique de la base Allemande de Peenemünde, sous la direction du Colonel Dornberger, pour y développer le V2, l'ancêtre des fusées spatiales d'aujourd'hui, il a en 1945 émigré aux USA avec une partie de ses ingénieurs. Sur la photo en haut à droite on le voit avec un bras cassé suite à un accident de voiture se rendant aux Américains. En haut une V2 améliorée tirée depuis le territoire américain en 1949 (© Nasa). Le V2 avait réussi son premier vol le 3 octobre 1942 depuis Peenemünde (au centre , photos / Col. de l'auteur). A gauche von Braun à 20 ans tout juste avec une fusée de sa conception. En bas à droite vol en apesanteur .

Wernher von Braun posant à côté de sa fusée Saturne 5 haute de 111 mètres pour une masse de près de 3000 tonnes. Un lanceur de sa conception qui a permis d'aller sur la Lune. Au dessus en médaillons on le voit assister aux lancements les plus [illegible]quants de sa vie © Na[illegible]

Wernher von Braun posant debout dans son bureau à la Nasa. Il est le concepteur des principales fusées américaines qui sont présentées en maquette sur l'étagère derrière lui, comme Jupiter C, Redstone et les Saturne 1 à 5 © Nasa

Youri Gagarine boucle son "tour" du monde en 108 minutes le 12 avril 1961

Youri Gagarine devient le 12 avril 1961 le premier explorateur de l'Espace. Il effectue un tour de Terre en 1 h et 48 minutes à l'aide de son vaisseau Vostok. – (en bas) Maquette de son vaisseau exposé au Musée de l'Air et de l'Espace du Bourget près de Paris. © J.-F. Pellerin, C'était une cabine sphérique avec un module de propulsion, les petites boules sphériques vertes contiennent de l'oxygène pour le cosmonaute . En haut à gauche photo de Gagarine avec ses nombreuses décorations, à droite en scaphandre dans son vaisseau

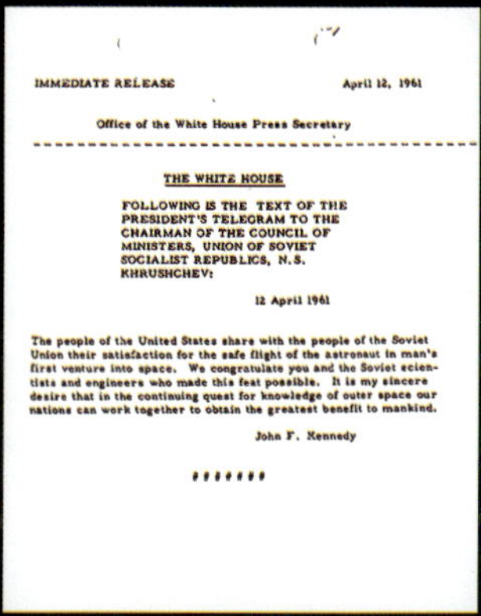

IMMEDIATE RELEASE April 12, 1961

Office of the White House Press Secretary

THE WHITE HOUSE

FOLLOWING IS THE TEXT OF THE PRESIDENT'S TELEGRAM TO THE CHAIRMAN OF THE COUNCIL OF MINISTERS, UNION OF SOVIET SOCIALIST REPUBLICS, N.S. KHRUSHCHEV:

12 April 1961

The people of the United States share with the people of the Soviet Union their satisfaction for the safe flight of the astronaut in man's first venture into space. We congratulate you and the Soviet scientists and engineers who made this feat possible. It is my sincere desire that in the continuing quest for knowledge of outer space our nations can work together to obtain the greatest benefit to mankind.

John F. Kennedy

\#######

Copie du fax (à droite) de John Kennedy, bon perdant félicitant le 12 avril 1961, les autorités Soviétiques, pour l'exploit sans précédent du lancement du premier humain dans l'espace. Il faudra attendre le 5 mai suivant pour l'Américain Alan Shépard.

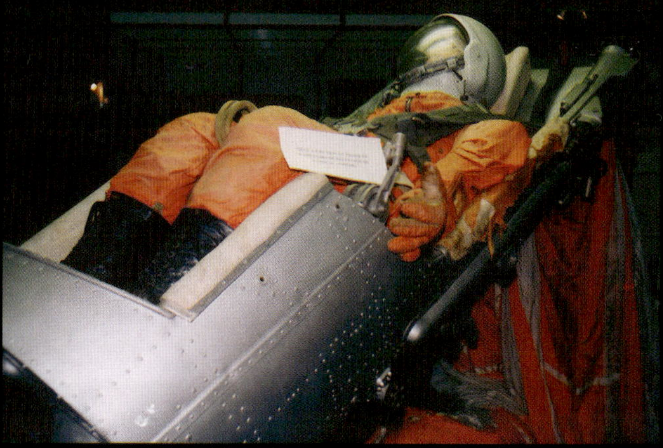

***Détail longtemps tenu secret**, Youri Gagarine a éjecté de sa capsule le 12 avril 1961 au retour sur Terre à l'aide d'un fauteuil monté sur rail présenté au Salon de l'Aéronautique et de l'Espace du Bourget 1991 (© J.-F. Pellerin), il s'est ensuite posé bien plus loin avec son parachute personnel.*

La Soviétique Valentina Téreschkova *a été en juin 1963 la première femme de l'Espace à bord du Vostok 6 (à gauche). Elle restera la seule pendant 19 ans, et il faudra attendre 1982 pour en voir une deuxième autour de la Terre. Au début des décisions très "machistes" venant des hommes laissent peu la place à leurs homologues femmes. La première aurait d'ailleurs pu être l'Américaine Jerry Cobb (à droite en simulateur* © Nasa*) qui s'est entrainé dans le cadre du "projet Mercury 13" des années 1960. Finalement la première américaine volera en 1983 sur la navette spatiale : Sally Ride (photo médaillon).*

URSS

USA

CHINE

Le Soviétique Alexei Leonov *devient le 18 mars 1965 le premier piéton de l'Espace (* D.R.*), et effectue sa première marche dans le vide. Il est suivi en juin de Ed. White, l'Américain. Seules trois nations dans le monde sont aptes par leurs propres moyens à réaliser des sorties dans l'Espace, la troisième étant la Chine à la fin 2008 avec Zhai Zhigang (Photo médaillon Xinhua et col. auteur).*

Virgil "Gus" Grissom , Ed. White, et Roger Chaffee *(de gauche à droite) posant en tenue de ville. (photo à droite) avec leur combinaison spatiale. Le 27 janvier 1967 ils perdent la vie dans un violent incendie de leur capsule. En bas les dégâts causés durant la tragédie, il y avait de nombreuses trappes à ouvrir pour pouvoir les sauver, en bas à droite les scaphandres après l'incendie . Au dessus la dernière photo des hommes encore en vie accédant à la capsule par la passerelle juste avant le drame de la mission Apollo 1 !* © Nasa

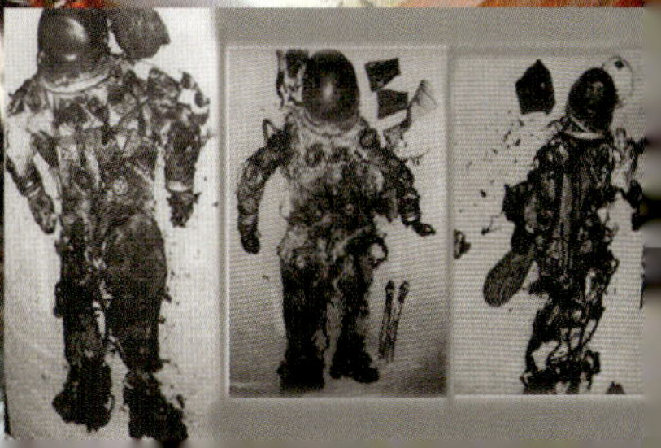

Les Accidents très graves du programme Russe SOYOUZ

Le 24 avril avril 1967 Komarov et sa capsule Soyouz 1 percutent la Terre à 180 km/h. (en haut à gauche). Après ce tragique 24 avril 1967, des améliorations ont été apportées à ce vaisseau, mais un ***deuxième accident est à déplorer le 30 juin 1971 avec Soyouz 11*** *(en bas à gauche), ne portant pas de scaphandre les trois hommes Dobrovolski, Volkov et Patsayev, sont morts suite à une dépressurisation de la cabine, malgré des massages cardiaques rien n'y fera pour les réanimer ! Soyouz n'a pas tué de cosmonaute depuis 40 ans, un record, mais* ***il est à noter un accident très grave en 1983*** *(en bas* ***à droite), avec un début d'incendie sur le lanceur du Soyouz T-10****, les cosmonautes Titov et Strekalov ont la vie sauve grâce à l'éjection de leur capsule (à droite), mais "encaissent" 17 G ! puis retombent à 4 km du pas de tir (D.R.).*

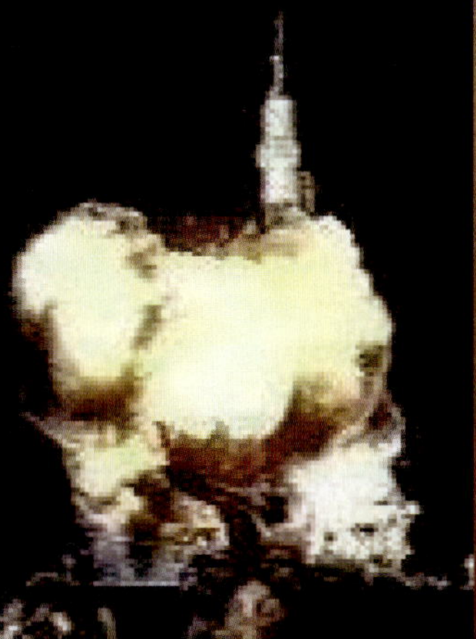

Kennedy et le défi de l'homme sur la lune, au début des années 1960, un exploit réalisé le 21 juillet 1969 !

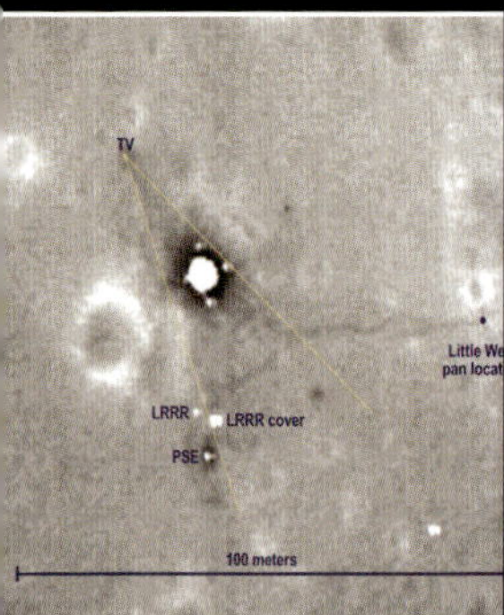

Les astronautes d'Apollo 11. (De gauche à droite) : Buzz Aldrin, Neil Armstrong, et Michael Collins, à l'occasion des cérémonies des 40 ans du premier alunissage en 2009 © Nasa

l Armstrong radieux qui nt de réussir sa première rche sur la lune. Au dessus, te d'alunissage filmé par onde planétaire LRO en 9 pour ceux qui doutent ore que l'homme soit allé la lune © Nasa

uzz Aldrin est le deuxième nme à marcher sur la Lune, le voit iҫi près du drapeau méricain. © Nasa. *Au-dessus on dialogue avec les astronautes depuis son bureau.*

Les astronautes d'Apollo 13 JFred Haise , Jim Lovell et John Swigert (de gauche à droite) deretour au bercail après quatre jours de suspense, depuis le décollage à gauche le 11 avril 1970 à 13 h 13, ils vont vivre une explosion à bord d'un réservoir du module de commande (photo du haut au centre) il auront la vie sauve en se réfugiant dans le module lunaire (photo du centre) . © Nasa.

Apollo 13 : "Houston nous avons un problème !"

Les astronautes naufragés d'Apollo 13 lors du discours et de la minute de silence au retour sur Terre avec le président Nixon. Du 11 au 17 avril 1970 ils ont du faire face à de sérieuses avaries à bord d'Apollo telle une explosion dans un réservoir du module de service . Ils ont du "bricoler" aussi un équipement pour éviter de s'asphyxier dans le LEM (photo tout en haut à droite). Seul l'amerrissage fût un succès total de part sa très grande précision (en bas)
© Nasa.

« Pour l'éternité Charlie Duke et sa famille seront présents sur le sol lunaire. »
Préface de Patrick Baudry
© Nasa

Sur la Lune, David Scott et James Irwin parcourent le terrain sur une jeep, déjà électrique. © Nasa

John Young, le "baron" de la Nasa 'dirige' Columbia STS-1 le 12 avril 1981 !

John Young (à droite) et Robert Crippen (à gauche) faisant des vérification d'étanchéité de leurs scaphandres ont effectué le ***premier vol d'une navette spatiale*** *du 12 au 14 avril 1981.* © Nasa.

La navette Columbia STS-1 amenée jusqu'au Pas de tir puis son décollage *depuis le Kennedy Space Center le 12 avril 1981.* Nasa

LES DEUX PREMIERS FRANCAIS DE L'ESPACE...

Le retour de l'équipage du premier Français de l'Espace : Jean-Loup Chrétien (à droite) qui a volé en 1982 et 1988 avec un vaisseau russe Soyouz, à sa droite son commandant Djanibekov et Ivantchenkov. Chrétien revolera lors d'un 3ème vol avec la navette spatiale en 1997.

Patrick Baudry a volé en juin 1985 sur la navette Discovery STS 51-G en tant que premier français sur une navette spatiale alors qu'il aurait en fait du décoller avec Challenger. Sur la photo de gauche on le voit lors d'une simulation en combinaison avec casque visière ouverte sur son siège, c'est d'ailleurs dans cette configuration (allongé au décollage) qu'il enregistre le tout premier reportage avec un magnétophone, malgré des accélérations de plus de 3 G ! La photo de son équipage le montre debout. À sa droite une personnalité (VIP) de marque, le Prince d'Arabie Saoudite, Sultan bin Salman bin Abdulaziz Al Saud. Photo en médaillon : Baudry en apesanteur.

Patrick Baudry possède la double culture astronautique des USA et de l'URSS. © Cnes/ Nasa

Atlantis, la dernière navette, tire sa révérence en juillet 2011. © Nasa

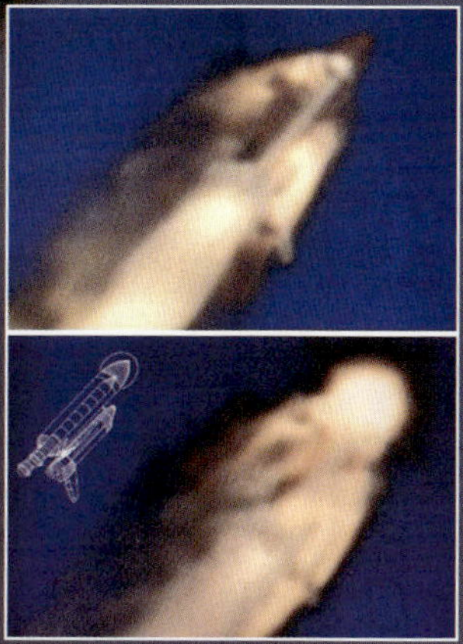

L'équipage du vol de la navette spatiale ***Challenger*** *(dont Christa McAuliffe la première enseigante, située devant à gauche (et en photo juste en dessous),* ***tué le 28 janvier 1986 au décollage.*** © Nasa.

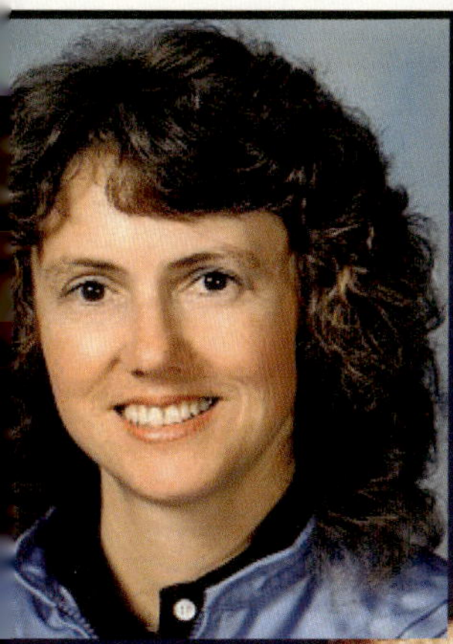

Le 28 janvier 1986 *peu après le décollage* ***Challenger explose en plein vol*** *avec son équipage de sept astronautes (photo çi-dessous). Juste avant on aperçoit une flamme sortant de l'un des boosters à poudre provoquant le drame (photo du haut en très gros plan).* © Nasa.

73 secondes de vol !
Puis le cockpit intact se décroche de l'orbiter avec ses occupants faisant une chute de près de trois minutes pour percuter la mer sous des contraintes de 200 G !
photos Nasa en zoom cerclées de rouge

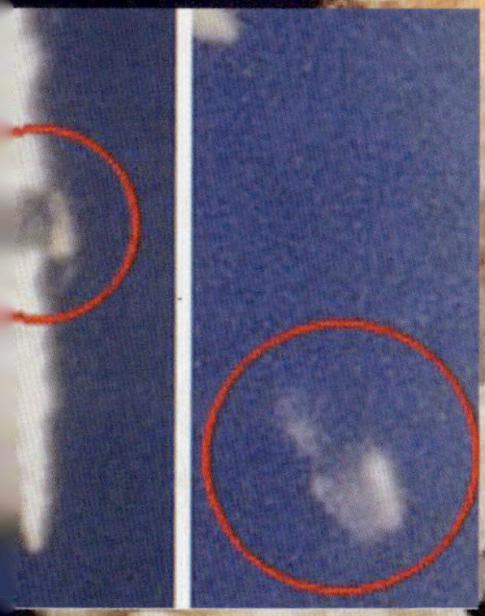

1986-2001 : MIR, 15 ANS DE PROUESSES ET DE PERIPETIES :

SERGUEI KRIKALEV 803 JOURS DANS L'ESPACE EN SIX MISSIONS

Deux astronautes recordmen du monde des vols spatiaux habités. *:*
Le premier (à droite) Valeri Poliakov est celui qui a effectué le plus long vol spatial d'une seule traite en 1994-1995 avec une durée de 14 mois (438 jours).
Le second, Serguei Krikalev (photo Nasa à gauche) avec deux ans et trois mois de durée cumulée en six missions dont une mémorable en 1991-1992 de 311 jours (10 mois) lui vaut de rester plus longtemps que prévu et de connaitre le putsch de Moscou depuis l'Espace ! Nous sommes proches de la durée d'un vol martien...

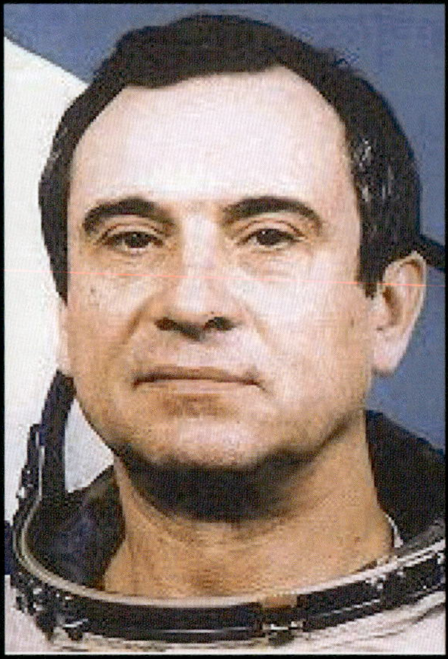

VALERI POLIAKOV 438 JOURS DANS L'ESPACE EN UNE MISSION

à huit reprises la navette spatiale est venue rejoindre la station MIR. © Nasa

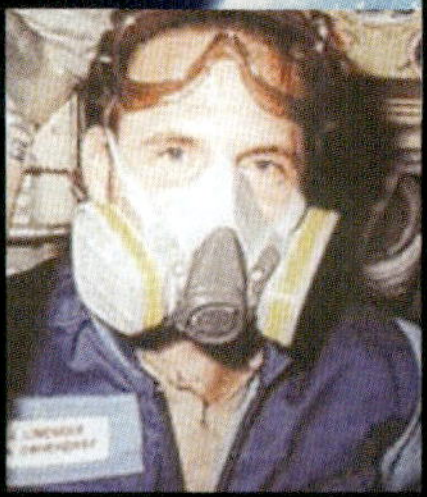

L'année 1997 aura été une année "noire" de l'exploration spatiale. En effet à bord de la station orbitale Mir en février 1997 se déclare un violent incendie (en photo nasa l'astronaute Linenger portant un masque de protection), et en juin une dépressurisation du module Spectre de Mir à la suite d'une collision, (panneaux solaires détruits - photo Nasa à droite) de Spectre condamné !

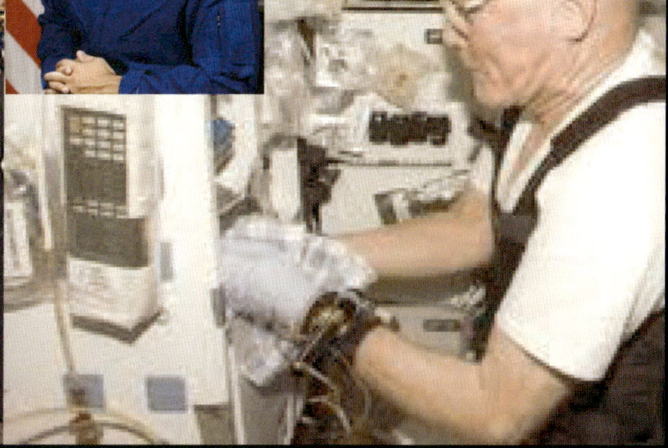

J. Glenn à 40 ans (1962) et...77ans (1998).

John Glenn (77 ans), a reçu le "feu vert" du président Clinton (photo du haut en médaillon) pour revoler dans l'espace en 1998. Il était devenu le premier Américain sur orbite le 20 février 1962 moins d'un an après Youri Gagarine. Sur la photo en haut à gauche en 1962 montrant sa capsule Mercury au Président Kennedy. Il est ainsi le plus vieil astronaute de l'histoire à avoir volé à 36 ans d'intervalle, respectivement sur Mercury et sur la navette Discovery (en haut à droite), en tant qu'ancien sénateur démocrate de l'Ohio (photo du bas) Nasa.

Michel Fournier (67 ans), doit effectuer un saut en parachute depuis une nacelle pressurisée (à droite) montée à une altitude de 40 km à l'aide d'un ballon, pour valider une procédure d'éjection d'astronautes
(photo collection Fournier).

Le Spaceship Two emportera six passagers et deux pilotes aux frontières de l'espace.

© Virgin Galactic

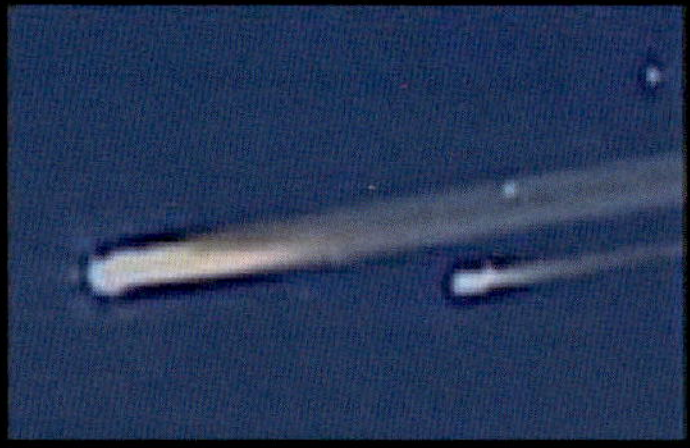

L'équipage des sept astronautes de Columbia STS-107 peu avant le décollage vêtus de leur combinaison spatiale et rejoignant la navette spatiale Columbia pour son décollage le 16 janvier 2003. Le 1er février 2003, au retour sur terre, la navette spatiale se désintègre, tuant son équipage.

Voici le trombinoscope des astronautes français et Européens quasiment au complet. Dans le cadre rouge dans le sens des aiguilles d'une montre on reconnait : Chrétien, Baudry, Haigneré, Tognini, Clervoy, Perrin, Eyharts, Claudie Haigneré et Favier... A droite en combinaison bleue le corps des astronautes ESA presque complet, manque seulement en bas à droite six nouvelles recrues de 2009 dont Thomas Pesquet (France), d'autres ont pris leur "retraite".

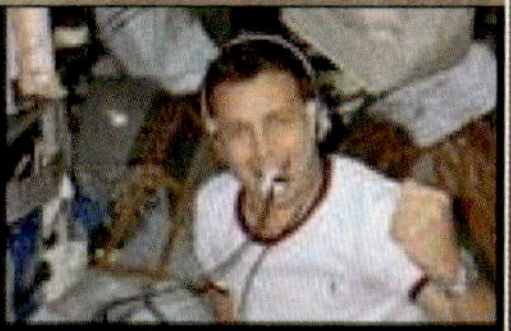

***La station ISS habitée en permanence par des cosmonautes depuis 2000**, a été filmée par la Nasa sur cette photo en configuration complète (manque seulement la navette) avec tous les vaisseaux de ravitaillement, on reconnait en bas l'ATV Kepler, et en haut le HTV Japonais, on a aussi le module européen d'habitation Columbus (depuis 2008)* © Nasa.

On a marché sur Mars en 2011 (simulation Mars 500) en attendant 2037 (réalité) !

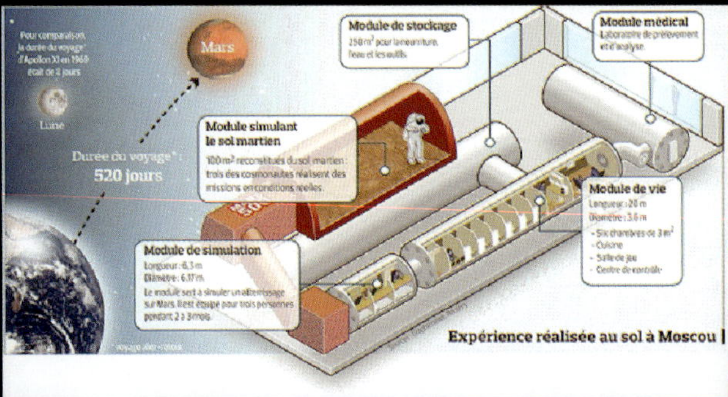

Depuis 2010 dans un laboratoire de 550 m² implanté en banlieue de Moscou (illustration du haut), six membres d'équipage (en haut à droite photo ESA les montrant au passage du jour de l'an 2011) effectuent une mission martienne simulée de 520 jours. Parmis eux il y a un Français, Romain Charles. Début 2011 deux d'entre eux ont simulé en scaphandre une sortie dans la poussière martienne © Esa tout en bas et çi-dessus avec les casques éclairés. (et photo Nasa au centre et à droite) montrant une autre simulation...

La sonde *Viking* se pose
sur Mars en 1976.
Elle analysera cette plaine
caillouteuse durant 6 ans.

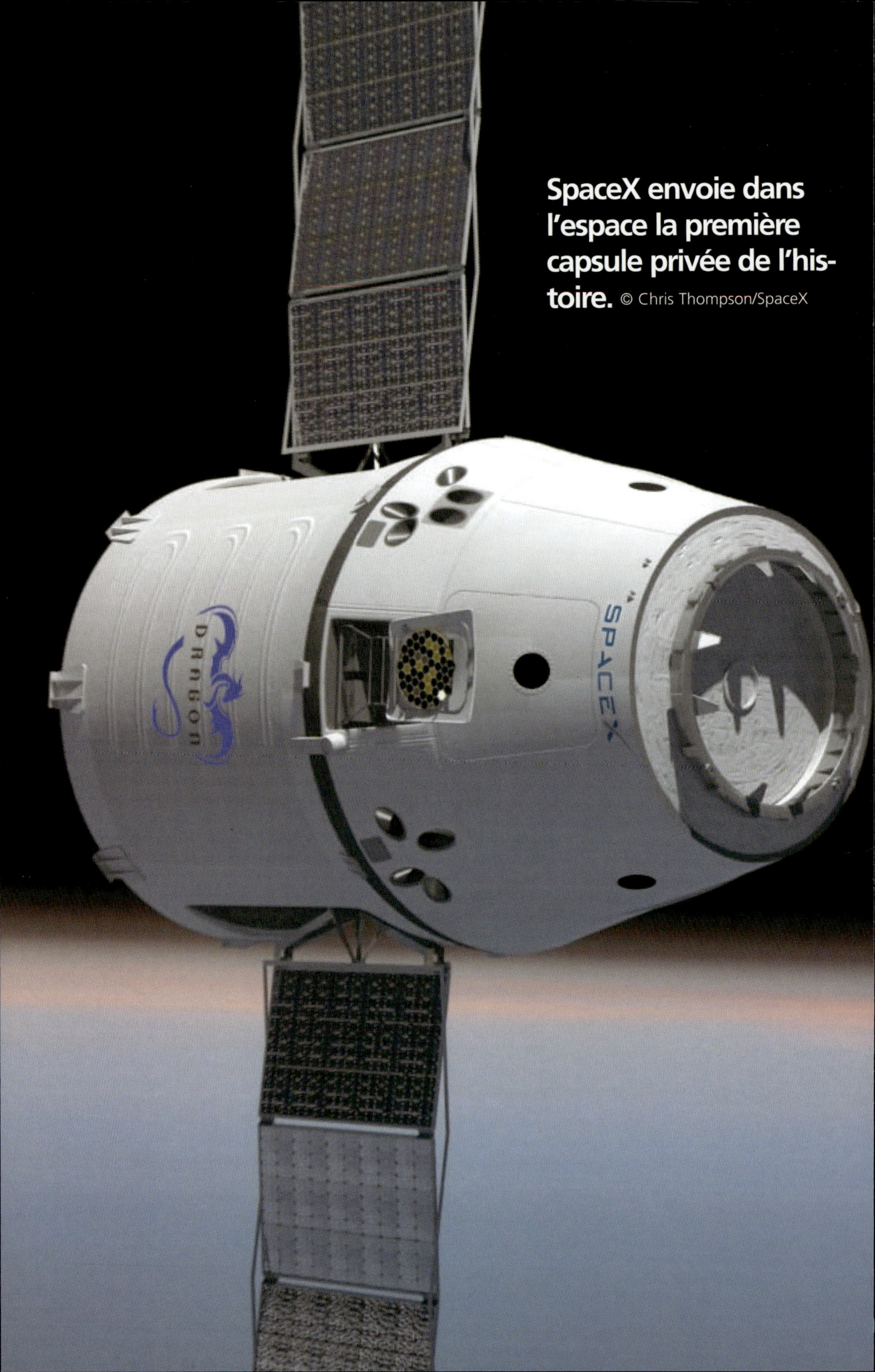

SpaceX envoie dans l'espace la première capsule privée de l'histoire. © Chris Thompson/SpaceX

La sortie a finalement duré un peu plus de deux heures sur le sol lorsqu'ils remontent l'échelle du LEM. Aldrin passe le premier et laisse l'écoutille ouverte pour réceptionner les containers à échantillons des mains d'Armstrong. Une simple formalité d'apparence mais celle-ci est essentielle, c'est l'objectif N° 1 du vol.

– Aldrin ramène aussi le détecteur de vents solaires, après 2h25 minutes d'escapade sur le sol, ils ont regagné assez vite le LEM « Eagle » pour bénéficier d'une marge de sécurité suffisante (ndla : Leurs réserves en oxygène étant limitées au niveau des scaphandres)... S'installer dans ce minuscule vaisseau à quatre « pattes » avec leur matériel n'est pas une mince affaire.

– Aldrin : « *Voilà; maintenant, commence à te baisser. Il y a largement la place. Ca va comme ça; courbe le dos et avance la tête le long de... (parasites)... Tourne-toi un tout petit peu. Baisse la tête. Parfait.* »

– Armstrong : « *Merci. Ma tête touche, maintenant ?* »

– Aldrin : « *Non tu es un petit peu trop contre moi. Voilà... Voilà... avance le pied et je vais m'occuper de l'écoutille... Bien. L'écoutille est fermée et verrouillée. Nous sommes en sécurité.* »

(enfin une bonne chose de faite, mais c'est au cours de leur installation sur leur siège qu'Aldrin casse le contacteur de la manette des gaz. Mais avec les parasites des communications, et peu être un peu de censure des dialogues, le grand public ne le sait pas, cf. encadré).*

Peu après 12 h 30 (heure de Houston), alors que les astronautes sont sur la lune depuis plus de 19 h, ils dépressurisent une fois de plus le LEM, pour se débarrasser de tous les ustensiles et équipements lourds et encombrants qu'ils vont laisser sur la lune. Parmi ces équipements il y a même la boite à outils (ndla : Quelle imprudence) ! Mais il faut alléger au maximum le poids du LEM pour qu'il assure son décollage du sol avec un maximum de sécurité. Il ne pèse plus que 4915 kg !

Au même moment Collins (ndla A bord de *Columbia*, le vaisseau « mère » d'*Apollo*) qui les attend sur orbite autour de la lune les a enfin repéré.
C'est primordial pour préparer le rendez-vous de ses collègues qui doivent remonter du sol de la Lune.

Allumer le moteur du LEM, et quitter La Lune, un moment crucial, jamais une telle manœuvre n'a été testée auparavant !

Beaucoup angoissent et pensent à ce fameux moteur, même Armstrong s'est exprimé à ce sujet, une fois avoir regagné la terre sans encombre le 24 juillet dans l'ouvrage « Premiers sur la lune », Laffont 1970 ;

– Armstrong : « *Nous ne nous sommes pas laissé affoler par l'idée que le moteur de montée pourrait ne pas fonctionner, mais je n'irais pas jusqu'à dire que nous n'y pensions jamais.* »

Ce moteur est en effet essentiel (ndla : Moteur de remontée du LEM), pour pouvoir "arracher du sol", avec suffisamment de poussée, les deux astronautes, pour regagner une orbite lunaire.

En cas de défaillance partielle, et au pire Collins peut descendre un peu son altitude mais pas jusqu'au point d'aller les chercher au sol. Il y pense mais n'a pas d'appréhension particulière, restant bien à l'affût des conversations venant de Houston pour savoir si tout va bien.

– Collins : « *Je savais qu'un certain nombre de choses pouvaient mal se passer avec le LEM, plusieurs ce celles-ci exigeraient de grands efforts de ma part pour aller les chercher, je ne ressentais aucune appréhension.* »

D'autres pensent aussi à ce décollage, c'est le cas notamment des ingénieurs qui ont conçu le module lunaire, et puis il y a le problème du radar qui a créé un conflit allant jusqu'à saturer la mémoire du calculateur informatique. Cette fois-ci il n'y a pas de radar, qu'on se le dise !

Nous sommes à vingt minutes de l'allumage, les astronautes ont pu avoir quelques heures de repos au préalable. Peu avant 13 h (heure de Houston, en ce 21 juillet 1969, (ndla : Tiens un "13", l'heure prévue !), tout le monde retient son souffle pour ce compte à rebours.

Tous les réservoirs de carburant du LEM sont sous pression, et près de 2,3 tonnes de ce propergol vont être consommés par le moteur qui doit s'allumer et ne pas flancher !

5,4,3,2,1... Il est finalement 12 h 55, lorsque le moteur s'allume.

La partie supérieure du LEM et ses deux astronautes décollent et « s'arrachent » du sol, le moteur doit tenir le choc pendant plus de sept minutes, en "avalant" plus de cinq kilogrammes de carburant à la seconde !

La joie se lit sur le visage de beaucoup d'ingénieurs, chez les femmes des astronautes c'est le soulagement.

Comme convenu les autres étapes du vol (ndla Plus routinières car déjà validées par *Apollo 8* et *10*) s'enchaînent avec succès. Puis vient le rendez-vous avec Collins, qui est heureux de retrouver ses collègues « moonwalkers ». Suit ensuite un voyage de trois jours pour regagner la terre en plongeant dans l'atmosphère et les couches denses de l'atmosphère.

L'ouverture des parachutes de la capsule qui amerri dans le Pacifique près du porte-avions Hornet où ils sont attendus par une personnalité de marque : Richard Nixon.

Le succès est total en ce 24 juillet 1969, à 11 h 49 (heure de Houston) et le pari de John Kennedy est gagné, laissant définitivement les Soviétiques distancés !

Comment un stylo 'Fisher Space Pen' sauve la mission Apollo 11, en faisant redécoller le LEM du sol de la Lune ?

C'est un détail bien "croustillant" qui sera révélé de nombreuses années après la réussite de la mission Apollo 11, qui montre que quitter la Lune n'est pas une mince affaire pour les astronautes, c'est d'ailleurs un "stylo" qui va déclencher le moteur...
S'ils ne parviennent pas à quitter le sol, et condamnés à une mort certaine sur l'astre des nuits, un discours du Président Nixon a même été prévu en forme d'éloge funèbre ! (cf. dernière page de ce chapitre).
Pour ce vol, tout a été scrupuleusement répété en condition réelle, mais il n'a jamais été validé un décollage depuis la Lune, en allumant le moteur de remontée du LEM.
Ce dernier doit fonctionner du premier coup, et ce moment est jugé comme le plus crucial. Armstrong et Aldrin effectuent leur marche lunaire et regagnent le module. Ils constatent qu'il leur reste très peu d'oxygène à bord, et le centre de Houston ordonne qu'ils se débarrassent d'objets devenus « inutiles » (trousse à outils, de la nourriture et des appareils photos...) pour les abandonner sur la Lune.
Aldrin, dans ce module exigu, regagne son siège, mais heurte le contacteur de la manette des gaz avec sa combinaison. Il se brise tout net, et il est impossible de le réparer, la trousse à outils gît sur le sol de la lune !
La tension monte chez les contrôleurs de Houston, qui s'affèrent à trouver une solution pour faire décoller le LEM privé de ce contacteur, qui empêche d'actionner la manette des gaz !
Dans la salle, les contrôleurs qui sont équipés d'un Fisher Space Pen, sont plongés dans un silence plutôt angoissant, et se mettent à faire du bruit avec leur stylo pour éliminer le stress.
C'est alors qu'une idée de génie vient d'un contrôleur qui s'installe dans un simulateur du LEM, et il se met dans la même configuration que l'équipage. Il place alors son stylo de l'Espace à l'endroit où se trouve le contacteur de la manette des gaz, et réussit à déclencher le vrombissement des moteurs.
La solution est trouvée : La NASA utilise le *Fisher Space Pen*, avec sa gaine en laiton, pour remplacer le contacteur cassé. Houston indique aux astronautes la démarche à suivre : Miracle, le LEM décolle !
(ndla : L'anecdote, tenue secrète pendant quinze ans, a été racontée par Buzz Aldrin en 1984 lors d'une conversation avec Paul Fisher, l'inventeur du Fisher Space Pen. La NASA a confirmé peu après cette information par l'intermédiaire de son service de relations publiques).

Les cosmonautes soviétiques n'ont jamais foulé le sol de la Lune : Les projets lunaires habités 'top secrets' de l'URSS : La déroute !

Au moment de la réussite de l'alunissage d'*Apollo 11* les Soviétiques ont manqué de peu un exploit extraordinaire : poser en douceur sur le sol de la Lune une sonde robotique *Luna 15*. Cette dernière devait prélever des « pierres » de Lune (quelques centaines de grammes), puis redécoller juste avant les astronautes d'*Apollo 11* pour regagner la Terre en vol automatique ! Mais la mission suivie par les experts en juillet 1969 est un véritable fiasco : *Luna 15* ne parvenant pas à alunir, sa vitesse étant trop élevée, c'est le crash au sol !

L'objectif était de démontrer qu'à moindre coût et avant les Américains les Russes pouvaient relever le challenge de ramener des « pierres de Lune » sans risquer la vie d'un homme ! Cette réussite aurait fait oublier un programme lunaire de vols habités très ambitieux : Le projet lunaire secret « N1 / L3 », qui connaît un terrible échec de son lanceur à quatre reprises lors d'explosions en vol (entre 1969 et 1972) dont une qui a lieu quasiment sur le pas de tir à Baïkonour ! (une vraie débâcle).

En effet au moment de cette course à la lune Américains et Russes s'espionnaient par satellite interposé et par leurs agents de renseignement respectifs. À la NASA, depuis des années, ils savaient qu'il n'existait pas de base à Baïkonour, mais que celle-ci se trouvait à 300 km de là, c'était pour les Russes une façon de brouiller les cartes à l'époque du Spoutnik et de Gagarine, pour que l'on ne sache pas d'où décollent les fusées.

En février 1969 en analysant des photos de satellites, des agents Américains découvrent avec étonnement sur leurs clichés la présence d'une fusée gigantesque et mastodonte. Il s'agit, on le sera beaucoup plus tard, d'une fusée plus puissante que la *Saturne 5* américaine, 105 m de haut pour environ 4000 tonnes de masse, un record !

Il y aura quatre essais en vol de cette fusée heureusement testée sans aucun équipage à bord. Un échec total lié à un manque de coordination notamment pour mener des essais du premier étage avec tous ses moteurs. Un manque aussi de financements et la mort de Korolev en janvier 1966 qui n'a rien arrangé. Il existait un module lunaire *L3* dans le scénario Russe étudié, mais il n'emportait qu'un seul cosmonaute sur la lune.

Simultanément à ce projet les Soviétiques avaient aussi développé un projet *Zond* de vols habités autour de la lune (ndla : Sans alunissage) qui fût plus chanceux. C'est ainsi que les premiers êtres vivants à avoir tourné autour de la lune avant de revenir sur terre étaient des tortues soviétiques en septembre 1968. Ce fût bien avant les astronautes Américains d'Apollo 8 de décembre 1968. Bien que le retour sur terre fût brutal elles étaient saines et sauves. On peut noter la réussite à plusieurs reprises du retour d'échantillons lunaires grâce aux robots soviétiques Luna 16 et 24 dans les années 1970 mais pas de trace de bottes d'un Russe dans la poussière lunaire !

Les vols spatiaux lunaires habités du projet Apollo (1967-1972)

APOLLO 1 / AS204 : V. Grissom, E. White, R. Chafee. (décédés)
Lancement : 27 janvier 1967 / Amerrissage : aucun, vol simulé au sol.
Essai de vol simulé sur le pas de tir au Cap Kennedy (incendie).
APOLLO 7 : W. Schirra, Donn Eisele, Walt Cunningham.
Lancement : 11 octobre 1968 / Amerrissage : 21 octobre 1968.
Premier vol habité avec équipage sur orbite terrestre (sans le LEM).
APOLLO 8 : F. Borman, Jim Lovell, Bill Anders.
Lancement : 21 décembre 1968 / Amerrissage : 27 décembre 1968.
Premier vol habité autour de la lune (sans le module lunaire - LEM).
APOLLO 9 : J. A. McDivitt, D. Scott, R. Schweickart.
Lancement : 3 mars 1969 / Amerrissage : 13 mars 1969.
Premier vol habité en orbite terrestre avec le LEM testé avec succès.
APOLLO 10 : T. Stafford, J. Young, G. Cernan.
Lancement : 18 mai 1969 / Amerrissage : 26 mai 1969.
Vol lunaire complet de répétition avec module lunaire à 15 km de la lune.
APOLLO 11 : N. Armstrong (*), M. Collins, B. Aldrin (*). 21 h 36 mn sur la lune.
Lancement : 16 juillet 1969 / Amerrissage : 24 juillet 1969. Echantillons : 21,7 kg
Premier alunissage, sortie de 2 h 25 des 2 astronautes le 20 juillet 1969.
APOLLO 12 : P. Conrad (*), D. Gordon, A. Bean (*). 31 h 31 mn sur la lune.
Lancement : 14 novembre 1969 / Amerrissage : 24 novembre 1969.
Second alunissage, 7 h 46 mn de sorties (2 EVA), échantillons récoltés : 34,3 kg.
APOLLO 13 : J. Lovell, J. Swigert, F. Haise.
Lancement : 11 avril 1970 / Amerrissage : 17 avril 1970.
Echec de l'alunissage, retour en urgence de l'équipage vers la terre.
APOLLO 14 : A. Shépard (*), S. Roosa, Ed. Mitchell (*). 33 h 30 mn sur la lune.
Lancement : 31 janvier 1971 / Amerrissage : 9 février 1971.
Troisième alunissage, 9 h 22 mn de sorties (2 EVA), Echantillons collectés : 42,8 kg.
APOLLO 15 : D. Scott (*), Al. Worden, J. Irwin (*). 66 h 54 mn sur la lune.
Lancement : 26 juillet 1971 / Amerrissage : 7 août 1971, échantillons : 76,7 kg.
Quatrième alunissage et première utilisation d'une jeep, 18 h 35 mn (3 EVA)
APOLLO 16 : J. Young (*), K. Mattingly, C. Duke (*). 71 h 02 mn sur la lune.
Lancement : 16 avril 1972 / Amerrissage : 27 avril 1972. Echantillons : 94,3 kg.
Cinquième alunissage, 27 km en jeep lunaire, 20 h 14 mn de sorties (EVA).
APOLLO 17 : G. Cernan (*), R. Evans, H. Schmitt (*), 75 h 00 sur la lune.
Lancement : 7 décembre 1972 / Amerrissage : 19 déc. 1972. Echantillons 110,4 kg
Sixième et dernier alunissage, trois EVA (22 h 03 mn), troisième jeep

(Sources NASA, (*) indique les astronautes qui ont marché sur la Lune).

« DANS L'ÉVENTUALITE D'UN DÉSASTRE SUR LA LUNE »

Le 12 juillet 1999, trente ans après le succès d'Apollo 11, le journaliste Jim Mann du « Los Angeles Times », révèle dans un article intitulé « L'histoire d'une tragédie qui n'est jamais survenue », l'éloge funèbre qu'aurait eu à prononcer le Président Américain Richard Nixon au cas où les astronautes Neil Armstrong et Edwin Aldrin auraient été dans l'impossibilité de quitter le sol de la Lune. La phase considérée comme la plus critique n'était pas l'alunissage mais le décollage de la Lune.

C'est l'astronaute Frank Borman, officier de liaison entre la NASA et la Maison Blanche, qui a suggéré aux collaborateurs de Richard Nixon, H.R. Haldeman et Peter Flanigan d'envisager l'hypothèse d'un accident grave. Le texte de cet éloge funèbre déclassifié est intitulé « Dans l'éventualité d'un désastre lunaire ».

Il aurait été rédigé aux alentours du 18 juillet 1969 (date du fax reçu par la Maison Blanche), moins de trois jours avant l'alunissage, par William Safire. Ecrivain et journaliste, il était alors l'un des rédacteurs des discours du Président des Etats-Unis. Dans ce texte un code de conduite avait été édicté, préconisant que le Centre de Contrôle des Missions de Houston prenne la décision d'interrompe définitivement toutes les communications si les astronautes étaient bloqués sur la Lune. Dans ce protocole et en cas de tragédie où l'équipage n'aurait pu regagner la Terre il avait aussi été conseillé au Président Richard Nixon d'appeler les « futures veuves » avant de s'adresser à la nation. La NASA, en l'absence de toute dépouille mortelle, aurait alors chargé un prêtre d'adopter le même « rituel que pour des funérailles en mer » en concluant par une prière : Le Notre-Père.

Apollo 11, l'oraison funèbre qui aurait pû être prononcée :

« Le destin a voulu que les hommes qui sont allés explorer la Lune en paix y resteront pour reposer en paix. Ces hommes courageux, Neil Armstrong et Edwin Aldrin, savent qu'il n'y a pas d'espoir pour leur récupération. Mais ils savent aussi que leur sacrifice est porteur d'espoir pour l'humanité. Ces deux hommes sacrifient leur vie pour le dessein le plus noble de l'humanité : la recherche de la vérité et de la compréhension. Ils seront pleurés par leur famille et amis, par la nation, par le peuple du monde, et par la Terre qui a osé envoyer deux de ses fils dans l'inconnu. Par leur exploration, ils ont poussé les peuples de la Terre à se sentir un; par leur sacrifice, ils renforcent la fraternité entre les hommes. Jadis, les hommes regardaient les étoiles et voyaient leurs héros dans les constellations. Aujourd'hui, nous faisons la même chose, mais nos héros sont des hommes héroïques de chair et de sang. D'autres suivront et réussiront à rentrer. La quête de l'homme ne sera pas reniée. Mais ces hommes étaient les premiers et resteront les premiers dans nos cœurs. Parce que chaque être humain qui regardera la Lune dans les nuits à venir saura que des hommes sont pour toujours quelque part dans cet autre monde qui est à tout jamais l'humanité. »

« Tu ferais mieux de rappliquer tout de suite. Nous avons un fichu problème. On a perdu la pression d'oxygène, le panneau d'alimentation électrique, et on est en passe de perdre les piles. Tout se passe comme s'il y avait eu une explosion. »

Gene Kranz, Directeur de vol au téléphone appelant Kraft, ancien directeur chez lui, 13 avril 1970 juste après l'explosion

« Ça y est je le vois... Tout un côté est arraché ! C'est incroyable. Je vois des morceaux de métal déchiqueté accrochés à des bouts d'antenne... »

Jim Lovell, effaré en voyant les dégâts sur le module de service, sur le chemin du retour 17 avril 1970

13 AVRIL 1970 APOLLO 13 : « HOUSTON, WE'VE GOT A PROBLEM ! »

VIII

Au printemps 1970, une certaine « routine » toute relative commence à s'instaurer dans le déroulement du programme Apollo, à voir une presse venue beaucoup moins nombreuse qu'à l'habitude pour couvrir l'événement du troisième départ d'une mission de débarquement sur la Lune.

Apollo 13 en ce 11 avril 1970, décolle à 13 h 13 (heure de Houston), du Kennedy Space Center, avec l'aide d'une *Saturne 5*. Le vrombissement des moteurs développant une puissance totale "phénoménale" de 3800 tonnes pour "arracher" du sol cette fusée de von Braun pesant 2967 tonnes, pour une hauteur de 111 mètres.

C'est la moitié du poids de la tour Eiffel, et la moitié de la hauteur de la tour Montparnasse à Paris, pour acquérir une vitesse de 40000 km/h nécessaire à l'envoi d'*Apollo* vers la Lune.

Dans cette mission pour superstitieux (pas moins de "13" fois le nombre "13" ! – ndla voir encadré), trois hommes aux nerfs solides, car ils vont être mis à rude épreuve bien plus qu'avec Apollo 11, dont un très expérimenté : James « Jim » Lovell, le Commandant (ancien d'*Apollo 8* et du programme Gémini), accompagné de Fred « Fredo » Haïse et de John « Jack » Swigert.

Après le succès d'*Apollo 11* de juillet 1969, la NASA réitère l'exploit d'un alunissage sur le sol de la lune le 19 novembre 1969 avec les astronautes Conrad et Bean d'*Apollo 12*.

Une mission qui se déroule sans incident hormis le foudroiement de la fusée *Saturne 5* peu après le décollage.

La foudre touche le lanceur 78 secondes après avoir quitté la terre, qui engendre des problèmes électriques graves, mais grâce au sang froid d'un contrôleur au sol : Aaron (ndla : Qui fera parler de lui aussi sur *Apollo 13*), elles n'empêchent pas l'équipage de prendre la direction de la Lune. Le LEM d'*Apollo 12* et ses deux astronautes se posent à 150 mètres de la sonde planétaire *Surveyor 3* arrivée deux ans auparavant. Ils effectuent avec succès deux marches lunaires.

Mais les téléspectateurs sont privés d'images en direct à cause d'une panne de caméras, et de problèmes électriques! (*ndla : Court-circuit provoqué à la suite d'une mauvaise manipulation des astronautes, qui ont dirigé des équipements accidentellement vers le soleil*).

Chaque vol *Apollo* est donc émaillé d'incidents, mais faut-il une catastrophe, ou un drame pour voir se mobiliser de nouveau les médias pour le vol suivant : *Apollo 13* ?

Lors d'*Apollo 11*, experts et observateurs privilégiés des médias affichèrent avec fierté les chiffres suivants (ndla : Sources: "*Premiers sur la Lune*", page 298, ouvrage publié chez Robert Laffont en 1970, traduit du livre *First on the Moon*) : 29 410 000 foyers américains ont ouverts leur poste de télévision pour voir l'alunissage en direct, et environ dix millions d'entre eux vont rester pratiquement jusqu'à le fin de la sortie lunaire.

Sur cent millions de Japonais, soixante-dix millions vont regarder l'alunissage. En Chine seuls quelques-uns, dirigeants et scientifiques, ont vu les images, mais pas l'homme de la rue!

Dans le monde on comptabilisa 500 millions de téléspectateurs qui assistèrent à l'exploit d'*Apollo* 11 soit un milliard d'yeux, (*ndla : Un cinquième de la population de la terre de l'époque*) !

Le 9 avril 1970, deux jours avant le lancement d'*Apollo 13* Lovell se souvient dans son ouvrage rédigé avec Jeffrey Kluger chez Robert Laffont paru en 1995 et portant le nom de sa mission : Qu'aucun journal (pas même le *New York Times*) de presse ne parlait de sa mission. Juste la veille une brève concernant la météo prévue le jour du lancement!

D'autres depuis plusieurs semaines prennent un malin plaisir à « bercer» dans la superstition pour philosopher sur le nombre 13! En effet, c'était la première mission spatiale américaine à arborer le « N° 13 » alors que le projet Gémini s'arrête au vol 12, et Mercury a surtout utilisé le chiffre « biblique » 7 à chacun de ses vols (*ndla : Se référant à l'équipe des astronautes composée de 7 personnes*).

La NASA et Lovell se moquent totalement de cela hormis Marilyn Lovell, la femme du commandant qui a pourtant dit à son époux « *pourquoi 13?* », car elle n'aime pas ce nombre en fait. Jim Lovell avait alors rétorqué : « *'13', parce que cela vient après le '12' !* ».

Chez les contrôleurs du centre de Houston, ce n'est pas pour conjurer le mauvais sort si Gene Kranz fait broder par son épouse une veste blanche et claire arborant le logo de la mission à chaque vol dont il a la responsabilité. C'était devenu pour ce directeur de vol charismatique, et ancien pilote de chasse de la Guerre de Corée, arrivé à la NASA en 1959 au tout début de programme Mercury, une tradition.

Cette veste sans manches portée au-dessus de la chemise avec la cravate réglementaire, est une petite excentricité appréciée des contrôleurs, car ils ont ainsi l'impression d'avoir un patron plus proche d'eux.

Certains redoutent son autorité naturelle, car cet homme à poigne, peu bavard, bien que possédant de grandes qualités d'orateur dans certaines occasions, n'apprécie peu l'humour. Après *Apollo 11*, il est de nouveau désigné pour commander les opérations, à Houston, des phases critiques de la mission *Apollo 13.*

Quelques jours avant le vol, un astronaute d'*Apollo 13* attrape la rougeole... Un présage pour les superstitieux! Les médecins de la NASA, constatent en effet un cas de rougeole chez Charlie Duke, le pilote du LEM de l'équipage de remplacement.

Les deux équipages (*ndla : Principal et celui dit de secours ou 'back-up'*) travaillent ensemble ; les médecins estiment que l'un des hommes, Mattingly, qui doit partir, peut contracter la maladie au cours du vol vers la Lune. Pour eux il est totalement exclu de confier les commandes d'une mission à un équipage dont l'un des membres peut tomber malade.

La NASA souhaite disqualifier Mattingly, l'équipier de Lovell. Ce dernier réplique aux médecins et responsables du vol :

– « *Maintenant ? Vous voulez modifier un équipage maintenant, une semaine avant le décollage ? À cause d'un microbe hypothétique ?* »

À Houston, Lovell tente de plaider la cause de Mattingly, son pilote, mais rien n'y fait même en tenant compte du temps d'incubation de huit à dix jours, car Lovell pense qu'il ne peut tomber malade avant qu'ils ne soient en train de marcher sur la lune sur le site de Fra Mauro, lui et Haïse.

Mattingly serait alors resté en orbite autour de la lune à les attendre à bord du vaisseau Apollo, même avec de la fièvre, quelle importance ? La décision est sans appel, les responsables des équipages disqualifient Mattingly et laissent Lovell recomposer son équipage qui intègre l'astronaute

Swigert.

Swigert, est l'un des rares astronautes d'*Apollo* à être célibataire, et certains lui prêtent une vie très bien « remplie ».

Il s'est entraîné dans l'équipe de réserve et dû compléter sa formation au simulateur avec Lovell et Haïse pour pouvoir partir au « pied levé » avec eux.

Apollo 13 finit par décoller à l'heure précise, soit le 11 avril 1970 à 13 h 13, heure de Houston, avec un « Swigert » remplaçant, prêt à assumer cette mission où il est vite mis à l'épreuve, comme en témoigne la survenue d'un grave incident sur la fusée *Saturne 5* qui a lieu au cours du vol propulsé.

En effet, moins de cinq minutes après le décollage, et avant que l'équipage ne se place sur orbite autour de la terre, l'un des cinq moteurs principaux du deuxième étage supérieur de la fusée s'arrête brutalement avant l'heure prévue !

Une alarme retentie dans la capsule où se trouvent les trois astronautes. Houston décide de laisser plus longtemps la propulsion des quatre autres moteurs pour compenser le manque de poussée de celui en panne, pour ne pas dériver avec la trajectoire. Tout rentre dans l'ordre et trois heures plus tard *Apollo 13* prend la direction de la Lune, sans encombre.

Lovell, s'exprimant sur cette panne pense alors qu'il s'agit de l'incident que tout vol *Apollo* doit statistiquement rencontrer...

Des incidents il va y en avoir d'autres... mais sur le chemin de la Lune, Lovell aime plaisanter avec ses collègues et les contrôleurs de Houston. Lovell est en fait l'astronaute américain le plus expérimenté du moment, il s'agit de son quatrième vol, et c'est la deuxième fois qu'il se dirige vers la Lune (Après Apollo 8), de la routine donc...

– Lovell (Apollo 13) : « *Salut à vous Houston, ici 13* ».

– Kerwin (Houston - Capcom) : « *Ici Houston à vous ?* ».

– Lovell (Apollo 13) : « *Au fait, on n'y pensait plus, mais nous aimerions avoir les nouvelles du jour.* »

– Kerwin (Houston) : « *D'accord, mais il n'y a pas grand chose... Il y a eu des tremblements de terre à Manille et dans d'autres secteurs de l'Ile de Luzon. Le Chancelier ouest-Allemand Willy Brand, qui était hier au Cap pour assister à votre lancement, et le Président Nixon vont boucler une série d'entretiens cet après-midi. Les contrôleurs aériens sont toujours en grève, mais pas de panique, les contrôleurs du centre de Houston sont à leur poste.* »

– Lovell (Apollo 13) en riant : « *Merci mon Dieu.* »

– Kerwin (Houston) : « *...Ah, il y a aussi le passe-temps du jour, dans*

tout le pays... » (un silence pour créer de l'effet).
– Kerwin : « *Eh, les gars, vous avez bien fait votre déclaration d'impôts ?* »
– Swigert (Apollo 13) : « *Quelles formalités dois-je remplir pour obtenir un délai ?* » , rires à Houston de Kerwin...
– Swigert (Apollo 13) : « *Joe (Kerwin), c'est pas drôle du tout. Ce truc n'attend pas et j'ai absolument besoin d'un délai ?* »
Rires des contrôleurs de la salle de Houston, l'ambiance est détendue...
– Swigert (Apollo 13) : « *C'est pas de la blague, les gars. J'ai pas fait la mienne.* »
– Kerwin (Houston) : « *Arrête, tu fais marrer toute la salle.* »
– Swigert (Apollo 13) : « *D'accord. Mais il y aura peut-être une autre quarantaine, pas seulement la médicale, qui m'attendra au retour !* »
– Kerwin (Houston) : « *On verra ce qu'on peut faire pour toi Jack... Terminé.* »
Les hommes du Centre à Houston passent beaucoup de temps à dialoguer, c'est bon pour le moral des astronautes qui sont à bord du vaisseau *Apollo.*

Puis vient une émission de télévision après plus de deux jours de vol de l'équipage, mais peu souhaitent faire un effort, chez les nombreuses chaînes de télévision, pour assurer la retransmission, le public est-il déjà blasé de ce qui se passe tout près de la lune ?

Apollo 13 et les astronautes se trouvent dans le vaisseau et filment la vie à bord, à l'aide d'une caméra, mais les images ne sont pas retransmises en direct, sur le moment ils ne le savent pas !

Marylin et Mary leurs épouses, sont invitées dans une salle de relations publiques VIP à suivre les images à Houston. C'est seulement après que la NASA va leur indiquer qu'aucune télévision n'a souhaité retransmettre en direct les vingt-sept minutes de cette liaison vidéo entre *Apollo 13* et le centre de Houston. Le responsable des relations publiques de la NASA rassure Marylin Lovell en lui indiquant que certaines images vont certainement être reprises dans le journal à la télévision ce soir.

Mécontente du peu d'intérêt manifesté par la presse aux exploits de son mari, elle est toutefois heureuse d'avoir vu que tout allait bien pour lui et ses équipiers et prend le chemin de la maison avec deux de ses enfants pour rentrer se coucher. Mais lors des douze minutes que dure le trajet il se passe quelque chose de grave à bord d'*Apollo 13...*

Les contrôleurs de Houston demandent aux astronautes de procéder à une opération dite de « brassage cryogénique » des réservoirs d'oxygène et d'hydrogène.

Cette opération jugée banale a lieu toutes les 24 h pour éviter que des strates ne se forment dans les réservoirs à carburant liquide. L'objectif est de stabiliser la pression ambiante et la température des gaz qui doivent rester constantes. En effet, l'hydrogène et l'oxygène sont des sources d'énergie primordiales : Pour respirer, avoir de l'eau, ainsi que pour fabriquer de l'électricité à l'aide de piles à combustible nécessaires pour faire fonctionner les moteurs et les nombreux systèmes de bord.

Swigert actionne alors le bouton pour déclencher le brassage des quatre réservoirs, puis seize secondes seulement après cette opération le vaisseau subit un choc et se met à vibrer !

Swigert sent le vaisseau trembler sous lui et Lovell perçoit comme un roulement de tonnerre qui le traverse. Haïse, dans le tunnel entre les deux vaisseaux voit les cloisons bouger sous lui ! Un bruit sourd retentit, et le vaisseau remue de façon anormale : Il vient d'y avoir une violente déflagration qui a lieu dans le module de service, là où se trouvent les réservoirs !

– Lovell montre de l'agacement et regarde Haïse pensant qu'il a encore «joué » avec une valve pour faire sursauter son commandant : « *Haïse ! Encore lui et sa fichue valve d'équilibrage des pressions ! Une fois cela peut être drôle. Mais deux ? Trois fois ? La jeunesse doit s'amuser, d'accord. Mais là il pousse un peu.* » (*extrait de l'ouvrage Apollo 13 de Jim Lovell et Jeffrey Kluger, Robert Laffont, 1995, traduit de Lost Moon, 1994*).

– Haïse, avec des yeux grands comme des "soucoupes", montre une peur totale, vraie et profonde : « *C'est pas moi...* »

Swigert a le même regard, d'un homme qui a peur, et au-dessus de sa tête, sur la console une lumière jaune se met à clignoter. Haïse reçoit dans les écouteurs de son casque une alarme stridente, puis un autre voyant d'alarme se déclenche sur le haut du tableau de bord, qui concerne les systèmes électriques.

Les voyants et signaux qui s'allument les uns après les autres, semblent indiquer une chute de tension brutale et inexplicable dans l'un des panneaux de distribution électrique (Bus B principal) qui assure l'alimentation électrique du module *Apollo* !

– Swigert (Apollo 13) : « *Hey là ! On a un problème !* »

– Lousma (Houston) : « *Ici Houston. Répète, s'il te plait ?* »

– Lovell (Apollo 13) : « *Il y a un grave problème. Chute de tension sur le bus B !* »

– Lousma (Houston) : « *Compris, chute bus B. Restez à l'écoute, Apollo 13, on s'en occupe.* »

À ce moment les hommes au sol ne savent pas encore que l'accident est grave. La pression monte dans la salle de Houston et dans une salle voisine où plusieurs contrôleurs suivent les systèmes électriques et d'environnement d'*Apollo 13*. Les chiffres des consoles des contrôleurs sont complètement fous, et les données incohérentes !

Il règne un début de panique au sol, mais les astronautes n'ont pas connaissance des conversations suivantes : Liebergot, « EECOM », chargé des systèmes électriques à Houston a le souffle coupé.

L'un de ses ingénieurs réagit sur la ligne, avec une réplique qui résume parfaitement le ressenti des hommes de Houston ;

– Georges Bliss (Houston) et ingénieur électricien : « *On a plus qu'un problème !* »... (ndla : Lisant les données de sa console)
« *On a perdu la pression du deuxième réservoir d'oxygène !* ».

– Liebergot : « *OK les gars. Les batteries 1 et 2 sont à plat !* »

Un réservoir d'oxygène a semble-t-il explosé, et c'est pour le moins très inquiétant !

C'est ce qui ressort de l'analyse des alarmes et des données disponibles qui arrivent dans les minutes qui suivent. Nous sommes le 13 avril 1970 à 21 h 07 (ndla : Encore un nombre "13" !). L'équipage d'*Apollo 13* réalise que leur vaisseau a une panne grave. Le complexe électrique et une partie du système de pressurisation d'*Apollo* sont en panne !

Malgré certaines informations plus rassurantes, venues de Haïse, et redonnant de l'espoir :

– «*Houston, ici ça va bien maintenant. Le voltage a l'air bon.* »...
« *On a eu un gros bang qui a coïncidé avec les signaux d'avertissement et les alarmes.* » Et Lousma imperturbable au sol :

– Lousma (Houston) : « *Bien compris, Fred* ».

Les astronautes tentent alors de fermer l'écoutille, qui sépare la cabine du module lunaire mais sans parvenir à la verrouiller...

Bien que les ingénieurs pensent que les équipements au sol donnent des informations erronées, il se confirme vite que deux piles à combustible sur les trois d'Apollo 13 sont totalement H.S. !

C'est elles qui doivent produire de l'électricité tout au long du vol. La NASA ne transige pas avec la sécurité en autorisant un alunissage dans de telles conditions et avec une pile seulement.

Il semble exclu d'aller « gambader » sur la lune pour Haïse et Lovell, privés d'équipements et de systèmes redondants car cette énergie est vitale pour leur survie, surtout en cas d'autre avarie !

Le type de décision qui se profile et qui ne va pas tarder à venir des contrôleurs de Houston est difficile à admettre, surtout pour Lovell, le commandant qui arrive pour la deuxième fois autour de la Lune!

– Lovell (Apollo 13) parlant à ses coéquipiers :

« Si les données sont exactes, fini l'alunissage ».

Swigert communique d'autres nouvelles encore plus alarmantes, en lisant les instruments :

– Swigert (Apollo 13) : « Sous-tension dans le bus A. 25 volts et demi environ. Le B vient de tomber à zéro à l'instant ».

– Lousma(Houston) : « Compris ».

Lovell (Apollo 13) : « *Les piles 1 et 3 affichent le drapeau gris, mais elles sont à débit zéro* ».

– Lousma (Houston) : « Pris note ».

– Lovell (Apollo 13) : "C'est pas tout, Jack. L'oxygène cryo du réservoir affiche zéro. T'as bien reçu ça ? »,

– Lousma (Houston) : « *Oxygène quantité zéro* ».

Lovell, dans un vaisseau qui s'est mis à tanguer et à « rouler » de façon incontrôlée, vogue toujours à plus de 3200 km/h vers la Lune. Il décrit visuellement en regardant à travers les hublots, les dégâts occasionnés sur le vaisseau Apollo. Il constate qu'Apollo perd quelque chose dans le vide, qui ressemble à un gaz!

– Jim Lovell raconte, (Apollo 13) :

« *J'ai l'impression que nous avons une fuite vers l'extérieur...*
Nous sommes en train d'évacuer quelque chose dans l'espace! ».

– Lousma (Houston) : « *Compris. Nous notons il y a fuite.* »

– Lovell (Apollo 13) : « *C'est du gaz, semble-t-il* ».

– Lousma (Houston) : « *Tu peux donner des précisions ?*
D'où sort-il ? »

– Lovell (Apollo 13) :

« *Pour l'instant, ça se manifeste à travers le hublot droit n° 1* ».

– Lousma (Houston), parlant sur le réseau de diffusion général de la salle de contrôle : « *L'équipage pense qu'il y a une fuite.* »

Les dialogues suivants ne sont pas entendus par les astronautes, et restent internes au centre.

– G. Kranz, (Directeur du vol - Houston) : « J*'ai bien entendu.* »

– Lousma (Houston) : « *Vous avez bien compris vol ?* »

– G. Kranz, (directeur de Vol - Houston) : « *Cinq sur cinq!* ».

(*ndla : Sources issues du livre Apollo 13, chez R. Laffont, 1995*) :

À ce moment-là, Gene Krantz est aux commandes du vol *Apollo 13*, à la salle de contrôle. Une fois de plus, son charisme et son « cran » vont être déterminants pour gérer cette situation de crise qui ne fait que commencer...

– G. Kranz, Directeur de Vol- Houston), s'adressant aux contrôleurs : « *Bon...Que chacun garde son calme. Attention à ne pas faire sauter l'alimentation électrique, ni provoquer la perte de la pile 2. Il nous faut trouver la solution du problème, pas l'aggraver par des suppositions hasardeuses.* »

Le réservoir d'oxygène N° 1 d'*Apollo* est en bon état, bien que très vite, Lovell constate qu'il fuit aussi, mais très lentement !

La pile à combustible N° 2 fonctionne.

Qu'en est-il alors de la suite donnée à cette mission ?

Quelle va être la décision prise par Houston ?

Quand et comment la femme de Lovell va-t-elle apprendre la nouvelle ? Et l'épouse de Haise ? En moins d'un quart d'heure de route Marylin Lovell arrive chez elle, venant tout juste d'assister à la retransmission en salle VIP, à la télévision de la mission *Apollo 13*, et au même instant dans l'espace beaucoup d'événements viennent d'avoir lieu.

Elle ne sait encore rien de l'accident lorsqu'elle tourne la clé dans la serrure de la porte, accompagnée de ses deux filles. Elle retrouve Elsa la nounou qui garde son petit dernier : Jeffrey, le quatrième enfant de la fratrie Lovell, à qui son papa a promis de lui rapporter une « pierre » de Lune.

(*Sources Apollo 13, Lovell et Kluger, chez Robert Laffont, 1995*) :

– Elsa : « *Alors, comment ça s'est passé pour Jim ?* »

– Marylin Lovell : « *Il a été formidable, heureux, détendu. Ils ont vraiment l'air de s'amuser là haut. Comment va Jeffrey ?* »

– Elsa : « *Il dort déjà, il s'est assoupi d'un coup.* »

Arrivant dans le Salon, Marylin est surprise par la présence d'un Officier des relations publiques de la NASA. Comme lors d'*Apollo 8*, il assure la protection des familles envers la presse. Oubliant un moment la mission et son mari dans l'espace, à 300 000 km du domicile, Marylin se fait un café, puis des voisins arrivent : Peter Conrad *(Apollo 12)* et Jane son épouse.

– Jane Conrad (s'adressant à Marylin) : « *Tu l'as vu ?* »

– Marylin Lovell : « *Oui, tous les trois. Ils ont l'air en pleine forme. Apparemment tout se passe comme prévu.* »

– Peter Conrad (ex. *Apollo 12)* : « *Jim est aux commandes d'un vaisseau très complexe.* »

– Marylin Lovell : « *J'aurais seulement préféré qu'ils retransmettent l'émission à la télévision, juste pour que les gens voient tout ce qu'ils font. C'est vraiment du beau travail.* »

– Jane Conrad : « *Ils passeront un reportage d'une minute ou deux dans le journal du soir, ne serait-ce que pour rappeler aux gens qu'ils sont là haut.* »

Proposant un café à ses convives, Marylin se dirige vers le téléphone qui vient juste de sonner.

– Une voix hésitante : « *Marylin ? C'est Jerry Hammack.*
J'appelle du Centre (de Houston). »

– Marylin : « *Jerry ?*
Comment se fait-il que tu travailles si tard ? ».

– Jerry Hammack (Responsable de l'équipe de récupération des capsules au moment de l'amerrissage, ami et voisin des Lovell) : « *Je voulais simplement te dire de ne pas te faire de bile. L'URSS, le Japon et bien d'autres pays se sont déjà offerts pour la récupération. On pourra les larguer sur n'importe quel océan et les faire monter à bord d'un porte-avions en un clin d'œil.* »

– Marylin Lovell, qui pense que son interlocuteur a bu : « *De quoi parles-tu Jerry ? Tu as bu un coup de trop ou quoi ?* »

– Jerry Hammack (Responsable de la récupération des capsules) : « *Personne ne t'a dit ?* »

– Marylin Lovell : « *M'a dit quoi ?* »

– Jerry Hammack : « *Qu'il y avait un problème...* »

– Marylin Lovell : « *Quel problème ? Jerry, je viens de voir Jim à la télévision du Centre. Tout va bien !* »

– Jerry Hammack : « *Euh, eh bien..., Tout ne va pas si bien. Il y a quelques pépins.* »

– Marylin Lovell : « *Quels pépins ?* »

– Jerry Hammack : « *Eh bien... pour l'essentiel un problème d'alimentation électrique. En fait il s'agit des piles à combustible. Ils vont manquer d'électricité et ne pourront pas alunir*»

– Marylin Lovell : « *Oh, Jerry, c'est affreux, dit-elle. Jim a telle-ment travaillé pour ça ! Il va tellement être déçu !* »

– Jerry Hammack : « *Ça, oui, il va être déçu. Quoi qu'il en soit, je voulais te dire de ne pas t'inquiéter.*
Ici on fait tout ce qu'on peut. »

Une fois le téléphone raccroché, un autre sonne, et il en est ainsi chez d'autres astronautes.

La nouvelle de l'accident se répand très vite dans les alentours à Houston où logent la plupart des ingénieurs et astronautes de la NASA.

Comment se fait-il que Marylin Lovell, qui vient de voir son mari en pleine forme (ndla : Bien qu'apparaissant avec une barbe de trois jours comme c'est la tradition pour tous ceux qui vont vers la lune), est dérangée au téléphone par un ingénieur qui lui parle de repêcher la capsule *Apollo* et son mari sur n'importe quel océan ?

En effet, cela fait partie de la solidarité des États qui proposent déjà de mettre à la disposition de la NASA leurs moyens de secours, pour récupérer un vaisseau spatial en perdition qui doit regagner la terre.

Que s'est-il passé alors ?

Les ingénieurs parlent déjà d'un retour d'*Apollo 13* alors qu'ils arrivent dans la banlieue de la Lune !

Pour en avoir le cœur net et réalisant que Conrad est pâle et que ceux qui savent quelque chose tentent de la ménager, en lui cachant la vérité, Marylin Lovell allume la télévision :

Sur la chaîne ABC en direct il y a Jules Bergman, le célèbre journaliste, très alarmiste qui explique ce qui s'est passé à bord d'*Apollo 13*.

Il indique aussi que les astronautes ne peuvent alunir et doivent regagner la Terre, en pronostiqant qu'il n'y a que 10 % de chances de voir l'équipage revenir vivant !

La nouvelle est plutôt brutale !

Cette nouvelle fait très vite le tour de tous les organes de presse, qui trouvent de nouveau de l'intérêt à cette mission, jugée au départ de « routine », et qui ne l'est plus :

Ramener trois naufragés en perdition entre Terre et Lune ! Une situation encore jamais rencontrée auparavant, quel scoop !

Kranz dérange Kraft au téléphone (ndla : Sa hiérarchie directe, ancien directeur de vol) sous la douche, et prêt à aller se coucher ;

il lui demande de venir au centre à Houston dans les plus brefs délais.

– Kranz (au téléphone depuis Houston) : « *Tu ferais mieux de rappliquer tout de suite. Nous avons un fichu problème. On a perdu la pression d'oxygène, le panneau d'alimentation électrique, et on est en passe de perdre les piles. Tout se passe comme s'il y avait eu une explosion.* »

– Kraft (au téléphone, sortant de sa douche, chez lui) :

« *Bouge pas Gene, j'arrive.* »

Nous sommes exactement à la 57ème heure de vol de la mission *Apollo 13*, les épouses des astronautes viennent d'apprendre la nouvelle par la NASA et reçoivent le soutien qui s'impose dans de telles circonstances.

D'autres astronautes et leurs épouses répondent à l'appel : C'est la solidarité des « gens » de l'espace, quand l'un des leurs est dans le pétrin.

Kraft prend sa voiture et se précipite sur la route en direction de Houston, Bergman a rejoint son studio de télévision. Kranz n'était pas du style à crier à l'aide, mais Kraft avait une expérience inestimable d'ancien directeur de vol, un métier difficile car c'est lui qui est responsable du dénouement de la crise, car en dernière instance, c'est lui qui a une vue d'ensemble de la situation.

Il demande alors à ses contrôleurs de mobiliser tous les ingénieurs disponibles – même s'ils dorment – et tous ceux qui connaissent les moindres boulons, diodes, transistors équipant les vaisseaux Apollo. Ils ne vont pas devoir seulement se relayer nuit et jour devant les consoles, ils vont coucher aussi sur place à Houston.

D'autres vont travailler dans des salles adjacentes à celle réservée aux contrôleurs principaux du vol. C'est ainsi qu'une nouvelle équipe dite « le Tigre », placée sous la direction de Kranz complète le dispositif pour étudier et préparer un nouveau programme de vol et de nouvelles procédures.

En effet un premier bilan de la situation indique que le moteur principal qui les propulse est hors service !

La décision que redoutent tant les astronautes tombe comme un couperet : Pas d'alunissage !

Le vaisseau se vide de ses réserves d'oxygène, l'électricité baisse et doit être économisée.

Houston retire définitivement du programme de vol la descente et la mission sur la lune.

Le seul objectif, et qui n'est pas l'un des des moindre est maintenant d'assurer le retour d'*Apollo 13* et de ses trois astronautes sains et saufs, avec les moyens du bord !

Pourtant Kranz, qui pense un moment qu'il est encore possible de sauver la mission sur le plan scientifique, après avoir été convaincu par l'ingénieur Liebergot (EECOM), tente une dernière « manip » pour essayer d'arrêter la fuite de gaz d'*Apollo 13* vers le vide extérieur : Fermer définitivement les deux valves de reflux des piles à combustible défaillantes.

– Liebergot (EECOM-Houston) : « *Je voudrais fermer les valves de reflux en commençant par la pile à combustible n° 3, pour voir si nous pouvons arrêter la fuite.* »

– Kranz (Houston) : « *Tu veux fermer la valve 3 ?* »

– Liebergot (EECOM-Houston) : « *T'as bien compris ?* »

Puis des instructions irréversibles sont données au Capcom qui les transmet à l'équipage d'*Apollo 13* :

– Lousma (Capcom-Houston) : « *OK, 13, ici Houston. Il nous semble qu'on perd de l'oxygène par la pile 3. Pouvez-vous fermer la valve de reflux de la pile 3 ? Répétez.* »

À cet instant les astronautes ne répondant pas immédiatement aux instructions, comprennent que c'est irréversible (ndla : Fermer une pile à combustible : C'est irrémédiable.)

– Haïse (Apollo 13) : « *Ai-je bien compris. Tu veux le grand jeu, avec mise hors circuit d'une pile ?* »

– Lousma (Houston) : « *Affirmatif.* »

– Haïse (Apollo 13) : « *Ça y est, c'est officiel » (ndla : Il ne sera pas le sixième homme sur la lune !* »

– Lovell (Apollo 13) : « *C'est bien fini » (Il ne sera pas non plus le cinquième homme sur la lune !* »

Swigert (Apollo 13) : « *Désolé, On a fait ce qu'on a pu.* »

À cet instant chacun réalise que le module de commande est en train de « rendre l'âme », les astronautes vont devoir évacuer et se réfugier dans le module lunaire qui ne peut accepter que deux hommes pendant 48 h, au niveau de ses réserves, et non trois astronautes pendant quatre jours !

– Liebergot (EECOM - Houston) s'adressant à Kranz :

« *...Il faudrait songer à aller dans le LEM.* »

– Kranz (Houston) : « *Compris, EECOM.* »,

et s'adressant aux ingénieurs responsables du LEM :

« *Je voudrais des gars qui me calculent la puissance minimale assurant la survie dans le LEM.* »

– « *Compris.* »

– Kranz (Houston) : « *Et je parle d'un LEM occupé en permanence.* »

– « *Bien compris ça aussi.* »

– Dans l'Espace, Swigert et ses collègues, plongés dans l'obscurité (ndla : Restriction oblige) de la cabine observent d'autres données très alarmantes provenant du réservoir N° 1 :

– Swigert (Apollo 13) : « *Houston, on dirait que la pression d'oxygène frise les 15 kg.*

Est-ce que ça continue à descendre ? »

– Lousma (Houston) : « *ça se rapproche doucement du zéro. On pense déjà au LEM comme canot de sauvetage.* »

– Swigert (Apollo 13) : « *Oui, nous aussi.* »

À cet instant chacun a pris conscience qu'il faut évacuer la cabine et rejoindre le LEM, ce qui ne semble pas déplaire à Haïse et Lovell, qui l'auraient d'ailleurs fait plus tard à l'occasion de la descente vers la lune, mais là il s'agit d'une mesure de survie !

– Haïse (Apollo 13) : « *Je ne pensais pas revenir ici aussi tôt.* »

– Lovell (Apollo 13) : « *Sois content qu'on puisse y revenir.* »

Les astronautes s'affèrent alors à réveiller le LEM, puis Houston les pressent de plus en plus pour qu'ils laissent tomber la cabine. Liebergot (EECOM) et les autres ingénieurs refont encore leurs calculs à la demande de Kranz : Les réserves en oxygène de la cabine baissent à vitesse « grand V ».

Il ne reste plus que quinze minutes de vie dans la cabine et les astronautes doivent encore transférer des données du calculateur :

À savoir le programme de guidage et de navigation vers l'ordinateur du LEM; la tension monte face aux instructions qui doivent se faire en un temps record.

Lovell hésite même en faisant ses calculs et demande l'assistance de Houston, car il doit convertir des données que lui crie Swigert depuis la cabine pour les rentrer dans le calculateur du LEM, et il craint de se tromper :

– Lovell (Apollo 13) : « *Houston. J'ai des chiffres, mais je voudrais que vous vérifiez mon arithmétique avant de continuer.* »

– Lousma (Houston) : « *OK Jim.* »

– Lovell (Apollo 13) : « *L'angle de roulis CAL est à moins de 2 degrés. Les angles du module de commande sont 355,57 ; 167,78 et 351,87.* »

– Lousma (Houston) : « *Compris bien noté.* », Les ingénieurs Navigation au sol font des vérifications, levant le pouce pour confirmer :

– Lousma (Houston) : « *OK, Apollo 13, vos calculs sont bons !* »

Pendant plusieurs minutes des échanges entre Houston et l'équipage se déroulent sans discontinuer : Disjoncteurs, interrupteurs, et cadrans sont manipulés et réglés : Des manips qu'effectuent les astronautes en un temps record puis Lovell annonce enfin que la cabine Apollo et sont module lunaire sont « opérationnels » :

– Lovell (Apollo 13) : « *OK, Aquarius (Nom de code du LEM) est bon pour le service, et l'on a arrêté Odyssée (ndla, nom de code du mo dule de commande, c'est-à-dire la cabine) selon les instructions que vous avez transmises à Jack.* »

– Lousma (Houston) : « *Compris, noté. C'est bien ce qu'on voulait.* »

La cabine *Apollo* est maintenant plongée dans l'obscurité avec l'espoir qu'elle puisse être réactivée au retour lors de la rentrée atmosphérique !

L'équipage se trouve maintenant dans un véhicule doté de ses propres moyens énergétiques. Un premier problème vient donc d'être résolu, reste alors à étudier le scénario de la route à prendre pour rentrer au bercail. Après d'âpres discussions, les ingénieurs au sol et les concepteurs des vaisseaux *Apollo* prennent la décision de laisser *Apollo* sur un chemin de libre retour vers la terre après avoir approché de la lune pour être capturé par le champ gravitationnel.

Lovell connaît bien cela, il a utilisé ce type de trajectoire lors d'*Apollo 8*, ce trajet est beaucoup plus long que d'interrompre le vol en faisant demi-tour sur place « plein gaz » pour revenir vers la terre en évitant la Lune. Beaucoup au sol abandonnent ce dernier scénario car ils craignent que le moteur principal d'Apollo ne soit hors service et qu'il ne leur explose aux « fesses » !

Le LEM dispose de deux moteurs, un de descente (ndla : Pour se poser sur la lune) et un de remontée (ndla : Pour le redécollage), mais les ingénieurs vont leur demander des manœuvres pour lesquels ils n'ont pas été préparés, ils se retrouvent alors en face d'une véritable inconnue !

La trajectoire a dévié mais une mise à feu de type "PC + 2" est exécutée par l'équipage après 79 h 27 minutes de vol, plaçant ainsi Apollo sur une trajectoire de retour vers la terre assez précise dont le but est de réduire la durée du trajet : Lune-Terre.

Juste après avoir tourné autour de la Lune, en passant derrière sa face cachée, après 61 h 29 minutes de vol *Apollo* effectue avec succès un premier allumage du moteur du LEM, et se place sur une trajectoire de libre retour.

Tout le monde applaudit le succès de ces manœuvres à Houston, mais à ce moment c'est un « crève-cœur » pour les astronautes de devoir observer la lune par les hublots et de ne pas pouvoir y descendre pour faire de la prospection comme le souhaite Haïse, où bien encore pour Lovell qui a promis à son fils de lui ramener un « caillou » de la Lune...

En effet Jeffrey Lovell sent bien qu'il se passe quelque chose à la maison, avec sa maman qui a dû négocier pour ne pas voir « débarquer » une meute de journalistes à son domicile, qui veulent installer une antenne de télévision dans le jardin.

Des voisins et des membres de la famille Lovell sont arrivés en renfort. Quelle ambiance, et il est réveillé par le bruit. (*ndla : Dialogues extraits d'Apollo 13, Jim Lovell, éd. Robert Laffont, 1995.*)

– Jeffrey Lovell (4 ans) : « *Pourquoi il y a tant de monde ici ?* »

– Adeline Hammack (une voisine des Lovell montée dans sa chambre voir comment il dort) : « *Tu sais où va ton papa, cette semaine.* »

– Jeffrey Lovell : « *Sur la Lune.* »

– Adeline Hammack : « *Et tu sais ce qu'il voulait faire, une fois arrivé là-haut ?* »

– Jeffrey Lovell : « *Se promener dessus.* »

– Adeline Hammack : « *C'est ça. Seulement, on dirait que quelque chose*

CHRONOLOGIE DES SÉQUENCES DU VOL APOLLO 13 - AVRIL 1970

Heure mission	Date et heure de Houston	Phase du vol Apollo 13
00 h 00' 00"	samedi 11 avril 13 h 13'	Décollage
02 35' 45"	samedi 11 avril 15 h 48'	Injection orbite lunaire
30 40' 50"	dimanche 12 avril 19 h 53'	Correction à mi-parcours abandon trajectoire de retour libre
55 11' 00"	lundi 13 avril 20 h 24'	Début de la dernière émission TV
55 54' 53"	lundi 13 avril 21 h 07'	Explosion du réservoir d'oxygène N° 2
57 37' 00"	lundi 13 avril 22 h 50'	Abandon du module de commande par l'équipage
61 29' 43"	mardi 14 avril 02 h 43'	mise à feu du moteur du LEM et trajectoire de retour libre
77 02' 00'	mardi 14 avril 18 h 15'	Disparition du vaisseau derrière la face cachée
79 27' 39"	mardi 14 avril 20 h 40'	Mise à feu du moteur du LEM pour accélération de type PC+2
86 24' 00"	mercredi 15 avril 03 h 38	Fabrication de filtres pour le gaz carbonique en excès
97 10' 05"	mercredi 15 avril 14 h 23'	Explosion de la batterie N° 2 du LEM
105 18' 28"	mercredi 15 avril 22 h 31'	Mise à feu moteur du LEM correction trajectoire
108 46' 00"	jeudi 16 avril 01 h 59'	Explosion du disque d'hélium du LEM
137 39' 52"	vendredi 17 avril 06 h 52'	Mise à feu propulseurs de position
138 01' 48"	vendredi 17 avril 07 h 14'	Largage module service
141 30' 00"	vendredi 17 avril 18 h 15'	Largage du LEM
142 40' 46"	vendredi 17 avril 11 h 53'	Début de la rentrée atmosphérique
142 54' 41"	vendredi 17 avril 12 h 07'	Amerrissage de la cabine Apollo 13 dans l'océan

s'est cassé dans la machine, et il va devoir faire demi-tour et rentrer à la maison. Il ne pourra pas faire sa promenade, c'est vrai.

Mais ce qu'il y a de bien, c'est qu'il rentrera à la maison plus tôt que prévu. Peut-être même vendredi. »

– Jeffrey Lovell : « *Mais il m'a promis.* »

– Adeline Hammack : « *Promis quoi ?* »

– Jeffrey Lovell : « *Il m'a promis de me rapporter un caillou de la Lune ?*». Sourires d'Adeline, gênée.

– Adeline Hammack : « *Je sais. Et je sais qu'il voudrait bien pouvoir le faire, mais cette fois-ci c'est impossible. Quand tu seras grand, tu pourras peut-être aller là-bas lui en chercher un.* ».

Les autres enfants Lovell sont conscients qu'il se passe quelque chose de grave et que leur père vit des heures critiques ! Dans l'espace la vie des naufragés s'organise, il règne un froid glacial dans les vaisseaux plongés dans la pénombre, la température avoisine les 0° C de température.

Haïse dira par la suite en racontant son épreuve que c'était comparable au fait d'aller à la chasse et de se retrouver ensuite en forêt en ayant oublié sa veste ! Mais il n'y a pas seulement le froid, tout est rationné : L'eau, l'oxygène, et les aliments qui sont devenus « infectes » (ndla : Comme en témoigne un hot dog dur comme de la glace présenté par l'un des astronautes) et qui ont perdu de leur saveur.

Haïse se plaint d'un état fiévreux et souffre d'une infection urinaire, Lovell tente de maintenir le moral des troupes, et demande à ses équipiers de tenir bon en leur promettant que dans moins de trois jours ils retrouveront la chaleur du pacifique, à l'amerrissage de la cabine Apollo, et des températures à faire rêver tout vacancier !

Plus tard, Lovell qui en a assez d'être « épié » par la planète entière, concernant son état de santé, en étant surveillé à distance par des capteurs biomédicaux, prend brutalement son sous-vêtement et en arrache tous les capteurs les uns après les autres.

Il est suivi de Haïse et Swigert qui imitent immédiatement leur commandant et en font de même. Panique alors à Houston où le docteur Berry suit sur sa console, la santé des trois astronautes, lorsque des signaux ressemblant à un électroencéphalogramme « plat » s'affichent !

– Docteur Berry (Houston) : « *On les a perdus !* », s'adressant au directeur de vol et au Capcom.

– Kranz (Houston), compréhensif et répondant avec un léger sourire au médecin : « *Bon, je crois que nous assistons à une muti-nerie générale... Laissons leur un peu de mou, ok ?* ».

L'équipage montre une certaine nervosité, c'est compréhensible pour ces « hamsters » enfermés dans une cage, on leur demande aussi régulièrement de faire tourner leur vaisseau par une manœuvre type 'PTC' « barbecue » qui consiste à mettre en rotation leur véhicule pour présenter vers le soleil régulièrement certaines parties de l'engin et pour ne pas rester dans le côté ombre en permanence et tenter de réguler la température.

Un autre problème (ndla : Encore un!), peu après qu'*Apollo 13* se soit mis sur une trajectoire de retour libre, vient se greffer. En effet, les ingénieurs EECOM, chargés d'économiser l'énergie et de gérer les consommables d'*Apollo 13*, au centre de Houston sont inquiets : Une teneur très importante en gaz carbonique est enregistrée dans le LEM.

Ce LEM possède de l'oxygène et de l'énergie pour une durée ne pouvant excéder deux jours (ndla : L'équivalent d'une mission sur la lune), mais pas pour trois astronautes pendant presque quatre jours!

Alors que les astronautes mangent des plats qu'ils ne peuvent réchauffer, Lousma du centre de Houston s'adresse à Haïse :

– Lousma (CapCom – Houston) : « *Fred, quand tu auras fini de mâchouiller ton bœuf tu pourrais peut-être nous dire ce que tu vois affiché pour le CO_2 gaz carbonique) ?* »

– Haise (Apollo 13 – LEM - Aquarius) : « *OK, Je lis treize sur la jauge...Ouais treize.* » (ndla : Il s'agit de treize millimètres de mercure, c'est trop, elles doivent se situer à trois maxi et à sept on doit changer les cartouches).

Tout ceci est très inquiétant, car au-dessus d'une valeur avoisinant les quinze, les cartouches d'hydroxyde de lithium chargées de filtrer et de régénérer l'air ambiant sont saturées. Les premiers signes d'intoxication liés à ce satané gaz carbonique rejeté par les trois astronautes apparaissent!

Les médecins sont formels, cette situation si elle s'empire, les membres d'Apollo 13 vont perdre leur sens d'orientation et leur capacité de jugement. Ils vont avoir des nausées et vont se sentir euphoriques.

Les ingénieurs au sol planchent sur le problème, il y a une solution, mais c'est du système « D ».

En bricolant une boite pour adapter les cartouches d'hydroxyde de lithium venant de la capsule Apollo, on peut les utiliser sur le LEM (ndla : Car les cartouches ne sont pas au même format, il y en a des rondes et des carrées!)

À l'aide d'équipements divers dont certains provenant des combinaisons spatiales inutilisées, avec du papier et du ruban adhésif servant à attacher les sacs de détritus, des tests ont lieu au sol dans un simulateur.

La boite ainsi confectionnée, fonctionne!

Sur les instructions venues de Houston les astronautes reproduisent des gestes similaires pour faire ce bricolage de fortune qui doit leur éviter l'asphyxie !

Après plus d'une heure de bricolage, les astronautes ont fabriqué cette fameuse boite, et confirment par radio,

– Swigert (Apollo 13) : « *OK, nous avons terminé la boîte à hydroxyde de lithium à faire soi-même à la maison.* » ;

Kerwin (Capcom Houston) : « *Bien reçu. Vérifiez si l'air arrive.* »

Après un laps de temps, l'aiguille se met lentement à baisser, de douze elle descend à onze puis arrive à une valeur nominale acceptable.

Ils respirent de nouveau (*ndla : Dans les deux sens du terme*) !

Les ennuis ne sont pas terminés pour autant, la « machine » et les hommes doivent « tenir » jusqu'à la rentrée atmosphérique. Sur le trajet du retour vers la terre, *Apollo* accélère de plus en plus vite. Ils doivent rentrer dans un « corridor » de l'atmosphère extrêmement étroit à la vitesse de 40 000 km/h (*ndla : Soit 11 km/s*) avec un bouclier thermique - chargé de protéger la capsule - qui a peut être souffert dans l'explosion.

Au cas où il serait fissuré, il ne pourrait résister à l'échauffement, et la capsule serait littéralement pulvérisée avec ses occupants en un temps record !

Voilà toutes les inconnues qui viennent à l'esprit des ingénieurs, des familles et des « naufragés » à quelques heures du grand plongeon !

Autre sujet d'inquiétude il faut réactiver la cabine et tous ses systèmes électriques et électroniques alors que tout baigne dans l'humidité. Avant d'aborder l'atmosphère de délicates opérations consistent à larguer le module lunaire (*ndla : Ce LEM, qui a été leur « chaloupe » de sauvetage*), ainsi que le module de service contenant toutes les réserves en carburant et énergie ainsi que les systèmes de propulsion en panne. Le 17 avril 1970 arrive, un jour très attendu par les astronautes, car c'est celui du retour au bercail.

Avant, et lors de la séparation de ce « fameux » module de service (*ndla : salle des machines*) où a eu lieu l'explosion, Lovell est effaré en voyant les dégâts qu'il photographie pour la commission d'enquête.

Au cas où il serait fissuré, il ne pourrait résister à l'échauffement, et la capsule serait littéralement pulvérisée avec ses occupants en un temps record !

Voilà toutes les inconnues qui viennent à l'esprit des ingénieurs, des familles et des « naufragés » à quelques heures du grand plongeon ! Autre sujet d'inquiétude il faut réactiver la cabine et tous ses systèmes électriques et électroniques alors que tout baigne dans l'humidité.

Avant d'aborder l'atmosphère de délicates opérations consistent à larguer le module lunaire (ndla : Ce LEM, qui a été leur « chaloupe » de sauvetage), ainsi que le module de service contenant toutes les réserves en carburant et énergie ainsi que les systèmes de propulsion en panne.

Le 17 avril 1970 arrive, un jour très attendu par les astronautes, car c'est celui du retour au bercail.

Avant, et lors de la séparation de ce « fameux » module de service (ndla : Salle des machines) où a eu lieu l'explosion, Lovell est effaré en voyant les dégâts qu'il photographie pour la commission d'enquête.

– Lovell (Apollo 13) : « *Ça y est, je le vois.Tout un côté est arraché !*», puis viennent les réactions des deux autres astronautes.

– Haise (Apollo 13) :

« *Un panneau entier a sauté. On voit le moteur.* »

– Swigert (Apollo 13) : « *Quel gâchis !* »

Lovell (Apollo 13) : « *C'est incroyable. Je vois des morceaux de métal déchiqueté accrochés à des bouts d'antenne...* »

La capsule est maintenant seule, libérée et réactivée au niveau de ses systèmes de bord, elle plonge dans les couches atmosphériques.

Tout le monde a le « palpitant » mis à rude épreuve et l'on aimerait tellement que cette histoire se termine bien, non ?

Plaqués sur leurs sièges les trois hommes encaissent les décélérations violentes du freinage, l'échauffement est intense, plus de 1500° C de température à l'extérieur, et le bouclier ?

L'angoisse est totale avec un black-out radio de quatre minutes au lieu des trois prévues. Brutalement de nouveau on peut entendre les astronautes :

– Lovell (Apollo 13) : « *Ok, Joe !* »,

À Houston c'est la fête, c'est maintenant de la routine, les parachutes s'ouvrent et l'arrivée dans le pacifique de la cabine se fait avec une précision extraordinaire, « Chapeau bas » !

Facture de dépannage et de remorquage d'*Apollo 13* / N°A441066

...du 13 avril 1970, issue de la firme Grumman Aerospace, constructeur du LEM et envoyée le 17 avril 1970 au bureau de Houston de la société North American Rockwell, le fabriquant principal du vaisseau Apollo (ndla : Humour Américain !) :

1 - Remorquage sur 400 000 miles (640 000 km - 1 mile = 1,6 km) - 4 dollars le premier mile, 1 dollar par mile supplémentaire :
400 004 dollars.

2 - Recharge Batterie + câble démarrage + appel d'urgence :
4,05 dollars

3 - 50 lbs (25 litres) d'oxygène à 5 dollars le litre : 500 dollars.

4 - « Chambre » pour deux personnes (sans télévision, avec électricité, air conditionné et radio, cartes touristiques modifiées, Design amélioré avec vue imprenable). (Contrat NAS-9-1100). Prépayé

5 - Personne supplémentaire 8 dollars la nuit. Les lieux devront être libérés au plus tard le 17 avril, au-delà, séjour non assuré : 32 dollars.

6 - Eau : gratuite.

7 - Service personnalisé + transfert des personnes + prise en charge des bagages : gratuit

Sous total : 400 540, 05 $.
Remise de 20 % (remise commerciale) + 2 % (cash discount) :
- 88 118, 81 $ soit
Total à payer : 312 421,24 $. (Pas de facilité de paiement - Contrat gouvernemental) Paiement 30 jours.

8 - retour sain et sauf : Inestimable ! Getting home alive : priceless.
Lew Evans, Président de Grumman.

**LA MISSION « APOLLO 13 »,
L'EXPLORATION DE LA LUNE ET LE NOMBRE « 13 »**

APOLLO 13 : Numéro d'ordre de cette mission dans le projet Apollo.
JOUR DE DECOLLAGE : 11/04/70 = 1 + 1 + 0 + 4 + 7 + 0 = **13**

DECOLLAGE (HEURE DE HOUSTON) : 11 avril 1970 à 13 h 13

LES NOMS DES ASTRONAUTES DE L'EQUIPAGE D'APOLLO 13 :
(en tenant compte des deux lettres initiales de leur 2ème prénom)
JAMES (AR)thur LOVELL : total de **13** lettres.
FRED (WA)llace HAISE JR : total de **13** lettres.
JOHN (LE)onard SWIGERT : total de **13** lettres.
LE NOM DU DIRECTEUR DE VOL AU CENTRE DE HOUSTON :
EUGENE (FR)ancis KRANZ : total de **13** lettres. (avec initiales).

JOUR D'EXPLOSION A BORD D'APOLLO 13 : **13** avril 1970.

HEURE D'AVORTEMENT DE LA MISSION D'ALUNISSAGE : 22 h **13**.
(heure de Houston le **13** avril 1970, peu après l'explosion).

COÛT DES EXPERIENCES LUNAIRES PERDUES A L'OCCASION DE CETTE MISSION : **13** MILLIONS DE DOLLARS.

VALEUR ANNONCEE PAR L'EQUIPAGE AU NIVEAU DE LA JAUGE INDIQUANT UN EXCES DE GAZ CARBONIQUE DANS LE LEM : **13**

LA LUNE EFFECTUE **13** TOURS DE TERRE PENDANT QUE LA TERRE N'EN FAIT QU'UN SEUL AUTOUR DU SOLEIL !

*AU TOTAL CELA FAIT **13** FOIS LE NOMBRE « **13** »,
ALORS FALLAIT-T-IL LANCER APOLLO 13 VERS LA LUNE ?*

*Page rédigée le **vendredi 13** août 2010*

D'AUTRES NOMBRES « 13 », D0ANS L'AVENTURE SPATIALE

LA SONDE LUNIK 2 PERCUTE LA LUNE LE **13** SEPTEMBRE 1959

CHATALOV (U.R.S.S.) EST LE COSMONAUTE SOVIETIQUE Numéro **13** :
(13ème Soviétique dans l'Espace, Il porte la « poisse » à tel point qu'aux 3 vols qu'il a effectués il y a eu des incidents, confirmation ci-dessous :)
* Le vol Soyouz 4 doit décoller le lundi **13** janvier 1969 à **13** h, Mais le compte à rebours s'arrête à H-10, le vol est reporté au 14 !
* Le vol Soyouz 8 (encore) décolle le lundi **13** octobre 1969, à **13** h un incident de verrouillage de trappe, pas grave le décollage a lieu.
* Le vol Soyouz 10 (toujours avec le cosmonaute Numéro 13 à bord) prévu le 23 avril 1971 est reporté au lendemain à cause d'un mât ombilical qui ne se retire pas de la fusée empêchant le décollage ; Départ le lendemain mais en arrivant sur la station Saliout 1, impossible une fois l'amarrage effectué d'ouvrir le sas, retour vers la Terre abrégeant le vol de Chatalov le Numéro 13, quel Numéro celui-là !

APOLLO 9 RENTRE SUR TERRE LE **13** MARS 1969, UN SUCCES !

LA NASA A EFFECTUE **13** LANCEMENTS DE FUSEES SATURNE 5 D'APOLLO 4 LE 9 NOVEMBRE 1967 AU 14 MAI 1973, POUR LANCER LA STATION ORBITALE SKYLAB (13 SUCCES !)

LA NAVETTE ENTERPRISE LORS D'UN VOL PLANE MANQUE LE CRASH DE PEU SUR LA PISTE LE **13** SEPTEMBRE 1977.

LE BLACK-OUT RADIO DE LA NAVETTE COLUMBIA STS1 DURE **13** MINUTES, EN DECROCHANT DE L'ORBITE LE 14 (raté !) AVRIL 1981.

LA NAVETTE SPATIALE CHALLENGER EXPLOSE LE 28 JANVIER 1986 A LA SOIXANTE-TREIZIEME (**13**) SECONDE DE VOL.

LA NAVETTE SPATIALE COLUMBIA EXPLOSE LE 1er FEVRIER 2003, IL S'AGIT DU 113ème (**13**) VOL D'UNE NAVETTE SPATIALE.

*LE **VENDREDI 13** NOVEMBRE 2009, LA NASA DECOUVRE* SOIXANTE-QUINZE LITRES D'EAU GELEE SUR LA LUNE

*AU TOTAL CELA FAIT ENCORE **13** FOIS LE NOMBRE « **13** », DECIDEMENT DOIT-ON Y CROIRE ? CHANCE OU MALCHANCE, À VOUS D'EN JUGER !*

*Page rédigée le **vendredi 13** mai 2011*

QUATRIEME PARTIE

NAVETTES SPATIALES ET STATIONS ORBITALES OU LA VIE PERMANENTE DANS L'ESPACE

« Je ne suis pas inquiet vis-à-vis des problèmes attendus. Ils sont maîtrisés. Ce qui me cause souci, ce sont les inconnues, les choses qui ne se sont jamais produites auparavant, ce à quoi nous n'avons pas pensé ou n'avons pas pu penser parce que la configuration du STS diffère radicalement de ce que nous avons pu voir en vingt ans de lancement spatial. ».

John Yardley
Patron du programme de la navette spatiale à la NASA s'exprimant juste avant le premier vol du 12 avril 1981

« Ce premier vol comporte 90 % des risques du programme ».

Deke Slayton, responsable de mission en avril 1981

12 AVRIL 1981, STS-1 : YOUNG LE "BARON" DE LA NASA DIRIGE COLUMBIA
IX

Le 12 avril 1981, le vétéran et « baron » des astronautes américains de la Nasa, John Young devient le premier commandant de bord à faire décoller une navette spatiale depuis le Centre spatial Kennedy en Floride. Cette toute première mission orbitale effectuée avec la navette *Columbia*, se déroule avec succès hormis un tir avorté le 10 avril qui s'interrompt en phase finale du compte à rebours, à la suite d'un problème de pile à combustible et d'ordinateur de bord. John Young qui est secondé par Robert Crippen pour ce vol, est aujourd'hui un « retraité » heureux et comblé, titulaire de six vols spatiaux. Il est un pilote d'essai émérite qui fût le premier homme à piloter en conditions réelles un vaisseau spatial en 1965 (mission Gémini 3) avant d'effectuer deux missions Apollo.

C'est d'ailleurs lors de son deuxième vol lunaire: Apollo 16 de 1972, alors qu'il roule sur la lune en jeep (ndla: Lunar Rover), qu'il apprend que le Président Richard Nixon et la Nasa engagent officiellement le programme « Shuttle ». Il ne sait pas encore, à ce moment-là, qu'il en sera le premier commandant de bord!

Ce véhicule spatial dit « semi-réutilisable » (à l'inverse des capsules et des fusées classiques que l'on utilise qu'une seule fois) se compose de deux gigantesques fusées à poudre (boosters), et d'un réservoir géant de 700 tonnes d'hydrogène et d'oxygène liquides.

Ce dernier haut de 47 m (ndla: L'équivalent d'une tour de quinze étages), est chargé d'alimenter les trois moteurs principaux SSME de 500 tonnes de poussée chacun (ndla: Soit quatre fois la puissance du moteur *Vulcain* de la fusée Ariane 5 ECA!). Ils sont montés sous l'orbiteur (ndla: La partie « avion » réutilisable qui ressemble à un planeur à aile delta) de la navette spatiale.

Ce premier vol historique de l'avion spatial américain a lieu de façon très symbolique, vingt ans jour pour jour après le vol du Soviétique Youri Gagarine (12 avril). Il s'agit en fait avec ce vol d'avril 1981, du retour de l'Amérique dans l'Espace après six ans d'absence sur orbite.

Auparavant elle a réalisé une mission spatiale conjointe en juillet 1975 en guise d'armistice « spatiale », entre Soviétiques et Américains autour de la Terre. Au cours de cette mission Apollo-Soyouz mémorable, Leonov et Stafford échangent une célèbre poignée de main dans l'espace, en signe de « détente » et de fin de course à la Lune!

L'espace entre alors dans une nouvelle ère: Celle de la vie sur orbite terrestre, de l'espace utile et applicatif, ou l'on doit s'y rendre régulièrement pour y travailler.

Dans ce contexte-là, les Soviétiques ont lancé dès le 19 avril 1971 (ndla: Dix ans tout juste après le vol de Youri Gagarine) la première station orbitale, *Saliout 1*. Un appartement dans l'espace beaucoup plus spacieux que les capsules utilisées pendant la première décennie spatiale. Cela permet de faire vivre et travailler des astronautes et cosmonautes pendant plusieurs semaines ou mois d'affilés en « bras de chemises ».

C'est le temps des stations orbitales chez les Soviétiques, mais aussi chez les Américains avec leur cathédrale de l'Espace: Skylab lancée en 1973. Partie ensuite à la dérive, attendant qu'une navette puisse aller la rejoindre pour remonter son orbite avant 1980, pour lui éviter sa chute dans l'atmosphère terrestre.

En ce 12 avril 1981, 2 700 journalistes et un million de spectateurs (ndla: Comme au bon vieux temps d'Apollo) sont présents en Floride au Kennedy Space Center pour assister au décollage de la navette « *Columbia* / STS-1 » qui emporte l'équipage Young / Crippen dans le cockpit.

Très vite au cours de la phase ascensionnelle, ce tout nouvel engin révolutionnaire va « engloutir » pas moins d'une tonne d'hydrogène et d'oxygène liquides à la seconde ainsi que dix tonnes de poudre dans ce même laps de temps!

Tout ceci pour passer le mur du son (ndla: Mach 1, soit 1100 km/h environ) en 53 secondes et Mach 5 une minute plus tard!

Les astronautes et la navette rejoignent l'orbite terrestre seulement neuf minutes après le décollage! Attachez vos ceintures! Et revenons à la genèse de ce projet...

Au début de la conception du programme « NAVETTE »: Tout commence par des décisions politiques et techniques plutôt timorées de la part des Américains et de Richard Nixon. En effet en 1972, le contexte qui voit le démarrage de ce projet n'est pas celui le plus propice: La Nasa termine son programme *Apollo* plus tôt que prévu, en supprimant trois missions lunaires (ndla: *Apollo 17* en décembre 1972 est la dernière, les vols Numéros 18 à 20 ne verront jamais le jour), pour des raisons budgétaires.

Elle a néanmoins dans ses cartons des projets très ambitieux: Des stations orbitales géantes, l'utilisation de la propulsion spatiale nucléaire et un projet de vol martien avant l'an 2000 (*ndla: von Braun a même imaginé après Apollo, l'homme sur Mars dès 1986 !*)

Tout ceci a quelque chose de très euphorisant, où tout semble possible à l'Amérique triomphante qui avait battu les Soviétiques à « plat de couture »! Mais le « soufflé » retombe assez vite, Nixon élu depuis peu et face aux budgets pharaoniques nécessaires à ce nouveau rêve américain va vite prendre d'autres orientations.

En guise de station spatiale géante, et en rationalisant les moyens restants du projet Apollo, une station de moindre taille et de moindre coût est développée: *Skylab* (ndla: Avec un étage supérieur de fusée lunaire) habitée en 1973 et 1974.

Reste alors un autre projet, qui lui n'est pas abandonné, celui de concevoir une navette spatiale, pour réaliser des vols vers des stations de façon régulière, et en réutilisant le même véhicule.

Au moment de la décision de mars 1972, beaucoup pensent aussi qu'il sera possible de réduire les coûts d'accès à l'espace, mais l'avenir démontrera très vite qu'il n'en est rien. Au printemps 1972, et après de nombreuses études préalables la Nasa lance un appel d'offre auprès de l'industrie.

Un contrat est finalement conclu avec la firme North American Rockwel qui possède déjà l'expérience du vol d'un avion-fusée mythique: Le *X15,* qui est largué depuis un bombardier B52.

Une première navette spatiale sort d'usine en septembre 1976 pour prendre le chemin de la célèbre base d'essais d'Edwards. Elle repose sur un Boeing *B747* porteur au fuselage renforcé qui doit lui permettre de réaliser des essais en vol plané simulant le retour sur une piste comme un avion mais sans aucun moteurs !

Cette navette est grande comme un avion « *DC9* », d'une longueur de vingt-sept mètres et d'un poidd d'environ soixante-dix tonnes à vide.

Elle a un ventre recouvert de 31 000 tuiles de matériaux, qui doit la protéger des échauffements subis lors de la rentrée atmosphérique.

Cette navette « Enterprise », doit réaliser une série de vols solidement amarrée à un « Jumbo », un attelage gigantesque (avion + navette) pesant près de 270 tonnes !

Ces essais, appelés « vols captifs » se déroulent au début de l'année 1977 sans effectuer de largage, puis le grand jour du premier vol plané libre est annoncée pour le 12 août 1977.

Pour ce test réel la Nasa fait appel à un équipage chevronné : Avec Haise et Fullerton (ndla : Le premier étant l'un des naufragé héroïque du vol Apollo 13 d'avril 1970), le second a connu des accidents et incendies à bord de nombreux aéronefs les plus divers !

Montés à 7 400 m d'altitude et volant à plus de 500 km/h, grâce au Boeing 747, les astronautes déclenchent alors les boulons explosifs, pour désolidariser leur navette de l'avion. Puis Enterprise effectue son extraordinaire vol plané sans moteurs, pilotée par les astronautes ravis de ces nouvelles émotions.

Après plus de cinq minutes de vol libre Haise se pose sur le lac asséché de Californie, sur la piste dix-sept longue de onze kilomètres. La vitesse avoisine les 345 km/h, Enterprise s'immobilise au bout de 3,4 kilomètres de roulage !

Ce jour-là une étape décisive est franchie : Celle qui doit permettre avant 1980, si tout va bien, d'effectuer le premier vol orbital complet d'une navette spatiale (ndla : Du décollage à l'atterrissage).

À la fin de l'année 1977 le programme d'essais (ALT) d'Enterprise se termine couronné de succès, Haise parvenant même à poser la navette sur une piste en béton de seulement 3600 mètres de longueur (ndla : Pas le droit à l'erreur, car il n'y a pas de moteurs !).

De 1978 au début de l'année 1981, de nombreux essais décisifs ont lieu, pour démontrer qu'une navette spatiale au complet avec boosters et réservoir externe sont totalement compatibles avec les installations (VAB) du Kennedy Space Center.

Ensuite, il reste à régler le problème de la protection thermique et des tuiles (plus de 30 000) qui doivent être collées à même le ventre de la navette et sans se décoller ! Quel casse-tête !

Le dernier grand volet concerne le développement des trois moteurs principaux qui équipent la navette au décollage.

Leur particularité est qu'ils utilisent des carburants dangereux : Hydrogène et oxygène liquides, et qu'ils fonctionnent à très forte poussée et à haute pression (dès le niveau de la mer), une première en 1980 !

Lors d'essais de nombreux moteurs explosèrent, mais c'est le 17 janvier 1981 (enfin!) que sur un banc d'essais des moteurs « SSME » de ce type « crachent du feu » pendant plus de dix minutes à la poussée maximale (ndla: Plus de temps qu'il n'en faut pour être dans l'espace).

La Nasa après des années d'efforts finit par donner son « GO » pour préparer le premier vol spatial au début de 1981.

Dès le 24 novembre 1980 cette navette *Columbia* (*ndla: Sortie d'usine depuis peu*) arrive sur un crawler à chenilles géant, dans le building « VAB » (Celui-là même qui assembla les fusées Saturne 5). Équipée de ses boosters (fusées latérales), on lui fixe sur le dos son énorme réservoir externe, et à la fin de l'année 1980 l'ensemble ainsi constitué rejoint le pas de tir « 39A » d'où elle doit partir pour l'Espace.

Comme tout nouveau programme spatial, celui de la navette avait pris deux ans de retard, car émaillé de problèmes, d'incidents et d'avatars divers liés à la complexité technique du développement d'un engin spatial réutilisable de ce type.

Finalement *Columbia* est définitivement installée sur le pas de tir « 39A » du Cap Kennedy le 29 décembre 1980. Son lancement est reporté à plusieurs reprises au premier trimestre 1981, car déjà à l'époque la protection thermique du réservoir externe doit être réparée sur le pas de tir bien avant le vol.

Le lancement réel approche, en effet le compte à rebours peut commencer le 5 avril 1981. Deux semaines auparavant un test extrêmement critique d'allumage et de fonctionnement des moteurs de la navette spatiale se déroulent pendant vingt secondes sur le pas de tir.

Ce « tir statique » du 21 février 1981 avec chronologie de lancement en conditions réelles, couronné de succès permet de planifier le lancement de Young et Crippen, pour le 10 avril suivant. Mais le 10 un problème de synchronisation d'ordinateurs ainsi qu'un problème de pile à combustible sur la navette arrête brutalement le compte à rebours, ce n'est que partie remise pour Young et Crippen. 48 heures à patienter...

Tout est finalement très vite reprogrammé et le lancement va avoir lieu le 12 avril 1981 (ndla: Jour de la cosmonautique chez les Russes, en souvenir du vol de Gagarine!).

Tout ceci n'arrange pas la Nasa qui est régulièrement critiquée pour les deux ans de retard pris par ce programme, notamment par des élus du Congrès Américain.

Par contre les astronautes sont très confiants et prêts à décoller, comme ils l'indiquent peu avant le vol du 12, à l'occasion d'une conférence de presse:

– John Young (Commandant) : « Nous sommes entraînés à 130 % et prêts à partir ! »,

– Robert Crippen (Pilote) s'exprimant sur les objectifs de la mission STS-1 : « C'est un vol d'essai de 54 heures. Il s'agira de vérifier que nous pouvons nous placer sur orbite sans problème, faire fonctionner les différents systèmes de bord et réaliser une rentrée sus tentée. Si nous sommes juste capables d'aller sur orbite et de revenir, et même si la mission est écourtée, nous aurons accompli 95 % de nos objectifs. ».

L'avis des astronautes est toujours très important, mais celui des « rampants » (ndla : Comme on dit dans l'Armée), à savoir ceux qui restent au sol et dans les centres de contrôle, juste avant ce vol décisif que ressentent-ils vraiment ? Confiance ? Sérénité ? Inquiétude ?

– Deke Slayton (responsable de mission) : « Ce premier vol comporte 90 % des risques du programme ».

Il montre une certaine inquiétude, il en est d'ailleurs de même pour le grand patron en personne du programme « STS » de la navette à la Nasa,

– John Yardley : « Je ne suis pas inquiet vis-à-vis des problèmes attendus. Ils sont maîtrisés. Ce qui me cause souci, ce sont les inconnues, les choses qui ne se sont jamais produites auparavant, ce à quoi nous n'avons pas pensé ou n'avons pas pu penser parce que la configuration du STS diffère radicalement de ce que nous avons pu voir en vingt ans de lancement spatial. » (Sources *L'Avion spatial Américain*, d'Yves Candal chez Armand Colin, 1994).

Il est entre deux et trois heures du matin, lorsque Young et Crippen sont réveillés pour ce grand jour du 12 avril. Cap Kennedy, 5 h du matin (H-2) : Vêtus d'une combinaison pressurisée les deux astronautes s'extirpent du minibus qui les amène devant ce "mastodonte fumant" et éclairé par des projecteurs.

Ce vaisseau spatial le plus complexe jamais conçu par des ingénieurs, leur tend les bras et ils vont devoir aller s'installer en haut dans le cockpit (ndla : Avec sous les « fesses » une « bombe » de plus de 2000 tonnes de carburant et de poudre en puissance !).

Ils prennent l'ascenseur pour monter au niveau du sas d'accès de l'orbiteur qui se situe à cinquante mètres du sol (ndla : La hauteur de l'Arc de triomphe à Paris), et empruntent une passerelle débouchant sur une pièce, donnant ensuite directement sur l'écoutille.

Aidés par quelques techniciens chargés des dernières vérifications d'usage, Young dans le siège de gauche, et Crippen dans celui de droite, s'installent sur leur siège dans la cabine en position sur le dos. Une opération délicate qui leur demande près quarante-cinq minutes, bien qu'ayant reçus une aide précieuse venue de la part de l'astronaute Loren Shriver.

Alors que l'écoutille se referme sur les deux hommes, les derniers personnels de la Nasa évacuent le site au plus vite. Cap Kennedy,

– 6 h du matin (H-1) : Nous sommes maintenant à une heure du décollage, les astronautes sont seuls et accomplissent les nombreuses vérifications dont le contrôle des cinq ordinateurs IBM, équipant le cockpit et les moyens de transmission radio, sans oublier de caler les centrales inertielles et de vérifier le radar. À H-9 minutes, comme convenu le compte à rebours marque un temps d'arrêt pour permettre des ultimes vérifications avant que ne tombe le « GO » final.

On se souvient que c'est à ce moment précis que le 10 avril le tir avait été stoppé, hors cette fois-ci la chronologie finale peut s'engager jusqu'à l'heure H cruciale de l'allumage des moteurs.

– Cap Kennedy, il est 6 h 53 du matin (H-7 minutes) : La passerelle entre la tour de lancement et la navette spatiale se rétracte.

– 4 minutes plus tard la navette *Columbia* devient totalement autonome sur le plan électrique, les astronautes sont concentrés et attendent le décompte des dernières minutes. Ce moment est de la plus haute importance, car c'est la première fois que l'on va faire décoller un nouvel engin spatial, jamais testé en conditions réelles auparavant, et en plus avec des astronautes à bord dès le premier tir !

– H-15 secondes : Allumage des turbopompes chargées d'injecter le carburant dans les moteurs principaux.

– H-10 secondes : Tout est ok, à la fois sur le pupitre dans la cabine et sur les consoles du Centre de Houston qui égrènent les dernières Secondes...

Le Porte-parole de la Nasa annonce : H-9.8.7.6... 5... 4

– H-3,46 secondes : Les trois moteurs de *Columbia* s'allument successivement à seulement 120 milli-secondes d'intervalle et montent à pleine puissance.

– Heure H, 7 h 03 heure locale de Floride : Allumage des deux énormes propulseurs à poudre, maintenant c'est irréversible il faut absolument décoller les 2500 tonnes de masse de l'engin !

– Les moteurs passent à 105 % de poussée maximum : 17 000 litres par minute d'oxygène liquide ainsi que 63 000 litres d'hydrogène par minute sont « avalés » par les moteurs.

– « *Décollage !* » annonce dans tous les hauts-parleurs du Centre la voix officielle, « *Décollage de la première navette spatiale Américaine !* ». C'est un grand moment de fierté dans la salle.

– Au même moment où décolle ce premier mastodonte de l'espace c'est un vrai déluge d'eau qui s'abat sur la plate-forme de lancement de la navette (ndla: Cinquante tonnes d'eau à la seconde venant d'un château d'eau placé près du site), car il faut éviter absolument toute onde de choc qui pourrait résulter de ce décollage et pour absorber le bruit. Sans cette précaution, la navette spatiale pourrait être sérieusement endommagée ou détruite.

Les astronautes entendent un grondement sourd et des vibrations, imaginez quarante millions de chevaux créant une poussée de plus de 3400 tonnes! Sur plusieurs dizaines de kilomètres autour du pas de tir tout se met à trembler, l'engin "crachant" des flammes colorées.

– Heure H, + 4 secondes: *Columbia* a quitté la rampe de lancement et Houston prend le relais et rentre en contact avec l'équipage.
Quelques secondes plus tard à H + 20 secondes, la navette pivote sur elle-même pour prendre le bon cap de son orbite.
– Heure H, + 53 secondes: *Columbia* passe le mur du son (ndla: Soit plus de 1 000 km/h) et compte tenu des contraintes aérodynamiques extrêmes générées, les calculateurs réduisent la poussée des moteurs et des boosters d'environ un tiers, sécurité oblige! A ce moment les astronautes sont littéralement écrasés sur leur siège et l'accélération se fait de plus en plus ressentir (jusqu'à 3,6 G), ils doivent respirer en contractant leur boite thoracique.
– Heure H, + 2 minutes et 12 secondes: A plus de 50 km d'altitude arrive le moment crucial, du largage des boosters qui ont fini leur travail, *Columbia* vole maintenant à cinq fois la vitesse du son. Elle continue sur sa lancée et augmente sa vitesse et son altitude.
– Heure H, + 8 minutes et 50 secondes: *Columbia* éjecte son réservoir externe à l'aide de boulons explosifs. La navette termine sa phase propulsée pour aller chercher une orbite.
– Heure H + 10 minutes: C'est le moment où aidé de moteurs auxiliaires Young place la navette sur une première orbite à plus de 200 km d'altitude. Il se retrouve avec son collègue en apesanteur.

À Houston et partout où l'on apprend la nouvelle de la réussite de la mise sur orbite de la première navette spatiale il règne une joie indescriptible comparable à celle de l'époque d'Apollo.
– À ce moment Armstrong s'exprime sur ce succès:
« C'était un magnifique spectacle! Nous sommes très heureux que tout ait si bien marché. Je veux dire qu'il n'y a eu jusqu'ici aucun incident et c'est toujours une énorme surprise. On s'attend d'habitude à ce qu'un détail cloche. »

– Quelques instants d'attente encore puis la navette se place sur son orbite définitive à environ 273 km d'altitude...

Ce fameux détail dont parle Armstrong arrive peu après l'arrivée de l'équipage sur orbite, après le premier tour de Terre. Comme prévu dans le programme de vol ils ouvrent les soutes de *Columbia*, pour évacuer toute la chaleur accumulée. Une vive surprise attend alors les astronautes, lorsqu'ils regardent par un hublot vers l'arrière : Des tuiles de protection thermique sont manquantes, près d'une vingtaine !

Elles ont dû très certainement se détacher au moment des vibrations intenses provoquées par le décollage. Houston est informé, les astronautes ne sont pas équipés pour sortir dans le vide faire une inspection voire une réparation, ce qui est toujours le cas aujourd'hui. La dégradation d'une partie du bouclier de protection risque-t-elle de compromettre le retour dans l'atmosphère ? C'est ce que certains pensent alors, notamment chez les journalistes.

Mais après des observations faites à l'aide d'un satellite militaire « KH-11 » (ndla : Key Hole, « trou de serrure ») il s'avère que ces dégâts ne touchent qu'une minime partie de l'orbiteur sur une partie non critique, et le reste du bouclier est jugé intact !

À Houston on respire... Le reste des deux jours du vol est occupé par les deux astronautes à tester tous les systèmes, moteurs de stabilisation, piles à combustible, centrale inertielle···Ils donnent une conférence de presse par télévision interposée depuis l'espace et expriment leur joie d'être là haut, comme Young :

– « Nous avons accompli tout ce qui était prévu, et dans les délais, le véhicule se comporte admirablement, beaucoup mieux que ce que chacun avait espéré pour ce tout premier vol. Aucun système n'est défectueux et, pour donner un exemple, nous avons réalisé trois opérations de réalignement de plate-forme inertielle en moins de temps qu'une seule opération simulée sur terre. Toutes les fusées du système de stabilisation orbitale ont parfaitement fonctionné. En un mot, le vaisseau se comporte comme un vrai champion. C'est vraiment super d'être ici ! ».

John Young et Robert Crippen sont ravis du comportement de leur « machine », seul petit inconvénient pour leur confort, ils ne peuvent aller dormir dans une zone de couchage.

Ils dorment sur leur siège, au cas où ils devraient exécuter des manœuvres dans des délais brefs, et doivent rester dans le cockpit.

– Le 14 avril 1981, 3 h 40 (Heure de Cap Kennedy) :

Les contrôleurs de Houston réveillent les deux hommes (ndla : Il s'agit

de leur deuxième nuit sur orbite),
– Capcom (Houston) : « *Columbia, ici Houston, vous me recevez ? A vous !* », les préparatifs du retour vont commencer...

– À 13 h les soutes sont fermées, à 13 h 54 les moteurs de stabilisation orbitale placent la navette dans une position pour assurer le freinage. Au-dessus de l'océan indien Young actionne 160 secondes durant des moteurs auxiliaires pour le rétro freinage.
Columbia décroche de son orbite vers 14 h 24 (Heure de Cap Kennedy) ou 9 h24 (Heure de Californie, Base d'Edwards).

Sur ce site mythique, de nombreux spectateurs sont déjà en place pour assister au premier retour de la navette spatiale. la Nasa a prévu une escorte une heure avant l'arrivée de *Columbia*, avec quatre avions T-38 qui décollent pour venir à sa rencontre.

– *Columbia* pique du nez (ndla : Avec une inclinaison d'un peu moins de 20° sous l'horizon) et entame une descente vertigineuse. Trente minutes plus tard (14 h 54) Young redresse et se trouve au-dessus du pacifique, à la vitesse de 24 000 km/h. Avec un angle d'attaque de 40° , les couches denses de l'atmosphère sont abordées, l'altitude est alors d'environ 120km !

Columbia présente son ventre et son bouclier de protection thermique, l'échauffement est intense (ndla : Il faut que cela tienne bon pendant toute la durée de la rentrée atmosphérique!).

Dans le cockpit la température monte à 40° C de température, pour environ 1500° C à l'extérieur, les astronautes s'hydratent car ce n'est pas fini, il va y avoir du « sport » !

Les deux hommes subissent un peu moins de 2 G de décélération.
Les contraintes thermiques (ndla : Comme un « fer à repasser » géant porté au rouge), sont telles que *Columbia* plonge pendant treize minutes (black out radio) dans le silence.
Un phénomène lié à l'ionisation de l'air qui empêche des communications radio avec le sol, mais juste avant Young reçoit des encouragements, venant de Houston,

– J. Allen (Capcom) : « *Ce sera à l'aise, John ! Nous sommes tous avec toi, ici !* » ;
– La tension monte au sol et devant les écrans, à 80 km d'altitude *Columbia* vire sur la droite et effectue plusieurs virages pour éliminer de l'énergie, puis vers 67 km d'altitude un virage cette fois vers la gauche,

la vitesse indique Mach 18. (Fin du Black out radio)

– Young (*Columbia*) : « *Hello Houston, ici Columbia ! Nous volons à Mach 10,3 et nous sommes à 57 km d'altitude. Notre finesse est conforme aux prévisions !* »
– Joe Allen (Capcom - Houston) : « *Hello Columbia, ici Houston, parfaite gestion d'énergie, trajectoire idéale !* »,
Explosion de joie dans la salle !

À ce moment-là *Columbia* vole à Mach 9 et à 47 km d'altitude, et exécute avec brio un dernier virage à droite.
Arrivée en visibilité des côtes Californiennes le commandant regarde son machmètre qui indique Mach 6, et s'exclame ;

– Young (*Columbia*) :
« *Tu parles d'une façon de rentrer à la maison !* »

Puis, ultra concentré pour ce premier vol, Young prend les commandes manuelles entre Mach 5 et Mach 2, car les ingénieurs craignent des problèmes avec le mode automatique.

Columbia escortée d'avions T38 fait son approche finale, train sorti à 120 mètres du sol et à une vitesse de 340 km/h.

Elle se pose sur la piste Numéro 23, à 10 h 21 locale sur ce site d'Edwards de Californie qui a vu se poser en 1947 l'avion X1, le premier engin à passer le mur du son, soit mach 1 !

Avatars, retards, pannes, incidents et morts de techniciens de la mission de la première navette Columbia STS-1

On ne peut passer sous silence, comme au début du *projet Apollo* (qui connaît la mort des trois astronautes d'*Apollo 1* sur le pas de tir), que le *projet Shuttle* a lui aussi été endeuillé au début du programme par le décès le 19 mars 1981 de Forrest Cole et John Bjornstad, deux techniciens de la firme Rockwell travaillant sur la navette. Ces deux hommes sont en effet morts asphyxiés en accédant, sans contrôle, à un compartiment des moteurs placé sous atmosphère d'azote pour éviter tout risque d'explosion en cas de fuite de carburant. Cet accident est lié, à l'époque à un manque de coordination entre les équipes techniques et celles chargées d'assurer la sécurité sur le site.
De même, bien avant ce vol réussi « STS-1 » la NASA et ses différents sous-traitants ont fait face à de très nombreux incendies et explosions sur banc d'essai des moteurs et boosters de la navette !
Pendant la construction de la navette poser plus de 31 000 tuiles de protection thermique a nécessité plus de 2 millions d'heures de travail à 1200 poseurs recrutés pour cette tache ingrate qui a retardé d'un an le projet.
Après le retour des deux jours passés par Columbia en orbite, et après enquête on dénombre de nombreux incidents :

1/ Avant le vol : Il a fallu réparer la protection thermique du grand réservoir externe endommagé, entraînant un report du vol de plusieurs jours.
2/ Pendant le compte à rebours : Problème de synchronisation d'ordinateurs et de pile à combustible qui contraint à avorter le vol du 10 avril pour le reporter au 12.
3/ Au lancement : Dix-sept tuiles de protection thermique endommagées ou arrachées à la suite d'une onde de choc non décelée lors d'essais en soufflerie.
4/ En vol : Incidents mineurs telle la panne du réchauffeur des générateurs de puissance du circuit hydraulique.
Panne et problèmes de climatisation de la cabine... etc.
5/ À LA RENTREE : R.A.S. hormis semble-t-il le détachement d'une ou de plusieurs tuiles provenant du cockpit.
6/ À l'ATTERRISSAGE : R.A.S., hormis quelques dégradations de tuiles liées à des projections sur le lac salé malgré le balayage qui avait eu lieu avant sur le site à Edwards.

(ndla : Rédigé à partir de sources « Air & Cosmos, P.L. » du 25 avril 1981).

« C'est la dernière déflagration. Après l'incroyable sensation de recevoir un énorme coup de pied au derrière qui nous propulse au ciel, c'est l'arrêt instantané et définitif de l'accélération. Nous sommes bel et bien en orbite, et je le réalise à peine. Tout s'est passé tellement vite.
Les dernières secondes de contact avec le sol suffisent à confirmer rapidement les premières vérifications essentielles. »

Jean-Loup Chrétien,
au moment de sa mise sur orbite le 24 juin 1982
***Sonate au clair de terre*,**
éd. Denoël, 1993.

ÉTÉ 1982
UN "CHRÉTIEN" ET UN "FRENCHY" À BORD D'UN SOYOUZ RUSSE

X

La France, avec sa fusée Diamant et son satellite Astérix, devient le troisième pays dans l'Espace le 26 novembre 1965, en réussissant à placer sur orbite un satellite. Après ce « coup d'éclat » elle se doit maintenant d'être aux avant-postes en envoyant l'un de ses représentants dans l'Espace. Le 25 juin 1966, Le Général de Gaulle devient le premier occidental à visiter la base spatiale de Baïkonour, d'où décolle Jean-Loup Chrétien le premier français de l'Espace (ndla: Seize ans plus tard) le 24 juin 1982.

Cette belle aventure commence trois ans auparavant, le 27 avril 1979, lorsque le Président Giscard d'Estaing rencontre son homologue Soviétique Léonid Brejnev, qui lui propose d'envoyer un Français à bord d'un vaisseau Soyouz.

Les Soviétiques ont déjà envoyé quelques représentants issus du bloc communiste (Tchèque, Allemand de l'Est, Polonais). Face à cette opportunité, le CNES (Agence Française de l'Espace) engage un recrutement et reçoit plusieurs centaines de candidatures. Le 11 juin 1980, deux finalistes sont présentés aux médias: Jean-Loup Chrétien et Patrick Baudry, deux Officiers issus de l'Armée de l'Air.

Au total le Cnes reçoit 261 candidatures. C'est en novembre 1979 que les inscriptions sont closes. Une première étude des dossiers selon des critères administratifs permet d'en retenir 193 (ndla: Il y a vingt-six femmes dont Françoise Varnier, le Président aimerait tant qu'une femme soit retenue en finale). Après étude du dossier médical de chacun le chiffre tombe ensuite à 176.

Au regard de critères plus techniques et concernant les compétences on retient finalement soixante-douze « aspirants cosmonautes français ». Viennent ensuite de longs examens psychiatriques et médicaux pour ces candidats âgés d'environ trente-cinq ans. Il ne reste alors plus qu'une vingtaine de postulants dont quatre femmes, l'étape suivante se déroule sur de nombreux sites telle la base aérienne de Brétigny-sur-orge près de Paris où se trouve une centrifugeuse.

Le postulant va subir des accélérations proches de 8 à 10 G (ndla: Dix fois son poids de pression sur le corps). D'autres machines diverses et de « torture » attendent ces valeureux candidats (ndla: Tabouret tournant pour le système vestibulaire, pour détecter les troubles de l'équilibre); puis séjour dans des « chambres » de décompression pour vérifier l'aptitude à résister à de grands changements d'altitude et de pression.

Cinq candidats sont éliminés sur-le-champ car ils ne supportent pas la centrifugeuse. Parmi la sélection restante, deux femmes dont une qui se casse une jambe en sautant en parachute. Une française dans l'Espace pour ce premier voyage spatial, semble compromis, car il faut une titulaire plus une en réserve (« back up »), donc deux candidates femmes.

Finalement cinq héros français « bons pour l'Espace » sont retenus et reconnus aptes à voler: Gérard Juin (Pilote Airbus à Air France), Jean-Pierre Job (ancien pilote de la Patrouille de France), Patrick Baudry et Jean-Loup Chrétien (Armée de l'Air), Françoise Varnier (pilote et scientifique).

Ce sont les médecins Russes qui doivent retenir les deux finalistes et gagnants de ce « parcours du combattant », mais juste au dernier moment rien n'est encore « joué ».

Lors d'une séance de sauts en parachute à Pau, il y en a deux qui sont « estropiés »: Jean-Loup Chrétien et Françoise Varnier qui ont une jambe cassée. Ils reçoivent la visite de médecins sélectionneurs venus d'URSS, ils sont présentés à cette commission médicale assis avec une jambe plâtrée posée sur un tabouret; ils pensent que c'est fini pour eux! Mais la chance tourne en faveur de Jean-Loup Chrétien et de Patrick Baudry qui sont tous deux retenus définitivement par les Soviétiques. Pour Jean-Loup, les médecins Russes indiquent qu'une jambe cassée n'est pas un critère éliminatoire, si le candidat est bon, il n'est pas évincé et peut être repêché!

Ils ont par ailleurs déjà rencontré ce cas de figure chez des postulants à l'Espace et chez des cosmonautes soviétiques à l'entraînement !

Les deux heureux élus : Jean-Loup Chrétien (quarante-et-un ans né à la Rochelle est Lieutenant-Colonel) ; Patrick Baudry (trente-quatre ans, Commandant, est né à Douala en Afrique, puis est devenu bordelais d'adoption, sont présentés officiellement à la presse le 11 juin 1980.

Deux mois plus tard ils partent pour la Cité des Étoiles près de Moscou. Jean-Loup Chrétien a du batailler durement à chaque phase de ce « parcours » de sélection, l'Etat Major tente même de faire « barrage » car il estime qu'à quarante-et-unans il est « trop vieux » pour présenter sa candidature par la voie officielle.

Jean-Loup Chrétien est finalement nommé titulaire pour ce premier voyage dans l'espace d'un français, il se souvient de tout ce chemin qu'il a dû parcourir de la naissance de sa vocation et de son goût pour l'aviation, puis pour l'espace. Dans "*Sonate au clair de Terre*", 1993, Denoël, il raconte son aventure :

– « *Je pense que j'étais fait pour voler. Si chacun est prédestiné, flotter parmi les étoiles était alors mon destin. Il est certes facile de se livrer au jeu des indices du passé qui expliquent le présent, de traquer dans les méandres de sa mémoire des souvenirs prémonitoires. J'en ai tout un florilège : mon goût pour le modélisme, la découverte des avions de la RAF pendant la guerre, mes lectures d'enfant avec des aviateurs pour héros...* ».

Beaucoup plus tard alors qu'il a tout juste vingt-deuxans il sort diplômé de l'école de l'Air. L'année 1961, celle du vol du premier cosmonaute Youri Gagarine. Il ne se doute certainement pas que lui aussi va connaître ce destin exceptionnel un jour, et suivre ce chemin pour y afficher son nom de 108e homme de l'espace ! On en compte à ce jour environ 520.

Cet événement d'il y a vingt-et-un ans le conforte dans cette passion et ce désir de voler, puis d'aller plus vite et de monter plus haut !

Après quinze ans dans l'Armée de l'Air, à la fin des années soixante-dix il se souvient de ses responsabilités de commandement, qui peu à peu sont en train de l'éloigner du pilotage d'aéronefs.

Il faut absolument un "électrochoc", un événement venant le sortir de là, un miracle, improbable, il raconte :

– « *Il vint pourtant en avril 1979, quand la presse annonça la décision de premier vol spatial franco-soviétique. La machine s'est alors mise en route doucement. En septembre 1979 j'ai reçu la première lettre du CNES faisant appel à candidature. Huit mois plus tard le rêve fit place à la réalité...* » *(ndla : "Sonate au clair de terre" chez Denoël).*

Mais Jean-Loup Chrétien n'oublie pas la mauvaise surprise, en début de sélection, lorsque l'Armée de l'Air française avait fait d'elle même son pre-

**Biographie de Jean-Loup Chrétien (1938-)
qui est le 24 juin 1982, devenu le premier astronaute Français.**

Jean-Loup Chrétien est né le 20 août 1938 à La Rochelle (France), d'un père marin et d'une mère femme au foyer. Dans sa jeunesse il suit l'école de Ploujean, l'université Saint-Charles de Saint-Brieuc, puis le lycée de Morlaix en Bretagne. Après une formation de Mathématiques Spéciales il entre à l'Ecole de l'Air de Salon de Provence en 1959, d'où il sort diplômé ingénieur en aéronautique (l'année du vol de Youri Gagarine), puis il est breveté pilote de chasse en 1962.
Après sept ans en unité opérationnelle dans l'Armée de l'Air, il vole sur Mystère 4, Mystère-B2 et le Mirage III au sein du cinquième Escadron de Chasse à Orange (sud de la France). En 1970 il rejoint l'Ecole des Pilotes d'Essai d'Istres EPNER (Ecole d'Essais Personnel Navigant et de Réception), puis il a la charge notamment du programme des essais en vol du Mirage-F1 à Istres.
Totalisant à l'époque plus de 5000 h de vol (ndla : Sur près de 10 000 à la date de parution de l'ouvrage), il devient en 1978 Adjoint au Chef de la Défense Aérienne Sud à Aix en Provence. Recruté par le CNES il devient en juin 1980 le cosmonaute titulaire du vol 'PVH' (Premier Vol Habité) d'un Français dans l'Espace et vole pendant une semaine à bord de la station orbitale Saliout 7 avec les Soviétiques du 24 juin au 2 juillet 1982, avec un retour avec le Soyouz-T6. En novembre-décembre 1988 il retourne une deuxième fois dans l'Espace pour effectuer un vol d'un mois à bord de Mir, et effectue une sortie dans l'espace en scaphandre le 9 décembre (ndla : Il est alors le premier non Russe et non Américain à avoir cet honneur) pendant près de six heures.
En 1990-1993 il participe à la formation de pilote de la navette spatiale soviétique Bourane, vole sur Tupolev 154 et sur un simulateur d'approche de navette spatiale à l'aide d'un Mig-25. Cela lui vaut de totaliser au total plus de 8000 h de vol sur tous types d'appareils.
Puis ses relations avec la NASA (ndla : Notamment en tant que doublure de Baudry du premier Français à voler sur une navette spatiale en 1984-1985) lui permettent de voler à bord de la navette spatiale en effectuant une mission vers Mir en septembre-octobre 1997 pendant une dizaine de jours.
À partir de 2002, vingt ans tout juste après son premier vol spatial il est revenu dans sa région de Bretagne pour une carrière de chef d'entreprise dans le domaine de l'innovation spatiale (Tektronix).
Général de Brigade Aérienne, Il possède de nombreuses distinctions et décorations dont : Commandeur de la Légion d'Honneur, Chevalier de l'Ordre National du Mérite, il est aussi titulaire de la Médaille de l'Aéronautique, il a le titre de Héros de l'Union Soviétique, et de l'Ordre de Lénine. Marié, cinq enfants, il partage sa vie avec la comédienne Catherine Alric. Il a pour hobbys la voile, le ski, et joue de l'orgue dans les églises, c'est ainsi qu'il avait joué de l'orgue électronique depuis l'Espace. le 12 avril 2011, jour anniversaire des 50 ans du premier vol de Youri Gagarine, il est reçu au Kremlin, avec d'autres cosmonautes étrangers avec les honneurs, du Président Russe Dmitri Medvedev qui lui remet une nouvelle décoration.

mier tri pour l'évincer car trop vieux pour candidater;

Jean-Loup Chrétien: « *J'eu bientôt la désagréable surprise d'apprendre que quelques « indiens » de l'Armée de l'Air avaient, de leur propre chef, effectué un premier tri parmi les candidats, modifiant les critères établis par le CNES. Eliminé au profit de candidats plus jeunes, je rendis quand même mon dossier en candidat libre, soutenu par le Cnes et le Général Commandant notre État-Major.* » *("Sonate au clair de terre" chez Denoël).*

C'est le 1er septembre 1980 que les deux astronautes français finalistes arrivent à la Cité des Etoiles près de Moscou.

Ce lieu magique caché au fond d'une forêt, où s'entraînent les cosmonautes Soviétiques depuis bientôt un demi-siècle. Ouvert depuis la fin des années soixante-dix à des astronautes issus d'autres nations invitées. Les conditions de vie y sont très austères, une cité dédiée à l'espace et en partie coupée du monde extérieur, pour permettre de préparer des cosmonautes à la mission qu'ils vont devoir endurer sur orbite dans les meilleurs conditions de succès.

Chrétien et Baudry arrivent à la cité, sous l'ère soviétique de Léonid Brejnev. Depuis les choses ont bien changé. Jean-Loup Chrétien explique comment se déroule l'entraînement et la vie à la Cité des Etoiles, lors d'une interview donnée au journaliste scientifique Pierre Kohler dans son ouvrage "*Les grandes heures des conquérants de l'espace*", chez Perrin 1989:

(ndla: Interview donnée peu avant son vol de juin 1982, Chrétien parle des conditions et du déroulement de l'entraînement avec P. Baudry).

– Pierre Kohler: « *Comment est la vie à la Cité des Etoiles ?* »

– Jean-Loup Chrétien: « *C'est un peu une vie de pensionnaire. Au total, douze heures d'activité par jour, sauf le week-end. En semaine on se lève à 7 heures, et l'on commence par faire une bonne heure de sport. Puis on a de nombreux cours théoriques sur l'astronomie, la technologie des fusées, les orbites, etc. Nous prenions (pendant les dix-huit mois que dure l'entraînement) ces cours sur des cahiers d'écolier, en écriture cyrillique, ce qui n'était pas facile du tout au début. Il nous a fallu six mois pour écrire et parler le russe couramment. L'après-midi: exercices pratiques et de nouveau du sport. On en fait au moins deux heures par jour... On a eu droit aussi à des séances d'instruction politique, par un type que Patrick et moi avons baptisé l'"aumônier" ! Il faisait son boulot: il était chargé de nous convertir à la doctrine communiste. Mais on lui a vite fait comprendre qu'on s'en foutait. Il l'a d'abord mal pris, et finalement il s'est rendu compte qu'il n'obtiendrait rien de nous...* »

– Pierre Kohler: « *Vous étiez surveillés ?* »

– Jean-Loup Chrétien: « *Dès notre arrivée on savait bien qu'il y aurait des micros dans les chambres. On les a cherchés, mais on ne les pas trouvés. Alors, un soir, on leur a tendu un piège. Avec Patrick on s'est placé près de la lampe de chevet et on a exprimé bien fort toutes sortes de remarques. Je me souviens d'avoir dit* « Quel pays de sauvages. Ils ne nous offrent même pas de caviar au petit déjeuner... »

Eh bien ! le lendemain, et pendant huit jours, il y a eu du caviar sur la table du petit déjeuner. Ce qui prouve qu'ils ont quand même le sens de l'humour ! »

Pendant dix-huit mois les deux astronautes ont de nombreuses séances de simulation dans les vaisseaux qu'ils doivent utiliser dans l'espace, à savoir le vaisseau *Soyouz* (version T), et la station Saliout. Des séances en centrifugeuse, celle de Moscou est l'une des plus puissantes au monde !

Le tabouret tournant et bien d'autres « tortures » volontaires qui font partie du « jeu » des postulants à l'espace. Des sauts en parachute, ou encore séjourner en caisson ! Le 24 juin 1982, le vol « PVH » arrive maintenant à grand pas, Jean-Loup Chrétien est le cosmonaute titulaire (Baudry le *back up*), les équipiers du français sont les Russes Djanibekov et Ivanchenkov.

Cette mission a pour vaisseau le « Soyouz T6 » *(ndla : Sa capsule est aujourd'hui exposée au Musée de l'Air et de l'Espace du Bourget, près de Paris)*, il s'agit du véhicule de transport de l'équipage. Les collègues de Chrétien sont déjà très expérimentés, et possèdent une longue expérience notamment dans le domaine des vols spatiaux de longue durée. Comme Alexandre Ivanchenkov, qui a effectué un vol de 140 jours en 1978 à bord de Saliout 6, la station précédente. Vladimir Djanibekov, le commandant de bord a déjà plusieurs vols à son actifs. Chrétien, c'est le « bleu » du vol...

Ceci explique certainement pourquoi sur les trois hommes qui apparaissent vêtus de leur combinaison spatiale Sokhol, et qui se présentent aux officiels et aux amis présents pour assister à ce décollage, n'expriment pas le même enthousiasme.

On remarque certaines facéties et des clins d'œil complices provenant du Lieutenant-Colonel Chrétien, Baudry est proche de lui prêt à le remplacer au pied levé si besoin. C'est le rôle d'une "doublure", il a suivi exactement le même entraînement et se prépare à tout moment à le remplacer, en cas de « pépin » de santé.

Les trois cosmonautes qui arrivent à l'aide du « célèbre » mini-bus au pied de la fusée, doivent rejoindre un équipage qui est depuis déjà plusieurs mois dans l'espace. Il s'agit de Lebedev et de Berezovoï qui sont en train de tenter un vol de plus de 210 jours sur orbite !

Le record du monde de 1982. *(ndla, il est actuellement de 438 jours, et est détenu par Valéri Poliakov en 1994-1995, à bord de Mir).*

Les préparatifs du vol s'accélèrent, la fusée a commencé à « vivre » 2h30 avant son décollage, en laissant s'échapper de la « fumée » blanche provenant de son premier étage. Une réaction chimique provoquée par l'oxygène liquide de ses réservoirs (refroidi à environ −180° C), rentrant en contact avec l'air chaud extérieur.

– H −1 h 15 : des techniciens remplissent les autres réservoirs de carburant en kérosène et en oxygène liquides qui sont arrivés par wagon. Surtout les compléments plein nécessaires, car ces gaz son très volatiles !

Les cosmonautes montent en ascenseur deux heures environ avant le tir. Objectif quarante-neuf mètres du sol ! Pour aller se glisser dans la minuscule capsule Soyouz, il faut faire beaucoup de contorsions.

Jean-Loup Chrétien se souvient dans "Sonate au clair de terre" : « *Nous nous installions tour à tour en une vingtaine de minutes, efectuons les premiers branchements sous les yeux attentifs du technicien qui attendait accroupi au-dessus de nous. Tout en donnant ses ultimes recommandations... nous lui passons les derniers tuyaux de ventilation, serrons chaleureusement sa main avant d'être emmenés par le tonnerre. Volodia (Djanibekov) ferme doucement la porte et nous entendons la voix du technicien confirmer que tout est normal de l'autre côté.* »

Puis pendant ces deux longues heures d'attente des check-lists interminables qu'il faut scrupuleusement respecter.

Des tests des moyens de communication et de nombreuses vérifications diverses ont lieu.

– Le tir est prévu à l'heure H locale de Baïkonour pour 22 h 29 minutes et 45 secondes en ce 24 juin 1982.

– H- 30 minutes, la zone de lancement de la fusée *Soyouz* est évacuée. Le décollage doit quasiment se faire à la seconde prévue dans le programme de vol, car la station *Saliout 7* en orbite doit passer à la verticale de la base quelques minutes avant.

C'est une condition essentielle d'un point de vue orbitographique (ndla : Au niveau du calcul des orbites) pour pouvoir attraper la cible en plein vol, et effectuer un rendez-vous avec la station.

– H −7 minutes : *Saliout 7* survole donc Baïkonour et passe au-dessus du site mais avec tout de même une altitude de 300 km d'altitude !

Allumage des trente-deux moteurs fusée du lanceur Zémiorka, il leur faut ensuite une dizaine de secondes pour acquérir une pleine poussée. Chrétien doit lire un texte officiel au moment ou s'égrènent les dernières secondes puis il entend un technicien annoncer la mise à feu :

– « *Piat... Tchétyré... tri... dva... adine... Zajiganié !* » (5, 4, 3, 2, unité en russe), une langue que Jean-Loup a du apprendre en un temps record. Peu avant 22 h 30 au Kazakhstan la fusée s'élève dans le ciel.

Jean-Loup attend ce moment depuis des années et savoure la moindre seconde de la phase propulsée de la fusée Zémiorka :

– « *Bien calé dans mon siège, j'écoute attentivement la suite. Nos moteurs font de plus en plus de bruit, sonorité tout à fait familière et en tout point identique à ce qu'on entend au décollage d'un avion de chasse.* »

Le sol annonce le début d'ascension, c'est un petit « nounours » ou peluche (en guise d'accéléromètre) fixée à un ressort qui leur indique dans la cabine les accélérations et plus tard leur arrivée sur orbite en apesanteur (ndla : Le nounours se mettant à flotter dans la capsule !)

– « *Nous sommes entièrement soumis aux automatismes ou au bon vouloir du sol. Autant avoir confiance... L'accélération, la vitesse et le bruit augmentent rapidement, le corps de notre fusée vibre de plus en plus sous l'effet conjugué du fonctionnement des moteurs et de la pression dynamique de l'air traversé dans les basses couches de l'atmosphère. Valéria (ndla : La voix du contrôleur au sol) nous confirme par radio toutes les trente secondes que tout va bien, que les moteurs fonctionnent nominalement. Je laisse aller mon émerveillement et mon excitation qui croissent au même rythme que la vitesse.* »

Chrétien est en jubilation, aidé de son chronomètre il tente d'essayer de suivre les moindres secondes des ces huit minutes de propulsion nécessaires pour se placer sur une orbite.

– Chrétien : « *Je découvre ce que j'avais tant attendu, essaie de vivre à fond ces derniers instants passés sur le dos de ce monstre qui nous abandonnera dans quelques minutes après nous avoir lancés sur la route de ma première orbite.* »

Comme ce fût le cas vingt-et-un ans tout juste en arrière, et du même site d'où décolla Gagarine, Chrétien (108e homme de l'espace) devient le « Gagarine » Français.

La fusée de ce 24 juin 1982 a elle aussi des séquences parfaitement « huilées », avec les allumages successifs de ses différents étages avec les bruits correspondants si caractéristiques, les accélérations, les séparations d'étage et les allumages de moteurs. C'est ainsi qu'en moins de cinq minutes avec deux étages qui ont parfaitement fonctionné les cosmonautes se trouvent déjà à près de 170 km d'altitude.

Reste le troisième étage qui doit finir le travail en les propulsant pendant les quatre autres minutes pour atteindre les 28 000 km/h qui génèrent entre 4 et 5 G (cinq fois le poids du cosmonaute) d'accélérations.

– Jean-Loup Chrétien, (ndla :Dans son ouvrage *Sonate au clair de Terre*) : « *Nous continuons ainsi jusqu'au top 526 secondes. L'accélération croit très vite pendant les vingt dernières secondes, donnant l'illusion que nous allons atteindre une vitesse terrifiante. Sacha a déjà les doigts sur les interrupteurs de séparation manuelle, et nous avertit de l'imminence de la fin du troisième étage.* »

Des bruits impressionnants marquent ces différentes étapes cruciales du vol, c'est le Commandant de bord Djanibakov, qui a préparé au sol Jean-Loup à les ressentir à l'avance, pour qu'il ne soit pas surpris ni trop angoissé, à la survenue des différents bruits.

– Chrétien se souvient de ces sensations dans "*Sonate au clair de terre*": « *C'est la dernière déflagration. Après l'incroyable sensation de recevoir un énorme coup de pied au derrière qui nous propulse au ciel, c'est l'arrêt instantané et définitif de l'accélération. Nous sommes bel et bien en orbite, et je le réalise à peine. Tout s'est passé tellement vite. Les dernières secondes de contact avec le sol suffisent à confirmer rapidement les premières vérifications essentielles.* » Rassuré, Jean-Loup regarde par le hublot et a l'impression de naître dans un nouveau monde en découvrant un paysage étrange, son commandant lui confirme l'arrivée dans l'espace, avec *Soyouz T6*,

– Djanibekov : « *Jean-Loup, on est sur orbite !* »

Dès le troisième tour de Terre, un grand moment d'émotion pour le « premier français de l'espace », lorsqu'il survole la France, très exactement au-dessus de la Corse, et à la quatrième révolution, c'est le survol de La Rochelle, sa ville natale. Les trois hommes prennent du repos dans ce *Soyouz* qui ne leur offre que 10m^3 de zone habitable, avant de rejoindre *Saliout 7* un vaisseau beaucoup plus spacieux.

Pendant le sommeil le *Soyouz* se rapproche de cette station, il faut réussir à se hisser jusqu'à une altitude de 340 km.

Deux manœuvres sont nécessaires pour affiner l'approche. Après deux jours de course poursuite, Soyouz est en phase finale de rendez-vous,

– Chrétien se souvient : « Le programme de l'ordinateur de bord commence à nous fournir toutes les indications consécutives à cette prédiction : distance, vitesse de rapprochement, vitesse angulaire, écarts réels par rapport aux écarts limites...

– À l'approche finale *Saliout 7* est en vue, et *Soyouz* se présente sur l'un des sas d'accès de la station :

« *La "capture" de la station se fait enfin, l'antenne du Soyouz recevant les signaux émis par cette dernière. Les informations de prédiction sont alors corrigées par l'ordinateur de bord, et nous commençons à écarquiller les yeux pour voir* Saliout 7. *La liaison radio avec l'équipage de Saliout est établie dans les minutes qui suivent.* »

Le commandant assure la jonction en prenant les commandes manuelles avec quinze minutes d'avance sur le programme. Ensuite l'équipage laisse passer une orbite le temps de vérifier l'étanchéité pour ouvrir l'écoutille et passer à travers le sas de quatre-vingt centimètres de diamètre qui amène à la station où attendant les deux autres cosmonautes.

Traditionnels échanges de cadeaux et sel et pain pour J.-L. Chrétien et ses deux collègues en signe de bienvenue (tradition Russe). La semaine à bord de *Saliout 7* se passe assez vite avec la réalisation d'une douzaine d'expériences scientifiques prévues au plan de vol, dans les domaines de la biologie, de la physiologie, de la médecine, et des sciences des matériaux.

Après cette semaine sur orbite arrive le temps des préparatifs pour le retour, reconfiguration du *Soyouz T*, et le désamarrage, avec les trois cosmonautes vêtus de leur scaphandre (ndla: Obligatoire lors des phases dynamiques) sanglés sur leur siège.

Une fois enclenché le programme de désorbitation dans le calculateur le Soyouz va pouvoir amorcer sa rentrée dans l'atmosphère, et c'est un moment crucial,

– Jean-Loup Chrétien raconte: « *Sacha* [ndla: Le Commandant de Chrétien] *vérifie la bonne tenue des différentes séquences de la fin du programme et se tient prêt à tout moment à prendre le relais en cas de défaillances.* »De nombreux mouvements de rotation du Soyouz puis les premiers contacts avec l'atmosphère, l'échauffement extérieur, des flammèches orange sont aperçues par le hublot.

– Jean-Loup Chrétien: « *La décélération se fait de plus en plus intense, le bruit du frottement de l'atmosphère sur le vaisseau est assourdissant. La couleur du plasma s'assombrit, se transforme bientôt en flammes dont la fumée obscurcit rapidement nos hublots.* »

Au moment de cette descente vertigineuse, l'équipage subit 4 à 5 G de décélération (ndla: Quatre à cinq fois le poids du corps de pression sur le corps) et la trajectoire est quasi verticale.

Jean-Loup Chrétien attend les étapes suivantes notamment l'ouverture du parachute principal, puis peu avant que la cabine ne touche le sol, après le largage du bouclier et l'éjection des caches des hublots redonnant de la lumière, des rétrofusées s'allument pour un dernier coup de freinage.

– Chrétien raconte: *(« Commandant Djanibekov (Sacha): « Attention !... Dixsecondes environ... prévient Sacha. « Le bruit caractéristique du fonctionnement des petites fusées d'appoint se fait entendre, puis c'est le choc sur le sol. »*

La cabine est penchée sur le côté et il reste alors à attendre les secours. Notre « Gagarine » est de retour, le premier Français de l'espace. Nous sommes le 2 juillet 1982 !»

À 64 ans, Jean-Loup Chrétien aurait pu devenir le cosmonaute le plus vieux à aller dans l'Espace juste après J. Glenn, 77 ans

Après trois missions dans l'espace, il aurait pu effectuer un quatrième et dernier vol, à l'âge de 64 ans, s'il ne s'était pas blessé aux cervicales en faisant ses courses dans un magasin de bricolage de Houston.
Ce jour-là il reçoit une caisse à outils (ndla : Pas comme celle qui a été égarée par une astronaute sortant dans le vide à l'extérieur de la station internationale en 2008) qui lui tombe sur l'épaule. Depuis la hauteur d'une étagère !
Affectés par cet incident, et alors qu'il s'entraînait pour son futur vol, des chirurgiens de la NASA lui proposent de l'opérer, pour lui permettre d'effectuer ce dernier vol. Une proposition qu'il déclinera, estimant avoir eu une carrière suffisamment remplie.
Cette histoire, méconnue fût révélée en détail par J.-L. Chrétien lui-même lors d'une soirée anniversaire, en 2002, au Musée Français de l'Air et de l'Espace du Bourget pour fêter les vingt ans de son premier vol.
Il serait devenu le seul astronaute au monde à vivre à bord de trois stations orbitales différentes : Saliout, Mir et ISS en vingt ans !
Jean-Loup Chrétien a utilisé deux types de véhicules pour se rendre dans l'espace : Le Soyouz, en 1982 et 1988 et la Navette en 1997 (ci-contre).
Huit astronautes Français ont suivi sa trace : Baudry, Tognini, Haigneré, Clervoy, Favier, Claudie André-Deshays Haigneré, Eyharts, Perrin.
Ils ont effectué dix-sept missions spatiales, avec les Russes ou les Américains.
Le dixième Français de l'Espace est Thomas Pesquet, recruté en 2009 par l'Agence Spatiale Européenne (ESA), et devrait pouvoir voler dans l'avenir sur la station spatiale internationale ISS.

« Cette première 'journée' est passée très vite. J'ai l'impression de l'avoir rêvée. Pour nous, à bord de Discovery, une journée est, en fait, une période de 24 heures environ... Car, durant cette 'journée', le soleil s'est levé et couché seize fois, au fil de la navigation de notre vaisseau spatial, et la succession des jours et des nuits toutes les 90 minutes n'a pas pu nous donner une mesure raisonnable du temps. »

Patrick Baudry, à la fin de sa première journée de vol sur Discovery STS 51-G 18 juin 1985,Carnet d'un voyage spatial - récit d'une mission dans les étoiles, Editions Elytis, novembre 2007

17 JUIN 1985
AVEC DISCOVERY : BAUDRY EST ASSIS SUR LE "BUTOIR AVANT D'UNE LOCOMOTIVE !"

XI

Le 2 juillet 1982, alors que Jean-Loup Chrétien vient de revenir sur terre, il retrouve avec joie et bonheur Patrick Baudry, sa "doublure" pour cette mission 'PVH' (ndla: Premier Vol Habité), du premier Français envoyé dans l'Espace sur une mission soviétique.

Et, conformément aux règles régissant les vols spatiaux habités Russes depuis les débuts des missions spatiales, l'équipage 'back-up' aurait alors dû se remettre à l'entraînement de nouveau, mais avec cette fois-ci un statut au sein d'un équipage 'titulaire' (ndla: Equipage dit principal).

Ce statut permettant ainsi à Patrick Baudry de partir lui-aussi dans l'espace, pour de bon, à bord d'un vaisseau Soyouz.

Mais le Numéro 1 Soviétique Léonid Brejnev décède le 10 novembre 1982 à Moscou, cet événement a pour répercussion de suspendre toute opportunité de nouveau vol spatial franco-russe.

Ce n'est que partie remise pour Patrick Baudry, le Ministre de la Recherche et de l'Espace, Hubert Curien lui avait pourtant dit en aparté le jour du décollage de Jean-Loup qu'il volerait lui-aussi quoiqu'il arrive.

C'est finalement un peu plus tard qu'une bonne nouvelle arrive d'outre-Atlantique, à la suite d'un entretien entre le Président François Mitterrand et son homologue Américain Ronald Reagan aux USA, que la France se voit proposer une place pour faire voler l'un de ses ressortissants à bord d'une navette spatiale: Le nom de Patrick Baudry est aussitôt évoqué...

Il vit alors exactement l'inverse de ce qu'il a connu à l'entraînement en U.R.S.S., cette fois-ci c'est lui qui devient astronaute titulaire, et il a son collègue Jean-Loup Chrétien qui devient sa "doublure". Au début des années 1980 le CNES ne compte en fait que deux astronautes sélectionnés et bons pour le poste.

C'est alors que Patrick et Jean-Loup, habitués à déménager souvent de part leur métier de pilote de chasse et d'essai bouclent une fois de plus leurs valises.

Cette fois-ci leur ville de destination est Houston ; là où se trouve "la Mecque" de l'astronautique américaine: Le centre de contrôle des vols, ainsi que le centre d'entraînement du corps des astronautes Américains et étrangers invités à voler sur la navette spatiale !

Patrick Baudry se souvient encore de ce jour mémorable où on lui a appris la bonne nouvelle: A savoir qu'il était désigné pour être le premier Français à voler sur une navette spatiale américaine: Sur Challenger !

Nous sommes le 23 mars 1984, et il habite Bordeaux, lorsque son

- ami Benoit Fraisse lui téléphone de Paris:

"Félicitations, mon vieux, c'est toi le prochain !...

- Patrick Baudry interloqué:

" le prochain quoi ?..."

- Benoit Fraisse:

"Comment ? Tu n'es pas au courant ?...La radio vient d'annoncer que Ronald Reagan et François Mitterrand ont pris le petit déjeuner ensemble ce matin à la Maison-Blanche et que le Président Américain t'invite à participer à une mission dans la navette Challenger en mars (ndla: 1985) prochain. Cette fois c'est tout bon !...

- Patrick Baudry:

"Non ! Tu d..., on n'est pas encore le 1er avril !...

- Benoit Fraisse tentant de nouveau de le convaincre:

"Mais je te jure que c'est vrai ! Ecoute le journal d'Inter à 19 h, ils ont fait 'l'ouverture des titres à 18 h 30 avec toi, ils vont sûrement en reparler..."

(ndla: Dialogues issus de 'l'ouvrage "Aujourd'hui le soleil se lève seize fois' de Patrick Baudry, Editions Michel Lafont et Carrere, 1985).

Pour en avoir le coeur net Patrick Baudry écoute la radio et regarde la télévision du soir: Finalement son ami ne s'est pas trompé, le journaliste Michel Forgit de France Inter confirme bien la nouvelle par la dépêche officielle de l'AFP (Agence France Presse). Puis il regarde le Journal Télévisé à 20 h sur Antenne 2, la journaliste Christine Ockrent confirme bien qu'il est l'heureux élu, pour ce vol spatial...

À peine la nouvelle est-elle officialisée que Patrick Baudry doit répondre aux nombreuses sollicitations de la presse, et aux différentes interviews : La premiére avec Pierre Kohler de RTL, mais surtout vient une invitation en télévision à ne manquer sous aucun prétexte : Yves Mourousi, qui reçoit Patrick Baudry le 26 mars dans son journal télévisé. Personne ou presque ne sera informé sur le moment que Baudry cache dans sa poche son poignet gauche plâtré (cf. en fin de chapitre récit sur l'accident de moto de Patrick), qu'il s'est cassé lors d'un violent accident de moto.

– Patrick Baudry se souvient et raconte : « *Lorsqu'Yves Mourousi m'invita, ce jour-là, sur le plateau de TF1 pour recueillir mes impressions sur ma désignation, je demandai au caméraman de ne pas montrer mon plâtre. Comme nous étions debout dans un studio improvisé....dans le jardin des Tuileries, je cachai prudemment ma main dans ma poche ; je fis bien car le réalisateur du J.T., non informé de ma blessure, n'arrêta pas de me cadrer « en pied » ; çà ne faisait pas très sérieux, un astronaute plâtré...* » *(Sources* : Aujourd'hui le soleil se lève seize fois, *Michel Lafon, 1985).*
Puis vient le départ de Patrick, pour Houston, à commencer par son envol depuis l'aéroport Paris-Charles-De-Gaulle. Le vol doit durer une dizaine d'heures, après s'être prêté une nouvelle fois à une séance de photos avec les journalistes venus à sa rencontre. Il se souvient aussi ce matin-là qu'Albert Ducrocq, sur Europe N° 1, annonce son « *...départ pour les États-Unis, (*ndla : Parlant de*)... 2e round du match de l'Espace pour la France.* »

Houston, dix heures plus tard, c'est ensuite l'arrivée au Centre spatial de la Nasa, Patrick Baudry reçoit un badge officiel, au poste de sécurité, mais son badge ne lui permet pas d'accéder à tous les lieux car il ne fait pas partie des effectifs de la Nasa !

Les premières rencontres et présentations sont les plus cordiales : Georges Abbey, patron des astronautes américains, du Johnson Space Center présente ensuite le staff dont John Young, directeur du bureau des astronautes et Robert Crippen, Chef des astronautes, qui sont biens connus de Patrick car ils sont venus au Salon du Bourget 1983 et ont été mis à l'honneur comme étant le tout premier équipage Columbia STS-1 de la navette spatiale qui a volé le 12 avril 1981 (cf. chapitre IX).

Une dernière surprise et de taille attend Patrick qui retrouve un vieil ami : Mike Mac Culley qui a suivi aussi le célèbre cursus E.T.P.S., de l'École des Pilotes d'Essai du Royaume-Uni. Ce vieil ami perdu de vu depuis cinq ans est un astronaute bleu de l'Espace, et apprenant que Patrik Baudry a

Biographie de Patrick Baudry (1946-)
17/24 juin 1985 : Premier Français à voler sur la navette spatiale.

Patrick Baudry est né le 6 mars 1946 à Douala (Cameroun), d'un père ingénieur météorologiste travaillant sur un aéroport, ce qui ne déplait pas au jeune Patrick qui approche ainsi des avions et des pilotes pour la première fois, et d'une mère femme au foyer.

Il passe une partie de sa jeunesse et de sa scolarité en Afrique puis à Bordeaux-Caudéran où il effectue ses études secondaires dans l'institution religieuse de Grand Lebrun. Après un échec au bac à la fin de sa terminale, il suit une filière scientifique, du lycée militaire d'Autun et obtient le bac avec mention très bien. Puis au Prytanée national militaire de la Flèche (Sarthe), c'est Maths Sup, suivi de Maths Spé au Lycée Chaptal à Paris. Bien qu'étant admis dans plusieurs grandes écoles, il entre à l'Ecole de l'Air de Salon de Provence en 1967, d'où il sort diplômé Officier et ingénieur en aéronautique (l'année même du vol d'Apollo 11 d'Armstrong et d'Aldrin sur la lune) en 1969, puis il est breveté pilote de chasse en 1970. Il obtiendra aussi une maitrise de thermodynamique. Pilote sur Mystère IV, F-100 Super Sabre puis sur Jaguar, il devient Commandant d'Escadrille à 25 ans puis est affecté en 1975 à la base aérienne de Toul, ce qui lui vaut de prendre part à de nombreuses missions opérationnelles à l'étranger dont certaines en Afrique.

Il est retenu en 1978 pour suivre la filière prestigieuse de l'Ecole des Pilotes d'Essai britanniques "L'Empire Test Pilot School" à Boscomb Down (Royaume-Uni), et reçoit le 'Patuxent River Trophy' des mains du Prince Charles. Son affectation suivante est la Base Aérienne de Brétigny-sur-Orge, près de Paris, qui lui permet d'acquérir une solide expérience d'essais en vol sur de nombreux avions de tous types (chasse et transport). En 1980, il est désigné officiellement avec Chrétien pour le Premier Vol Habité avec les Russes, mais n'est pas titulaire, son rêve de voler sur orbite se réalise finalement en juin 1985 en passant sept jours à bord de Discovery (STS 51-G). On lui doit d'avoir été précurseur en créant en 1989 le premier Space Camp Européen à Cannes, qui a formé plus de 10000 enfants, et dans le domaine pédagogique avec la création en 1990 du groupe scolaire Acadis.

A partir de 1985, il travaille sur le programme de navette spatiale Européenne Hermès jusqu'à l'arrêt du projet en 1993, en tant que conseiller du Président d'Aérospatiale, et pilote d'essai d'Hermès. Les 10 ans qui suivent il est pilote d'essai attitré sur les avions Airbus, et aura aussi à son actif la réalisation de grands raids aéronautiques.

Colonel de l'Armée de l'Air, il totalise plus de 13000 heures de vols dont 11000 heures sur avions à réaction sur près de 350 aéronefs français et étrangers différents, il possède aussi une licence de pilote de ligne, instructeur et pilote professionnel d'hélicoptères. Il possède de nombreuses distinctions et décorations dont celle de Commandeur de la Légion d'Honneur, et de Chevalier de l'Ordre National du Mérite. Il est aussi titulaire de la Médaille de l'Aéronautique, de l'Ordre de Gagarine, de l'Ordre de Lénine, et, côté Américain la 'NASA Space Flight Medal'. Il a également le titre de Héros de l'Union Soviétique ! Marié et père de trois filles, il vit actuellement à Lacanau avec son épouse Stéphanie qui est aussi sa collaboratrice.

Actuellement, il est Ambassadeur de bonne volonté à l'UNESCO, depuis 1998, au service de la paix et des enfants et mène de nombreuses actions en direction notamment de l'Afrique (ndla: Il est membre de l'Université Virtuelle Africaine). CONFERENCIER et CONSULTANT, il a gardé pour passion la vitesse, la moto, l'oenologie, la littérature, la lecture et l'écriture. A tel point qu'il a publié de nombreux livres sur la conquête de l'Espace pour le grand public, et qu'il a obtenu le Grand Prix littéraire, en 2003, de l'ARDUA, ce qui est pour lui une reconnaissance en tant qu'ECRIVAIN.

pris une chambre d'hôtel en face de la Nasa, l'invite à venir loger dans sa grande maison, avec piscine, et piste d'atterrissage pour avion, située à seulement dix minutes de la Nasa...(ndla: Le rêve...!)

La première journée à la Nasa a plutôt une ambiance familiale. L'entraînement va pouvoir commencer assez vite, la formation déjà effectuée à Moscou représente pour la Nasa une expérience inestimable qui va permettre assez rapidement d'intégrer Patrick Baudry dans un équipage.

Au début il s'agit d'un équipage d'une navette: Challenger, où rien ne marche comme il faut (cf. encadré en fin de chapitre), il est dans un premier temps programmé pour voler en mars 1985 (mission '51-E') soit à l'occasion de ses 39 ans fêtés sur orbite (ndla: Quel symbole le même âge que son futur ami Buzz Aldrin lorsqu'il marcha sur la lune en 1969 !). Après de nombreux problèmes techniques et une dizaine de reports de tir (cf. Préface de Patrick Baudry), il est définitivement débarqué pour une nouvelle affectation sur Discovery, avec une mission (51-G) prévue en juin 1985.

Son équipage est en partie expérimenté, le commandant de bord, Daniel Charles Brandenstein, est un "costaud" de l'US NAVY, entré à la Nasa en 1978, il a déjà volé comme pilote sur Challenger STS-8 en 1983. Le pilote est un bleu, John Oliver Creighton, 42 ans, mais possède une solide expérience dans la NAVY et a notamment à son actif plus de 500 appontages et 175 missions de guerre et participa à la Guerre du Vietnam comme le commandant Brandenstein d'ailleurs. John M. Fabian, est spécialiste de mission, ancien de l'USAF, il est à 46 ans le plus âgé de la mission, il a d'ailleurs déjà volé sur le vol STS-7 avec la navette Challenger en 1983, avec une spécialisation quant au maniement du bras manipulateur de la navette.

Comme les autres, il entre à la NASA en 1978, possède une expérience du Vietnam, des masters et doctorats dans l'ingénierie mécanique, aéronautique et astronautique. Steve Nagel, un "bleu" lui aussi recruté par la Nasa en 1978, est issu de l'USAF, et a 38 ans, il possède de nombreux diplômes: Bachelor avec mention et maitrise notamment dans les domaines de la mécanique et de l'ingénierie aéronautique et astronautique, pilote de l'Armée de l'Air, il a suivi aussi le cursus de pilote d'essai de la base d'Edwards. L'équipage de Patrick compte aussi une "astronette", Shannon Lucid, une américaine elle aussi (spécialiste de mission) agée de 42 ans, née en Chine, elle est recrutée en 1978 par la Nasa, pour ses compétences, en chimie, biochimie, et biologie moléculaire. «Armée» d'un doctorat et possédant au moment du vol de Patrick 2500 h de pilotage sur un grand nombre d'avions, c'est aussi son premier vol (ndla: Elle participera par la suite à quatre autres missions dont un vol de plus de six mois à bord de la station orbitale Mir en même temps que Claudie Haigneré notre française de l'Espace).

Et pour terminer la présentation de cet équipage de sept astronautes, il ne faut pas oublier un hôte de marque dans l'équipe de Patrick : Sultan bin Salman bin Abdulaziz Al Saud, 28 ans responsable de charge utile (avec l'emport d'un satellite Arabsat), Prince, neveu du roi Ibn Saud d'Arabie Saoudite et fils du Gouverneur de Riyadh… Il est aussi le seul citoyen arabe, le premier arabe et musulman à avoir voyagé dans l'Espace. En ce qui concerne Patrick Baudry, une biographie complète et exhaustive en page de gauche lui est consacrée.

Le moment du tir de Discovery (51-G) approche, l'équipage termine ses scéances d'entraînement et de simulateur. Vient ensuite la période de quarantaine préalable au vol, une forme d'isolement bénéfique pour que l'équipage reste concentré tout en ayant des moments de détente : la durée en est d'une huitaine de jours. Nous sommes le 17 juin 1985 et dans quelques heures Discovery aura rejoint son orbite :

– **3 h 30 du matin :** Dans le batiment de la quarantaine, un copieux petit déjeuner est pris par l'équipage alors que la nuit sur la Floride a été très orageuse. Se sont joints à l'équipage le Président du CNES et l'Ambassadeur d'Arabie Saoudite à Washington.

– **3 h 45 :** Patrick Baudry et les six autres membres d'équipage font leurs derniers préparatifs, ils sont seuls avec Georges Abbey et John Young les "Big boss", les invités ayant évacué la zone de quarantaine. Patrick rédige quelques lettres à sa famille dont son testament !
Ils enfilent leurs combinaisons bleues, (ndla : Il est à noter qu'après le drame de Challenger de janvier 1986, et à la reprise des vols les astronautes seront équipés d'un vrai scaphandre pressurisé orange, *cf. guide des combinaisons spatiales et du vol habité, J.-F. Pellerin*).

- **4 h 41 :** Voici l'heure de la première délivrance. Les uns derrière les autres les astronautes quittent définitivement le batiment de la quarantaine, passant devant un crépitement de flashes des photographes venus immortaliser la scène, puis ils montent dans un minibus qui doit les emmener vers le Pas de tir 39 B de Discovery.

Et par tradition on assiste à quelques gags et facéties habituels ; c'est ainsi que Patrick Baudry se coiffe d'un béret basque, montrant qu'il est très attaché à sa terre du Sud-Ouest. Très applaudi par la presse Américaine, qui a compris la signification : La France pays attaché à ses traditions avec les baguettes de pain, les vins et la haute-couture… Le lendemain cette photo avec des commentaires élogieux faisait la une de toute la presse américaine et Patrick Baudry était en route pour vivre le rêve de toute une vie : Partir dans l'Espace !

Avant de monter dans le minibus des propos réconfortants sont tenus par John Young à la presse concernant le béret de Patrick:

– *" Patrick a l'étoffe des héros, sinon il ne volerait pas avec nous."*

Dans le minibus Patrick Baudry ressent une émotion chez J. Young:

– *"John Young me bourre l'épaule de coups de poings et je vois ses yeux bleus briller d'émotion. Lui, l'homme de Gémini et d'Apollo, le pionnier de l'Espace est impressionné comme au premier jour ! Sûr qu'il prendrait volontiers une place si on la lui proposait."*

– 5 h 15: Alors que le soleil n'est pas encore levé, Patrick et ses équipiers descendent du minibus qui vient d'arriver au pied du Pas de tir éclairé par de puissants projecteurs. Discovery se distingue haute comme l'Arc de Triomphe de Paris et les astronautes commencent alors à s'installer dans le cockpit. Le commandant suivi de Shannon Lucid, puis des autres. Patrick se souvient et raconte ('*Aujourd'hui le soleil se lève 16 fois'*):

«L'oiseau est splendide, érigé, blanc, brillant avec ses boosters impressionnants et son énorme réservoir. La navette vit au rythme de l'oxygène et de l'hydrogène qui sifflent doucement dans les tuyaux et suintent un peu partout»

Une fois installé et sanglé sur son siège, le sas venant de se refermer dans un bruit sourd, Patrick Baudry a une pensée pour les trois hommes d'Apollo 1: Grissom, White et Chaffee qui, dix-huit ans plus tôt, dans une mission simulée et se déroulant depuis ce même Pas de tir allaient perdre la vie dans un violent incendie de leur capsule. (ndla: Cf. chapitre V).

Puis le compte à rebours final approche, les pulsations cardiaques montent aussi en fonction de chacun et de son émotivité...

– H-7 minutes du décollage: C'est le moment du repliement du bras ombilical de la tour de lancement, les astronautes se retrouvant définitivement seuls et isolés.

– **H-5 minutes:** Branchement des appareils assurant la puissance hydraulique, pour diriger la navette lors de la montée.

– **H-4 minutes:** Confirmation de Houston que la météo est ok, les dernières vérifications d'usage se déroulent comme prévu: Vérification des casques et visières, et mise en route des ventilateurs pour réguler la température de la cabine ; branchement des appareils assurant la puissance hydraulique, pour diriger la navette lors de la montée.

– **H-6 secondes:** ...Moment crucial de l'allumage des trois moteurs principaux de la navette spatiale suivi de leur montée en puissance.

– **A H-0:** Les boosters arrachent violemment 2000 tonnes de l'engin, Patrick Baudry raconte dans 'Aujourd'hui le soleil se lève 16 fois' : *«La*

**PATRICK BAUDRY LE « PETIT PRINCE »,
DONT RIEN SUR SON CHEMIN, N'ENTRAVERA SON DESTIN DE VOLER !**

Patrick Baudry, « Petit Prince », échappe miraculeusement à un attentat à 10 ans.– Patrick Baudry, est né en mars 1946 au Cameroun, dans une fratrie de cinq enfants. Il avait ainsi devant lui deux grandes soeurs qui lui avaient trouvé un surnom quasi prémonitoire "Petit Prince", puis une autre soeur et un frère viendront agrandir la famille. À la suite d'un changement d'affectation de son père météorologiste, Patrick déménage avec sa famille pour s'installer au Maroc puis en Algérie. À dix ans, passionné de parties de bille avec ses camarades à la sortie des cours, un jour sur le chemin du retour il en oublie avec d'autres camarades l'heure du bus qui doit les ramener chez eux. Patrick Baudry raconte et se souvient: *« Le bus quitta la place Bresson, près de la poste d'Alger, sans nous et explosa quelques centaines de mètres plus loin..." Un des premiers attentats du F.L.N. venait de déchiqueter ses petits camarades d'école. Pour la première fois de sa vie, il fut raccompagné chez lui par les légionnaires français qui l'avaient ramassé, hébété, sur les lieux du drame... »*

En avion avec sa mère, un moteur prend feu, ils se posent en catastrophe !

Une autre fois, le jeune Patrick et sa mère échappent à un crash de leur avion, Cela est relaté dans son livre "Aujourd'hui le soleil se lève seize fois", Michel Lafon: *« Il faut croire que quelqu'un de très haut placé protégeait la "tribu Baudry" et que les avions étaient déjà inscrits dans le signe zodiacal de Patrick ; alors qu'ils rentraient pour des vacances de réoxygénation en France, à bord d'un avion Bréguet deux ponts, leur mère s'aperçut tout à coup qu'un des moteurs était en feu ; sans rien dire à personne, elle se précipita dans le poste de pilotage et prévint le commandant de bord qui n'avait rien vu d'anormal sur ses cadrans. L'avion revint se poser en catastrophe à Alger... »*

"Casse-cou" pratiquant la moto, le corps de Patrick porte les «stigmates» de 13 (*) fractures ! – Autre aventure marquante: Le destin une fois de plus, peut basculer et tout remettre en cause. Un grave accident de moto arrive à Patrick Baudry à la fin de l'année 1983, il se souvient *"Mon poignet gauche me faisait horriblement mal ; je perdis connaissance. À Bordeaux le médecin diagnostiqua une belle fracture du scaphoïde ; il fallait me plâtrer pendant trois mois. C'était la catastrophe ! Finie la moto, fini le parachutisme. Fini surtout le pilotage d'avion de combat. Finie la perspective de voler un jour dans l'Espace..."* Finalement d'opération en opération chirurgicale et après plus de deux mois de rééducation il était fin prêt pour partir à Houston au printemps 1984 !

"Petit prince" devait voler sur la navette Challenger qui, après 13 reports de tir a été ramenée au hangar. Elle finira par exploser quelques semaines après le vol de Patrick sur la navette Discovery ! Son vol sur Discovery qui décollera aussi après 13 reports ! – Patrick Baudry a semble-t-il un très bon "ange gardien", cela se vérifiera lorsqu'il arrivera à la Nasa. Il se voit alors désigné avec une équipe d'astronautes pour voler sur la navette spatiale Challenger, avec l'espoir de pouvoir voler dès le mois de mars et de fêter son anniversaire en orbite. Mais à la suite de nombreux problèmes techniques (faux départs, reports et problèmes divers ; surtout celui récurrent des tuiles - ndla: Déjà à l'époque, des morceaux de protection thermique de l'orbiter se décollent par milliers, et il faudra d'ailleurs en remplacer jusqu'à 6000 sur *Challenger*), finalement, la décision de la Nasa tombe comme un couperet le 27 février 1985 (ndla: Après treize reports de tir) ! Challenger ne peut décoller et doit rejoindre son bâtiment d'assemblage (VAB), et Patrick Baudry est finalement débarqué pour une nouvelle affectation cette fois-ci sur Discovery avec un vol prévu en juin 1985, avec un autre équipage. Lorsque Challenger (ndla: 6 mois après la mission de Patrick sur *Discovery*) reprend ses vols en janvier 1986, c'est le terrible drame d'une navette explosant avec une institutrice à bord !

(*) (ndla: Encore des nombres **'13'** dans l'Aventure Spatiale, cf. les deux dernières pages du chapitre VIII d'Apollo 13).

navette fait un demi-tour et passe sur le dos, nous volons la tête en bas, écrasés sur nos sièges. Çà secoue et on a vraiment l'impression d'être assis sur le butoir avant d'une locomotive et de voir un train approcher à grande vitesse. Ça vibre de plus en plus et à très grande fréquence. C'est très difficile à vivre car je n'ai pas baissé ma visière pour prendre ces notes avec un minuscule magnétophone. C'est vraiment la chevauchée fantastique."

Arrivée à 36 km d'altitude en deux minutes seulement, et à une vitesse de près de Mach 3 (ndla: Environ 3000 km/h), les boosters de la navette se décrochent avant de retomber en mer, le vol se poursuit...

Baudry raconte ('Aujourd'hui Le soleil se lève 16 fois', Michel Lafon):

-"Tout se calme. C'est fantastique ! Après la chevauchée sur les boosters, on a l'impression d'être dans une Cadillac ou dans une Rolls !
On va sortir de l'atmosphère....L'accélération commence à reprendre car on engloutit très vite les ergols de notre réservoir principal qui s'allège";

La montée continue, et en cas d'incident de l'un des trois moteurs la navette pourrait alors rejoindre un terrain de secours pour se poser en urgence sur un site à Dakar, or il n'en est rien: Tous les paramètres sont nominaux. (ndla: Depuis peu la base d'Istres dans le sud de la France, avec une piste de plus de cinq kilomètres fait partie du dispositif des bases de secours si besoin pour réceptionner une navette qui ne pourrait atteindre son orbite !)

Patrick Baudry et ses collègues passent le cap des 100 kilomètres d'altitude et Mach 10 de vitesse, ils ne peuvent plus revenir, si besoin se poser au Kennedy Space Center, L'accélération se fait de plus en plus ressentir en dépassant les 2 G (deux fois son poids de pression sur le corps !)

Patrick Baudry raconte avec son magnétophone en direct:

– «Çà accélère de plus en plus et il est difficile de lever la tête écrasée par la pression. Nous avons quitté l'atmosphère et passons Mach 15.
Accélération et vibrations à nouveau. Il faut faire un petit effort pour respirer, on est complètement écrasés sur le siège et on progresse vers Mach 20 où on va accélérer très vite vers Mach 25. Mach 26. (ndla: Soit près de 28 000 km/h, la vitesse nécessaire pour se mettre sur orbite). La terre est au-dessus de nos têtes puisque nous sommes à l'envers. Le ciel est d'un noir d'encre.»

Et ce n'est pas terminé ! Les sept membres d'équipage de Discovery (STS 51-G) vont subir plus de 3G d'accélération. Patrick Baudry toujours dans le même livre, se souvient de l'ultime phase avant d'être en apesanteur et raconte: *«Ça pousse de plus en plus. Le siège s'enfonce dans mes côtes et dans mon dos. Plus de 3 G maintenant et je pèse 210 kilogrammes. On s'achemine vers M.E.C.O. (Main Engine Cut Off), moment où les moteurs vont s'arrêter, où nous atteindrons l'orbite et nous serons en zéro gravité.»... Ça y est ! les moteurs sont coupés et le réservoir vient de se séparer de la navette pour se désintégrer au-dessus de l'océan Indien. Ce coup-ci c'est bon. On y est !...Mach 26. En orbite. En 0 G...je me mets à flotter, à voler: je suis un oiseau. C'est gagné ! Fan-tas-ti-que !*

Enfin, la liberté absolue !..."

Une fois sur orbite, les astronautes qui sont des bleus de l'Espace comme Patrick doivent se familiariser à la navigation à l'intérieur du véhicule en flottant d'un point à un autre. Brandenstein, le Commandant et Fabian ont déjà volé dans l'Espace et donnent quelques conseils aux autres collègues pour apprendre à se mouvoir en apesanteur en conditions réelles.

Avant de gagner l'orbite définitive, à environ 400 km (à l'aide des moteurs orbitaux) prévue pour tout le séjour, Patrick Baudry en profite pour regarder par les hûblots ce spectacle grandiose que représente sa propre terre vue depuis l'Espace. Même avec tout ce qu'on lui avait raconté préalablement, les émotions sont encore plus grandes et plus fortes...

Puis très vite il faut se mettre au travail, Patrick dans les jours suivants prendra du temps mais sur ses heures de sommeil pour regarder la terre de nouveau, car sept jours cela passe très vite compte tenu du programmme de vol très chargé, Patrick Baudry Raconte dans "Carnets d'un voyage spatial - récit d'une mission dans les étoiles, chez Elytis, en 2007: *«Mon obsession pendant ce vol est de remplir au maximum le plan de travail prévu avec les scientifiques français qui ont préparé les protocoles expérimentaux. Et, si possible au-delà... C'est d'ailleurs la même préoccupation qui habite mes compagnons d'équipage, et le programme à bord, minute par minute, est très complexe. Nous devons, au cours de cette mission, lancer dans l'Espace des satellites de télécommunication, lancer et récupérer un satellite scientifique et effectuer des expériences médicales. En sept jours, il ne faut pas perdre de temps ! Et surtout, ne pas se marcher sur les pieds, ou plutôt, ne pas se télescoper en flottant d'un endroit à un autre...»*

C'est ainsi qu'au niveau commercial le vol démarre avec le largage du satellite Morelos-A (Mexique) le 18 juin à 19 h 38 T.U.(ndla: Temps Universel, pour obtenir l'heure française il faut rajouter 1 h en hiver et 2 h en été), puis c'est au tour du satellite Arabsat-1B ce même jour, de l'organisation Arabe des satellites de télécommunication, reste ensuite à larguer le troisième satellite: Telstar-3D (AT&T). Ils sont tous les trois équipés d'un module propulsif leur permettant de regagner leur orbite définitive demandée par leurs clients respectifs.

Autre grande expérience du vol de Patrick: Larguer, au cours de la cinquante-et-unième orbite de la mission, dans l'Espace, pendant presque 24 heures, une plate-forme scientifique d'environ une tonne, appelée Spartan-1, chargée notamment de faire des observations astronomiques avec deux télescopes à rayons X.

Sans oublier bien sûr, tout le volet biomédical avec des expériences en échographie, dans le domaine de l'équilibre et des vertiges (système vestibulaire). Certaines de ces expériences étaient dans la continuité de celles mises en oeuvre lors du vol de Jean-Loup Chrétien avec les Soviétiques en 1982.

Au rythme des heures consacrées aux expériences et aux périodes de repas, à la toilette quotidienne, au sport, ainsi qu'aux heures de sommeil, l'équipage arrivé au cinquième jour de vol pense déjà au retour sur terre qui approche à vitesse 'grand V', TOUS aimeraient rester plus longtemps !

P. Baudry raconte dans son *Carnet d'un voyage spatial*, Elytis, 2007:

– *« CINQ JOURS ONT PASSE, déjà... Enfuis ! Quatre-vingt fois nous avons fait le tour de notre lumineuse planète. Mille fois j'ai tenté d'en scruter et den retenir les moindres détails... À chaque instant, j'ai été émerveillé par sa présence de l'autre côté des parois de notre vaisseau spatial. Elle est là, resplendissante sur fond d'Espace, d'un noir absolu. Je ne me lasse pas une seconde de cette vision, pas plus que mes amis partis avant moi et restés six mois ou plus, n'ont pu s'en lasser... Mais il faudra revenir sur terre dans deux jours, et je ne peux m'empêcher d'y penser, et de déjà regretter cette sensation d'ultime légèreté et de liberté absolue ! Tout en installant sur mon corps les électrodes qui me permettront d'effectuer une expérience supplémentaire, je songe qu'il est bien dommage de devoir rentrer si tôt... »*

Puis vient le septième jour, celui du retour sur terre et de la délicate phase de rentrée atmosphérique : Freiner et faire subir au ventre recouvert de 31000 tuiles de protection de la navette spatiale, des échauffements de plus de 1500° C de température. Passer du statut de vaisseau spatial voguant à 28 000 km/h, véritable «planeur hypersonique», à celui de l'avion se posant sans moteurs à une vitesse si situant entre 300 et 400 km/h !

Mais avant cela il faut regagner son siège dans le cockpit et remettre son scaphandre pour effectuer les derniers préparatifs avant la descente :

Baudry raconte dans son "Carnet d'un voyage spatial", Elytis, 2007 : *« À bord ce sont les derniers préparatifs : sièges remontés (ils ont été démontés à l'arrivée en orbite pour faire un peu de place), casques de scaphandre préparés et vérifiés, habillage avec le pantalon anti-g sous la combinaison. Les paramètres de la désorbitation ont été intégrés aux or-*

dinateurs de bord, sous le contrôle de la Terre, et nous sommes prêts pour l'impulsion de freinage. Avant de nous installer, nous ingurgitons un breuvage magique nous aidant à mieux supporter les accélérations du retour et de la pesanteur que nous allons, hélas, retrouver sur Terre. Cette boisson, c'est simplement de l'eau sucrée et «vitaminée» qui nous permettra de réhydrater notre organisme fortement déshydraté en impesanteur, et d'éviter la syncope qui nous menacera lorsque l'accélération provoquera une redistribution des fluides, notamment celle du sang, vers le bas de notre corps. Nous buvons au tout dernier moment, avant de nous attacher à nos sièges, lorsque nous sommes à peu près certains de désorbiter...»

La descente vertigineuse de Discovery (STS 51-G) vers la Terre s'amorçe : Car faut-il le rappeler, la noblesse des engins spatiaux: Navettes et capsules spatiales habitées ont une double particularité: à savoir qu'elles doivent emmener des êtres humains au-dessus de l'atmosphère en huit à neuf minutes sur orbite et cela en toute fiabilité et sécurité pour leurs passagers ; la deuxième particularité, dans l'autre sens est de ramener des équipages sains et saufs au sol après les terribles contraintes de la traversée de l'atmosphère. Un satellite, ou une sonde robotique voyageant dans le Système solaire n'ont pas eux pour vocation de revenir (ndla: Excepté pour ramener des échantillons planétaires ou cométaires, mais dans ce cas-là la sonde possède un module de retour pouvant traverser l'atmosphère terrestre.

P. Baudry raconte dans son 'Carnet d'un voyage spatial', chez Elytis, 2007: *«Nous sommes tous prêts, ficelés à nos sièges. Le compte à rebours s'égrène, lentement, inexorablement. Zéro ! L'allumage des moteurs est à peine perceptible: Un bruit sourd, une longue vibration, et nous ressentons dans le dos une poussée douce et continue. Cette fois-ci, c'est bien fini, nous quittons l'Espace... notre trajectoire va nous rapprocher inexorablement de notre planète...»*

La navette continue sa descente. Ce que l'on appelle sa désorbitation se déroule nominalement, en freinant et en faisant chuter la vitesse de l'orbiteur, puis elle présente son ventre comme un énorme "fer à repasser", ce dernier étant composé d'une protection thermique qui vire au rouge vif, Patrick écarquille les yeux en admirant le spectacle par le hublot à l'extérieur (Carnet d'un voyage spatial, Elytis) :

«Une lueur orange a envahi le champ du hublot, et la décélération devient forte. La vitesse continue de diminuer. De Mach 25, lorsque nous avons commencé à toucher l'atmosphère, nous sommes descendus à Mach 18... Moins de 20.000 km/h...Puis Mach 15...Autour de nous, un plasma à très haute température éclaire les hublots. Nous sommes au milieu d'une boule de feu qui dépasse allègrement les 1000° C, protégés par la protection thermique...

C'est la période de "black-out", pendant laquelle aucune communication n'est possible avec le centre de contrôle sur Terre. Ces vingt minutes de décélération sont certainement les minutes les plus critiques et les plus angoissantes pour ceux qui, au sol, accompagnent notre mission. Toutes ces manœuvres doivent être effectuées avec une absolue précision, et la protection thermique doit être en parfait état pour que l'équipage revienne sain et sauf à Terre. (NDLA : C'est au cours de cette phase critique que *Columbia* en 2003 sera désintégrée en tuant ses sept membres d'équipage !).

Puis les dernières minutes arrivant, la navette rentre dans un domaine de vol proche de l'avion, à environ 5000 km/h, puis la vitesse chute à Mach 3, Dan, le Commandant de Patrick peut alors "prendre en main" la navette, car elle devient pilotable. Après une fin de descente avec une pente impressionnante, Discovery se trouve en approche de la piste 21 d'Edwards en Californie, avec un atterrisage en manuel à 300 km/h d'une extraordinaire précision. 'Chapeau' à l'équipage et à son Commandant, un parachute de freinage s'ouvre à l'arrière puis c'est la fin du roulage.
Patrick Baudry, premier Français en navette spatiale est de retour au bercail !

« La vie dans l'Espace procure de grands moments d'émotion mais lorsqu'il arrive un coup de « grisou et qu'un « grain de sable » vient « enrayer » la machine, l'Espace est là pour nous rappeler que l'homme évolue dans un monde hostile où la routine n'aura jamais sa place...».

Citation de l'auteur

NAVETTES ET STATIONS SPATIALES DANS LA TOURMENTE !

XII

Il y a maintenant une trentaine d'années que l'on assiste régulièrement à des vols de la navette spatiale, depuis 1981, et que des astronautes et cosmonautes effectuent des séjours à bord de stations orbitales autour de la terre, depuis 1971.

Pour le grand public parfois, les facéties vues sur des images montrant des astronautes lors d'une retransmission télévisuelle, et qui jouent avec des objets en apesanteur, la tête en bas et en « bras de chemises » peut laisser penser que cette vie est « facile » et « légère ».

Mais peu savent qu'en fait ces moments de détente sont souvent pris sur les horaires de sommeil des astronautes, car le restant du temps ils ont un programme d'expériences scientifiques à réaliser assez intense. C e dernier peut nécessiter une dizaine d'heures de travail journalier dans l'espace ou plus en fonction des travaux de maintenance et d'entretien que tout cosmonaute doit accomplir sur une station orbitale.

La vie dans l'Espace procure de grands moments d'émotion mais lorsqu'il arrive un coup de « grisou » comme disent les mineurs et qu'un « grain de sable » vient « enrayer » la machine, l'Espace est là pour nous rappeler que l'homme évolue dans un monde hostile où la routine n'aura jamais sa place...Voici quelques récits d'un “spatial très tourmenté” :

« L'Espace est pour tout le monde.
Ce n'est pas juste pour quelques scientifiques ou mathématiciens,
ou un groupe sélectionné d'astronautes.
Notre nouvelle frontière réside là-bas, et c'est l'affaire de tous de connaître l'Espace.

Christa McAuliffe, enseignante tuée à bord de Challenger,
s'exprimant peu avant son vol de janvier 1986.

« L'équipage de la navette spatiale Challenger nous honore pour son humanisme et cette grande cause pour laquelle ils ont donné leurs vies. Nous ne les oublieront jamais, alors que la dernière fois nous les avons vu, ce matin, alors qu'ils se préparaient pour leur voyage dans l'espace en nous disant au revoir, ... Pour aller toucher le visage de Dieu. »

Ronald Reagan,
Président des USA, 28 janvier 1986

28 JANVIER 1986
CHALLENGER : 73 SECONDES DE "SERVICE MINIMUM" POUR UNE ENSEIGNANTE !

XII-1

Le 28 janvier 1986, la navette spatiale Américaine Challenger connaît un terrible destin lors d'une véritable tragédie qui touche l'orgueil national de l'Amérique. Un événement à classer au même titre que le jour de l'assassinat du Président Kennedy en novembre 1963, où de celui du 11 septembre 2001 et de la chute des tours du World Trade Center.

Cette tragédie concerne le 25ème vol de la navette avec la mission Challenger F-51, qui se désintègre dans le ciel de Floride devant des caméras du monde entier moins de deux minutes après son décollage.

À son bord il y a sept astronautes dont la première institutrice qui doit donner son premier cours depuis l'Espace. Le programme « Navette » subit une pression médiatique et politique ; Il y a une volonté de démontrer que la navette peut voler toutes les semaines. L'année 1985 affiche au compteur des lancements près de douze tirs de navettes, un véritable record !

Le 28 janvier 1986, il règne un froid glacial sur la base spatiale du Cap Kennedy en Floride, la température avoisine les 3° C. Certains experts qui représentent la firme qui a conçu les boosters à poudre de la navette, craignent que les joints qui relient les différents segments de ceux-ci ne lâchent lors de la dure épreuve du décollage avec un tel froid.

Même avec une téléconférence peu avant le décollage les responsables du vol donnent finalement l'ordre de décoller. La suite nous la connaissons, quelques secondes après son envol sur les images vidéo on peut y voir une flamme sortir de l'un des boosters, au niveau d'un joint, pour venir « lécher » l'énorme réservoir externe bondé d'hydrogène et d'oxygène liquides.

À la 73ème seconde la navette spatiale se désintègre devant le public abasourdit, la voix officielle de Houston confirme alors de façon laconique que Challenger vient d'exploser.

Il s'agit ce jour du vol spatial le plus court de toute l'histoire mais qui va faire l'objet de rapports d'enquête l'un des plus épais en nombre de pages, cette courte mission de navette spatiale, va durer moins de deux minutes !

Puis Elles sont suivies de deux minutes et quarante-cinq secondes de chute de la cabine qui vient heurter violemment la mer en générant un impact de plus de 200 G (ndla : 200 fois le poids des cosmonautes) de décélération !

La désintégration de leur vaisseau avait créé, lors de l'explosion, près de 21 G. Certaines informations sembleraient indiquer qu'une partie de l'équipage aurait survécu à l'explosion et se serait mis en survie en utilisant des équipements oxygène.

Les rapports n'ont jamais pu totalement trancher sur le moment précis où seraient morts les sept astronautes. Alors que plus de vingt-cinq ans se sont écoulés toute l'information concernant cet accident au niveau de l'enquête, n'aurait pas été entièrement divulgué et des inconnues subsistent encore !

Des questions restent en suspens, le programme est alors complètement remodelé, et les astronautes quasi en « bras de chemises » sont dorénavant depuis cet accident équipés d'un scaphandre et non plus d'une simple combinaison allégée.

(cf. "*Guide des combinaisons spatiales & du vol habité*", de Jean-François Pellerin, publié chez Tessier & Ashpool, en 2006).

Après trente-deux mois d'arrêt du programme « navette », celui-ci a redémarré à la fin de 1988, en espérant ne plus jamais revivre un tel cauchemar.

Mais dix-sept ans plus tard c'est de nouveau le drame !

« L'anachronique » cosmonaute soviétique a regagné la terre le 25 mars 1992 après avoir tourné plus de 5000 fois autour de notre planète et avoir passé 7512 heures dans l'espace pour son pays, qui n'existe plus. L'Histoire du cosmonaute Sergei Krikalev a été évoquée au journal télévisé russe. Il a décollé d'un pays, l'Union des Républiques Socialistes Soviétiques, en mai 1991, et a atterri dans l'état souverain du Kazakhstan, un des quinze pays issus de l'URSS Lorsqu'il a quitté la Terre en mai dernier le rouble valait encore un rouble, aujourd'hui il vaut 1 penny et le salaire mensuel de 500 roubles de Mr Krikalev, à peine 5 dollars. »

Dépêche agence Reuters datée de mars 1992.

1991
KRIKALEV, DES CHARS DANS MOSCOU, ET 311 JOURS A BORD DE MIR !

XII-2

Le 20 février 1991 la station orbitale soviétique Mir fête ses cinq ans de vie et d'exploitation dans l'espace.

Le 18 mai suivant un équipage principal prend son envol pour aller relever l'équipage présent sur orbite.

À bord de l'équipage « montant » un jeune ingénieur de bord d'une trentaine d'années va effectuer son deuxième vol spatial à bord de Mir (ndla : En 1988-1989 il y a déjà vécu cinq mois !), et son nom va entrer définitivement dans l'histoire : Il s'agit de Sergueï Krikalev.

Il va vivre au cours de ce vol de 1991 ce qu'aucun autre cosmonaute avant lui n'aura vécu : Un putsch dans Moscou et la fin juridique de son pays, l'URSS.

En mars 1992, lorsqu'il regagne la terre ferme, il est avec son collègue Volkov qui l'a rejoint au cours de son marathon spatial, le dernier Soviétique à se poser sur terre ; et ironie du sort sa ville natale a changé de nom : Leningrad redevient Saint-Pétersbourg.

Il a aussi changé de nationalité, et la République qui le réceptionne : Le Kazakhstan, est devenu un état indépendant !

Il s'agit de l'histoire d'un cosmonaute « hors du temps » qui apprend par les réseaux de radio-amateurs et par des conversations pour le moins surréalistes échangées avec son épouse qu'une crise politique grave est en train de se jouer sous ses pieds, il est alors impuissant face à ces événements, et malgré tout la vie continue à bord de Mir.

Un Putsch se déroule en direct et Krikalev ne parvient pas à être informé comme il le souhaiterait de ce qui se « joue » au sol, par le centre de contrôle des vols habités habituel de Kaliningrad. Il s'agit de la chute du régime politique de M. Gorbatchev, et la prise de pouvoir par des « putschistes » au cours du mois d'août 1991.

Des chars d'assaut dans Moscou et sur les écrans de télévision du monde entier apparaissent. Le Président Boris Eltsine est monté sur un char pour lire un discours, des propos qui sont captés par Krikalev grâce à des radioamateurs. Eltsine est le représentant légitime et élu depuis peu à la tête de la République de Russie, et lance un appel au peuple pour éviter « un bain de sang ».

Au même moment la vie à bord de Mir doit continuer pour les trois cosmonautes, dont le jeune Krikalev qui apprend que son retour sur terre est reporté de plusieurs mois pour des raisons exceptionnelles et politiques car un cosmonaute Kazakh, d'une République devenue autonome est envoyé dans l'espace, une forme de contrepartie pour les Russes qui utilisent la base de Baïkonour.

D'une durée de cinq mois, à son retour il affiche à son « compteur » de durée de séjour spatial près de 311 jours d'apesanteur sans discontinuer. Lorsqu'il sort de sa petite capsule Soyouz posée dans la neige, aidé par des médecins, il retrouve ses esprits peu à peu et les « joies » de la gravité terrestre.

C'est la fin de l'hiver pour cette nouvelle République autonome du Kazakhstan, en ce 25 mars 1992.

Il aura appris auparavant que son pays : l'URSS a juridiquement disparu, et c'est symboliquement à la fin décembre 1991, qu'au dessus du Kremlin le drapeau soviétique est descendu définitivement pour être remplacé par celui de la Russie.

Volkov et lui en ont toujours un de cousu sur l'épaule de leur scaphandre lorsqu'ils sont récupérés au sol, puis regagnent Moscou par avion, laissant le dernier drapeau « flotter » à l'extérieur de la station orbitale Mir pour encore quelques mois !

Quel périple... Krikalev, est un pilote émérite, titulaire de nombreux prix et détenteur de records en voltige aérienne, à la cinquantaine passée il possède déjà 804 jours d'apesanteur cumulée, soit plus de deux ans complets passés dans l'espace.

L'équivalent de la durée d'un voyage vers la planète Mars aller-retour !

« Lorsque j'ai vu que le vaisseau était rempli de fumée,
ma première réaction fût d'ouvrir une fenêtre.
Et là, j'ai vraiment eu peur pour le première fois. »
Alexandre Lazouthkine,
à bord de Mir lors de l'incendie de février 1997
Interview sur NOVA TV, 1998.

1997 : FEU A BORD DE MIR, COLLISION PUIS DEPRESSURISATION, RIEN NE VA PLUS !

XII-3

La station orbitale Mir, véritable « fleuron » de l'Aventure Spatiale Russe, dans l'espace pendant presque quinze ans a reçu plus d'une centaine de cosmonautes qui ont pu y travailler et y vivre.

De nombreux exploits ont même été réalisés à bord avec notamment des vols de très longue durée, certains dépassants les 300 jours (311, 326, 366, 375 et 438 jours).

Des exploits aussi sur le plan humain lorsque des cosmonautes sont confrontés à de graves incidents et à des pannes se déroulant à bord. C'est ainsi qu'en 1997, la station fête ses onze ans de vie orbitale sur les cinq initialement prévus, un équipage principal va vivre pendant six mois des événements extrêmement graves.

En février 1997, un violent incendie se déclenche alors qu'ils viennent d'allumer une cartouche d'oxygène défectueuse, celui-ci ne dure que quatre-vingt secondes environ ; tel un chalumeau, une flamme attaque directement la paroi d'un module.

L'équipage se voit contraint de porter un masque à oxygène en sécurité, le temps que l'épaisse fumée noire se déplaçant dans la station se résorbe, certains témoignages indiquent que la visibilité est à ce moment de moins d'un mètre !

En juin 1997 un autre incident encore plus grave a lieu, l'équipage présent à bord : Tsybliev, Lazoutkhine, et l'Américain Foale, connaissent une violente dépressurisation du module Spectre où loge et travaille ce dernier, et l'oxygène de la station se vide rapidement.

Les alarmes au sol du centre de contrôle de Moscou se déclenchent, celles qui sont à bord de Mir retentissent de façon stridente dans les oreilles des trois cosmonautes.

Normalement le commandant face à une telle situation de crise provoquée par le choc d'un vaisseau Progress de ravitaillement télécommandé de l'intérieur devrait le contraindre à évacuer la station.

L'accident a lieu le 25 juin 1997, et le commandant tente vainement d'amarrer le vaisseau *Progress* à *Mir*, mais l'engin a plus de vitesse que prévu en fonçant sur eux, celui-ci percute et rebondit sur l'extérieur de la station, en venant s'encastrer il perce une paroi du module portant les principaux panneaux solaires, touchés aussi lors de la manœuvre.

À défaut d'évacuer, les contrôleurs au sol ordonnent au commandant de rester à bord, l'objectif étant de sauver ce qui peut être sauvé de la station, à l'image d'un bateau coulant, l'ingénieur de bord a des réflexes de survie et pense avoir repéré la fuite d'oxygène.

Écoutant son intuition, il est quasiment sûr de son diagnostic : En coupant les câbles reliant le module principal du module Spectre, il pense pouvoir neutraliser définitivement cette « voie d'air ».

Il reste ensuite, à l'aide de bouteilles d'oxygène de secours à faire remonter la pressurisation à bord du module de base de la station.

Des dialogues incessants ont lieu entre les contrôleurs venant aux nouvelles, et le commandant qui demande à son ingénieur d'accélérer ces réparations de «fortune». À un moment il y a un instant de panique, l'Américain Foale regagne la capsule *Soyouz* pensant que les Russes vont finir par arriver pour évacuer.

Il n'en est rien, et pense un instant qu'ils vont au suicide pour sauver la station et le fleuron russe !

Il finit par les aider, bien qu'il reconnaîtra par la suite avoir crû que c'était la fin, lors de l'impact violent du vaisseau Progress qui est venu percuter la station.

Pour «couronner» le tout viennent ensuite d'autres incidents: Pannes de l'ordinateur central assurant le contrôle de la station dans l'espace, ils sont plongés dans l'obscurité par manque d'énergie électrique (ndla : 40 % des panneaux solaires étant amputés), puis la maladie du commandant qui souffre d'arythmie cardiaque, face au stress il prend des calmants.

Des dialogues surréalistes sont échangés entre Américains et Russes, *Mir* dans la tourmente est finalement sauvée et prolongée jusqu'en 2001, l'équipage entre temps est rentré sur terre sain et sauf...

Son commandant mis en cause, est sanctionné et perd son statut pour revoler dans l'Espace, même si on lui doit d'avoir courageusement réussi à sauver Mir.

Depuis 1986 *Mir* a connu pas moins de 1439 incidents mineurs recensés, avant de vivre cette dépressurisation du 25 juin 1997 !

« Sur les onze jours que dure le vol de Glenn le « coup de grisou » est au décollage où l'on passe de très près du drame. Une trappe qui protège le conteneur parachute de l'orbiteur se décroche et tombe sur le pas de tir, passant à quelques centimètres de l'un des moteurs allumé à pleine puissance. »

Extrait du récit "Le papy de l'Espace" de Jean-François Pellerin

1998 : GLENN 77 ANS, LE "PAPY DE L'ESPACE" AURA PATIENTE 36 ANS !

XII-4

John « Herschel » Glenn est aujourd'hui âgé de quatre-vingt-dix ans, toujours « bon pied » et « bon œil », il est à lui seul une véritable « légende vivante » du monde de l'Air et de l'Espace.

Colonel et Pilote de la NAVY américaine il effectua de nombreuses missions de combat au cours de la Seconde Guerre Mondiale puis lors de la Guerre de Corée. Sur un total de cinquante-neuf missions notamment sur les avions F4U et F86, au cours des neuf derniers jours en Corée Glenn abat trois MIG, une vraie performance !

Il rejoint ensuite la célèbre école des pilotes d'essai de Patuxent dans le Maryland. En juillet 1957 (ndla : Trois mois avant le Spoutnik soviétique lancé dans l'Espace), alors qu'il est affecté Officier sur l'avion F8U, Glenn bat un record du monde de vitesse transcontinental en traversant les USA en trois heures et vingt-trois minutes !

Il totalise près de 9000 heures de vol dont 3000 en supersonique. Cette solide expérience en fait un candidat astronaute tout trouvé avec six autres « têtes brûlées », il est présenté à la presse en avril 1959 dans le cadre du programme Mercury. Le 20 février 1962, à quarante ans, il devient le premier Américain placé sur orbite (moins d'un an après Youri Gagarine) et passe près de cinq heures dans l'Espace, le temps pour lui de faire trois tours de Terre.

Lorsque sa fusée décolle enfin, quel soulagement, ce tir avait été ajourné une douzaine (presque treize !) de fois pour des raisons météorologiques et techniques. Sans ces retards Il aurait en fait pu voler la même année que Gagarine, à la fin de 1961. Le « coup de grisou » de ce vol pour Glenn apparaît lorsqu'un voyant d'alarme s'allume dans la cabine. Les contrôleurs du Centre de Houston craignent le pire et que son bouclier thermique ne se détache à la rentrée atmosphérique !

À un moment, il est envisagé un retour dès la fin du deuxième tour de terre et décident finalement de lui en faire boucler un troisième. Sa rentrée dans l'atmosphère se fait en mode manuel, et démontre à cette occasion, une très grande virtuosité chez ce pilote chevronné.

Son voyant était tout simplement défectueux, c'était une fausse alerte. Pour ce premier vol spatial sur orbite d'un Américain il est reçu en héros national à son premier retour sur terre, par le Président Américain John F. Kennedy.

John Glenn quitte la NASA et le programme spatial américain en 1964, tout en gardant néanmoins toujours la tête dans les étoiles. Il prend en 1974 une autre direction, et effectue un véritable « virage » dans sa carrière et devient sénateur démocrate de l'Ohio, ce qui l'amène à faire campagne en 1984 pour l'investiture suprême à la Présidence des Etats Unis.
Ce statut, il ne le sait pas encore, va lui permettre en octobre 1998 de réaliser un vieux rêve : retourner dans l'espace. Il va patienter 36 ans, entretenant sa condition physique pour passer régulièrement des tests médicaux et de sélection « très » officiels de la NASA, à Houston et au Cap Kennedy.

Ce « Papy » de l'Espace suit exactement le même entraînement que ses six autres membres d'équipage, et redécolle à la fin de 1998, à bord d'une navette spatiale, un vaisseau qui lui parait alors bien plus confortable que sa minuscule capsule Mercury de 1962. Son lancement a lieu en présence du Président Bill Clinton.

Il règne une émotion indescriptible pour ce « grand-père » de soixante-dix-sept ans aux yeux bleus, «pétillants» de joie de vivre. Le commentateur officiel sera symboliquement, bien que très âgé lui aussi, celui qui était présent lors de son premier vol du programme Mercury en 1962. C'est un «remake» mais en 1998, trente-six ans plus tard avec les cheveux blancs!

Sur les onze jours que dure le vol de Glenn le « coup de grisou » est au décollage où l'on passe de très près du drame. Une trappe qui protège le conteneur parachute de l'orbiteur se décroche et tombe sur le pas de tir, passant à quelques centimètres de l'un des moteurs allumé à pleine puissance.

Imaginez alors une explosion de la navette sur le pas de tir bondée de carburant et avec les propulseurs allumés !

Mais Glenn a un ange «gardien». Quelle vie et quel destin extraordinaire encore pour ce "spatiopithèque" de l'Espace qui a véritablement l'« étoffe des héros », un film portant ce nom lui rend d'ailleurs hommage, lui et à ses six collègues recrutés en 1958, l'année même de la création de la NASA.

« Quand j'étais un enfant je n'ai jamais rêvé devenir astronaute... Je suis un pilote avant tout, un pilote de chasse, dans mon cursus. Et j'étais très heureux, je n'ai jamais rêvé devenir un astronaute en fait. Lorsque j'ai été sélectionné, pour un vol dans l'Espace, j'ai réellement sauté de joie. »

Ilan Ramon

1er FÉVRIER 2003, COLUMBIA SE DESINTEGRE AVEC ILAN RAMON : ISRAEL EN DEUIL !

XII-5

Après l'explosion de la navette Challenger en janvier 1986, beaucoup avaient dit « plus jamais » cela ! Pourtant une deuxième tragédie va frapper la NASA. Cette fois, il s'agit d'une explosion lors du retour de la navette Columbia. Certains experts avaient prédit que l'accident, pourrait se renouveler.

C'est le cas lors du 113ème vol d'une navette spatiale avec la mission Columbia « STS-107 » (ndla : Navette vétéran) lancée dans l'Espace le 16 janvier 2003, dix-sept ans tout juste après Challenger.

Toute l'année 2002 est émaillée de nombreux incidents et de retards réguliers sur des vols précédents.

Certains rapports avaient circulé laissant entendre qu'un autre drame était proche et que le parc des navettes était vieillissant avec des fragilités au niveau de la protection thermique. Des éléments du revêtement du réservoir externe s'étaient, au cours de précédentes missions, décollés et arrachés.

Lors du lancement de la mission STS-107 ce type d'incident se produit ; ainsi, un morceau arraché du revêtement du réservoir externe vient heurter violemment le bord d'attaque gauche de l'aile de l'orbiteur (ndla : La partie avion réutilisable), ce qui cause des dégâts importants.

Cet événement est jugé mineur par ceux qui assurent le décollage. Pendant les seize jours que dure cette mission scientifique, l'équipage ne s'en inquiète pas, et pour la première fois on compte un citoyen Israélien qui réalise son rêve.

Certains au sol ont pris en compte cet événement de la chute d'un orceau d'isolant qu'ils ne jugent pas comme étant « mineur » et alertent la hiérarchie ; il y aura des photos prises depuis le sol, à l'aide des télescopes de l'USAF, qui montrent qu'il y a des dégâts sous l'aile gauche.

Rien n'y fait le retour dans l'atmosphère a lieu le 1er février 2003.

C'est trop tard ! Columbia, après être passée à la verticale de la Californie, se désintégre au-dessus du Texas, à environ soixante kilomètres d'altitude et à 21 000 km/h, à quelques minutes seulement de l'atterrissage prévu en Floride.

Suivent de longs mois d'enquête pour comprendre.

L'analyse des données indique que du gaz chaud est entré par le bord d'attaque de l'aile gauche, attaquant directement la protection thermique de la navette qui lâche.

Dans les derniers dialogues des astronautes avec le sol il est signalé des paramètres de montée en température importants dans le train d'atterrissage. Les pneus sous les contraintes éclatent. Il se déroule ensuite l'impensable : L'explosion finale au dessus du Texas, et des morceaux de l'engin qui vont être éparpillés sur des centaines de kilomètres !

Ilan Ramon, premier Israélien de l'Espace frôle la mort à deux reprises et le 1er février 2003, en réalisant son rêve, il se tue avec la navette spatiale Columbia :

Ilan Ramon est né en juin 1954 à Tel Aviv. Il est diplômé des hautes études en 1972. Il rejoint l'Armée de l'Air israélienne et participe à la Guerre du Kipour en 1973. Il est breveté pilote de chasse de l'école de l'Armée de l'Air Israélienne en 1974.

Il passe dix ans à piloter des avions comme le F16, le Mirage III-C. Il suit à l'Université de Tel Aviv un cycle en ingénierie électronique et informatique à partir de 1983. Il réintègre l'Armée de l'Air, avec plus de 4 000 heures de vol.

En 1997, il est sélectionné pour être astronaute et rejoint le Johnson Space Center de Houston dans le Texas. En 1998 Ilan Ramon raconte : « Quand j'étais un enfant je n'ai jamais rêvé devenir astronaute,... Je suis un pilote avant tout, un pilote de chasse, dans mon cursus. Et j'étais très heureux, je n'ai jamais rêvé devenir un astronaute en fait. Lorsque j'ai été sélectionné, pour un vol dans l'Espace, j'ai réellement sauté de joie. »

Il a effectué son vol dans l'espace du 16 janvier au 1er février 2003, en tant que spécialiste de mission et trouve la mort lors du retour sur Terre. Colonel de l'Armée de l'Air et père de quatre enfants, on disait de lui qu'il était « invulnérable » et que rien ne pouvait l'atteindre, c'est ainsi qu'à deux reprises il a la vie sauve en déclenchant son siège éjectable pour sauter en parachute de son avion de chasse.

Un bien cruel destin pour le premier astronaute Israélien ; il s'agissait du 113ème vol d'une navette spatiale, et ironie du sort sa navette se désintègre et projette des débris sur des centaines de kilomètres dont la ville de Palestine aux USA.

« Michel Fournier va réaliser l'un de mes vieux rêves : A savoir 'revenir à pieds depuis l'Espace ' ! »
Jean-François Clervoy
Astronaute ESA, Parrain du Grand Saut

2011, FOURNIER VA VALIDER UNE PROCEDURE QUI AURAIT PU SECOURIR CES ASTRONAUTES !

XII-6

Quatorze astronautes ont perdu la vie dans les deux accidents de la navette spatiale présentés dans ce chapitre ! Beaucoup s'accordent à dire que si il y avait eu un système d'éjection certainement que ces astronautes auraient eu la vie sauve et auraient regagné le "plancher des vaches". Ejecter en plein vol d'un vaisseau spatial en difficulté, n'est pas une mince affaire, s'il fallait s'y résoudre à prendre une telle décision, seules les fusées classiques sont équipées d'une tour pour extraire la capsule avec son équipage, la navette spatiale n'en est pas équipée ! Les Russes ont à ce jour sauvé deux équipages avec un tel système sur leur lanceur Soyouz, mais jamais personne n'a éjecté avec un parachute personnel depuis 40 km ou plus ! Aucun ne s'est vraiment risqué à ce jour et n'a réussi un tel exploit ! C'est ce challenge que se prépare à relever Michel Fournier, en août 2011 en se jetant dans le vide depuis la nacelle d'un ballon monté à quarante kilomètres d'altitude dans le ciel Canadien. Il va faire alors une chute prodigieuse de près de sept minutes et trente secondes, engoncé dans un scaphandre similaire à celui des astronautes pour le protéger lors de la descente. Ce défi insensé doit à cette occasion lui permettre de battre plusieurs records du monde, notamment de vitesse, il devrait ainsi passer le mur du son et descendre à plus de 1300 km/h !

Ce projet testé avec un mannequin déjà depuis trente-huit kilomètres (projet S38), doit valider des procédures héritées du défunt projet Hermès de navette spatiale européenne des années 1980 /1990. En cas d'incident grave au cours du vol il avait en effet été étudié la possibilité d'éjecter les astronautes pour assurer leur survie. Fournier, soixante-sept ans, ancien candidat astronaute des années 1980 est un « cosmonaute » à sa manière, il est ancien Colonel, issu des troupes aéroportées et titulaire de plus de 8700 sauts en parachute dont un record à 12 000 mètres ! Il a subi de nombreux tests en caisson de simulation d'altitude à la Comex, à Marseille, et a suivi un entraînement draconien. cette expérience scientifique, médicale et physiologique de l'extrême, mobilise de nombreux partenaires, experts et agences spatiales. Il s'agit en effet d'une performance similaire à celle de Joe Kittinger issu de l'USAF (Armée de l'Air des USA) qui en 1960 a effectué le premier saut à plus de 31 300 mètres depuis un ballon. Fournier a méticuleusement pensé à tout bien qu'ayant déjà connu plusieurs reports de tentatives pour raisons diverses : L'objectif est prévu pour fin août 2011, avec un Français, un ballon russe, et depuis le ciel Canadien ! (www.legrandsaut.org)

CINQUIEME PARTIE

LE XXIème SIECLE, DE LA LUNE À MARS ET D'AUTRES EXPLORATEURS

« J'arrive à la conclusion que l'énergie sans cesse croissante dont nous aurons besoin dans le futur viendra de l'Espace (...) et plus probablement des ressources de la lune »

Harrison Schmitt,
Astronaute d'Apollo 17

« Le premier voyage d'hommes et de femmes vers Mars est une étape clé pour nous transformer en espèce multi-planétaire. Ce sera aussi important que la colonisation de la terre ferme par nos ancêtres amphibiens et la descente des arbres par nos ancêtres primates»

Carl Sagan,
(1934-1996)
astronome et vulgarisateur.

S'IMPLANTER SUR LA LUNE, POUR VISER ENSUITE LA PLANETE ROUGE ? XIII

« *Revenir sur la Lune à l'horizon 2020 !* » et partir à la conquête de la planète Mars après 2030. Et si c'était vrai ? Il y a longtemps que les « officianados » de l'exploration spatiale attendent ce jour, où l'on va entendre les politiques exprimer des objectifs clairs et précis, volontaristes à la John Kennedy. Sur leur lancée si les Américains n'avaient pas freiné leurs budgets après la lune et la réussite du *projet Apollo*, certains avaient déjà prévu d'aller beaucoup plus loin, c'est ainsi que von Braun imagine le voyage martien et en propose sa concrétisation dès 1986. Depuis quarante ans l'homme a donné une priorité au spatial applicatif : Les satellites, et à la vie sur orbite dans la banlieue de la terre à bord de stations orbitales simples, modulaires puis permanentes. On passe ainsi des Saliout des années soixante-dix qui ont permis à des équipages de vivre pendant des durées allant jusqu'à six à huit mois de vol. Puis vient la station Mir à partir du milieu des années quatre-vingt qui a allongé la durée des vols de huit à quatorze mois. Le plus long vol spatial habité a été réalisé par le médecin russe Valeri Poliakov en 1994-1995, qui est resté 438 jours sans discontinuer à bord de *Mir*. Actuellement la station spatiale internationale *ISS* sur orbite depuis 1998, est le « fruit » d'une coopération de seize nations, et devrait pouvoir dans les années à venir permettre des vols de dix-huit à vingt-quatre mois. Depuis l'été 2009, les équipages qui y séjournent sont passés de trois à six personnes grâce à une station plus volumineuse, équipée électriquement en conséquence.

Simultanément des programmes de simulation au sol ont lieu pour préparer ces voyages de très longue durée nécessaires pour réaliser un aller-retour vers Mars, ou tout simplement des missions longues sur la lune un jour prochain.

Selon le scénario retenu il est difficile avec les moyens de propulsion chimique classiques d'aujourd'hui d'envisager un vol qui durerait moins de dix-huit à trente mois. Il faut en effet tenir compte des périodes favorables au niveau des conjonctions planétaires de Mars par rapport à notre Terre, au moment du départ et du retour. 2009, est le point de démarrage de l'opération Mars 500, (520 jours), où des équipages vivent actuellemnt en caisson fermé au sol, des missions de longue durée. Après une première expérience conduite à Moscou au sein d'un laboratoire de physiologie humaine, avec quatre Russes et deux Européens qui ont participé de mars à juillet 2009 à une simulation de 105 jours, avec Cyrille Fournier, Pilote de ligne sur Airbus A320, et Olivier Knickel, un ingénieur Allemand qui ont été recrutés en 2008 sur 5680 candidats.

Au cours de cette « réclusion » volontaire il ont été observés comme des « cobayes » de laboratoire par des médecins et des psychologues. L'objectif principal consiste à tester au sol les conditions d'un vol vers Mars que la NASA espère réaliser avant 2040. Privés de tout contact physique avec le monde extérieur, ils communiquent avec le centre de contrôle et leurs amis par la voix, avec un dispositif qui crée une distance de « vingt minutes » entre l'émission et la réception des messages, pour simuler l'éloignement rencontré par des explorateurs de Mars voulant parler avec des contrôleurs sur terre. Cette expérience permet de tester des équipements et des protocoles, et d'effectuer des expériences de télémédecine, de microbiologie, d'immunologie, ainsi que de physiologie et psychologie. Depuis 2010, une autre simulation d'envergure a pris le relais pour une période de 520 jours (240 jours pour aller vers Mars, un mois au sol et 240 jours pour le retour vers la terre), et ils ont d'ailleurs au début de 2011 simulé en scaphandre une sortie similaire à celle qui pourrait avoir lieu un jour sur le sol de Mars.

Parallèlement d'autres recherches sont menées par la Mars Society, qui est une association mondiale créée par Robert Zubrin, qui est un ingénieur du spatial Américain, et qui défend un scénario de voyage martien direct « Mars Direct ». Ce type de scénario venant de Robert Zubrin commence à faire l'unanimité chez beaucoup et dans certaines agences spatiales. Il y est prévu une optimisation des coûts du projet et une des ressources avec la création notamment de carburant sur le sol de Mars pour assurer la propulsion d'un vaisseau retour vers la terre. De nombreux engins sont redondants pour assurer la pleine sécurité des équipages sur place. La 'Mars Society', et sa délégation française « Association Planète Mars » présidée par Alain Souchier et Richard Heidmann, ingénieurs en propulsion spatiale, effectuent des simulations de séjours martiens sur des sites dédiés à ces expériences comme dans l'UTAH, avec des habitats modulaires, des véhicules et rovers ainsi que le parfait équipement de l'explorateur martien : Le scaphandre.

En janvier 2004, un discours du Président américain Georges Bush jr, a fixé de nouvelles orientations à la politique spatiale future d'exploration du système solaire. Les Américains arrêtent leur navette spatiale en 2011 après avoir terminé l'assemblage de la station ISS. Un nouveau projet devait prendre la suite : Constellation/Orion qui se proposait d'envoyer des équipages sur la lune en 2020, avec quatre personnes pour y effectuer des vols de près de deux semaines puis à partir de 2025 des habitats devaient accueillir des équipages pour des missions de six mois. Les fusées prévues pour ce projet étaient « ARES I » et « ARES V » qui devaient utiliser des technologies déjà bien éprouvées et en cours de développement.

Mais cette vision a été remise en cause par le nouveau Président des USA: B. Obama qui préconise le maintient jusqu'en 2020 avec ses partenaires de la station ISS et il propose un programme visant plutôt les astéroïdes et la banlieue martienne vers 2040 avec un lanceur lourd type "Saturn". Certains « grands » défenseurs du voyage vers Mars qui estimaient qu'aller sur la lune (vision Constellation) risquait de retarder de vraies décisions pour le vol Martien, apprécient maintenant plus ce scénario. D'autres pensent en effet que la lune comme la station ISS sont de vrais tremplins pour préparer les équipages futurs en leur apprenant à vivre en environnement spatial avant de faire le grand saut. Reste maintenant à avoir une véritable cohérence globale des programes spatiaux avec une Amérique traduisant ses objectifs en lignes budgétaires correspondantes dans la réalité.

L'Europe a aussi un grand programme bien avancé « Aurora » d'exploration du système solaire, avec la robotique et de nombreux rovers de plus en plus massifs et "mastondontes" truffés d'électronique et de moyens de mesure. En 2025 le retour automatique en coopération internationale d'échantillons de Mars est enviseagable. L'étape suivante serait ensuite l'homme entre 2030 et 2040 en banlieue martienne, sur Phobos ou tout simplement directement sur la planète rouge pour un premier débarquement.

Depuis 2003, une troisième nation envoie des cosmonautes par ses propres moyens; la Chine avec ses taïkonautes qui ont déjà réussi trois vols (bientôt 4) . À la fin de 2008 un Chinois est sorti dans l'Espace en scaphandre tel Leonov en 1965 pendant quelques minutes, et dès 2012, des taïkonautes réussiront leur premier rendez-vous spatial ! La Chine a de grandes ambitions comme l'Inde, elles ont par ailleurs toutes les deux envoyé des robots sur la lune. (ndla : cf. '*La Chine veut la Lune*', 2007, Philippe Coué, A2C Médias). Elles envisagent la Lune entre 2020 et 2025, l'Inde enverra d'ailleurs ses premiers cosmonautes avant 2017. les Japonais experts en robotique pourraient aussi s'y mettre ; ils ont déjà posé des robots sur la Lune et sont aussi des partenaires incontournables de la station ISS, mais après les catastrophes naturelles vécues sur leur territoire certaines priorités vont s'imposer à eux.

Le XXème siècle aura été celui de l'aviation, de l'Homme sur la lune ainsi que de sa présence permanente dans l'Espace, le XXIème siècle sera très certainement celui de la vie permanente sur la lune à l'image de nos bases scientifiques situées en Antarctique et du premier débarquement des hommes sur Mars.

Même si nous connaissons actuellement un flottement dans certains objectifs, lié à des paramètres conjoncturels et sociétaux difficiles les explorateurs et les Hommes de science seront toujours là malgré une frilosité des politiques pour partir à la conquête de nouveaux rivages, car les asiatiques se sont bels et bien "éveillés" et se préparent aussi pour cette grande aventure lunaire et martienne !

CONCLUSION

Depuis février 2009, un nouveau pays : L'Iran est devenu la dixième puissance spatiale. Un pays qui ambitionne pour 2022 l'envoi par ses propres moyens nationaux d'hommes dans l'espace, elle a d'ailleurs réussi en 2010 un vol balistique avec des animaux, récupérés sains et saufs !

Les deux prochaines puissances spatiales devraient être la Corée du Nord qui a tenté de lancer son premier satellite artificiel en 2009 mais ce fût une échec. La Corée du Sud qui s'y prépare aussi !

On comptera ainsi douze nations dans ce club très fermé des puissances de l'Espace capables de lancer des satellites par leurs propres moyens, en attendant peut être d'autres nations telles : Le Brésil, le Pakistan et Taïwan !

(ndla : La France était devenue en 1965 la troisième nation du Monde à lancer un satellite avec Astérix et sa fusée Diamant depuis la base d'Hammaguir !).

Les USA et l'URSS ont dominé la conquête spatiale. L'Europe a marqué des points en réussissant, en 2008, son premier rendez-vous spatial entre l'*ATV/Jules Verne* et la station spatiale internationale et a accroché son module laboratoire *Columbus* à la station ISS, devenant ainsi copropriétaire de la station spatiale.

Elle va disposer de la fusée Soyouz en Guyane avant la fin de 2011, ainsi que de la fusée italienne Véga ; elle va faire aussi évoluer son lanceur Ariane 5 ; en attentdant entre 2020 et 2025, Ariane 6.

En 2011 le CNES fête ses cinquante ans et Ariane avec plus de 200 tirs, fête trente ans de vols commerciaux, en n'ayant pas connu l'échec depuis neuf ans sans discontinuer !

Après avoir réitéré un rendre-vous avec l'ATV J. Kepler début 2011 avec ISS, elle possèdera un « ATV Evolution » de type ARV pour permettre de revenir sur Terre en attendant son propre vaisseau spatial de transport habité. On peut signaler aussi une arrivée en force du secteur spatial privé avec le projet très avancé de capsule Dragon de la firme Space-X, qui a déjà effectué un vol parfait avec succès qui sera prévu dans l'avenir pour envoyer des équipages. Il est d'ailleurs prévu en 2011 de faire un amarrage avec la station spatiale ISS si les Russes leurs donnent le feu vert sur le plan sécurité.

L'Espace ouvre de nouveaux horizons après cette période des spatiopithèques et des premiers aventuriers et explorateurs de l'Espace du XXème siècle qui ont ouvert les voies de l'Aventure dans l'Espace ; le troisième millénaire sera certainement encore plus prometteur avec Mars et les astéroïdes en ligne de mire avec des équipages internationaux voguant dans le système solaire avec de nouveaux moyens de propulsion avancés type Vasimr à plasma pour rejoindre d'autres rivages et “terres” de notre système planétaire !

CONSEILS DE LECTURE (35) :

ANDRE-DESHAYS (Claudie), DE LA BIGNE, *Une Française dans l'espace*, Plon 1996.
BALAND (Pierre) De Spoutnik à la lune, L'Histoire secrète du programme spatial soviétique, J.Chambon, 2007.
BAUDRY / FRAISSE Aujourd'hui le soleil se lève 16 fois, Carrere-Michel Lafont-Editions 13/1985.
BAUDRY (P.), CHRETIEN (J.-L.) et CHABBERT (B.), Spatiale première, Plon, 1982.
BAUDRY (Patrick), 12 hommes sur la lune, Atlas, 1998.
BAUDRY (Patrick), Le rêve spatial inachevé, de Youri Gagarine au voyageur universel, Tallandier, 2001.
BAUDRY (Patrick), Conquête spatiale, la déroute ! Michel Lafon, 2003.
BAUDRY (Patrick) , Carnet d'un voyage spatial - récit d'une mission dans les étoiles, Elytis, 2007.
CHRETIEN Sonate au clair de Terre, Itinéraire d'un Français dans l'espace, Denoël, 1993.
CHRETIEN (Jean-Loup), MISSION MIR, document, Edition Michel Lafon, 1998.
CHRETIEN (Jean-Loup), ALRIC (Catherine), Rêves d'étoiles, Alphée-Jean-Paul Bertrand, 2009.
CLERVOY (Jean-François), Histoire(s) d'Espace, mission vers Hubble, Jacob-Duvernet, 2009.
CLERVOY (J.-F.), LEHOT (F.), Embarquer dès demain pour l'Espace, le vol suborbital touristique, Vuibert,2010.
COUE (Philippe), La Chine veut la Lune, Editions A2Cmédias, 2007.
DUPAS (Alain), Demain, nous vivrons tous dans l'Espace, Robert Laffont, 2011.
DUPAS (Alain), L'Appel du cosmos, Gallimard Découvertes, 2011.
DE GOURSAC (Olivier), LUNE, Tallandier 2009.
GAUTHIER (Yves), GAGARINE ou le rêve russe de l'espace, Flammarion, 1998.
GUCCIARDI (Roger), Les Fusées V2, et l'arme atomique, Cheminements, 2008.
HEIDMANN (Richard), Planète Mars, une attraction irrésistible, Alvik Editions, 2005
HAIGNERE (Jean-Pierre), ALLIX (Simon), Carnet de bord d'un cosmonaute, Flammarion, 2006.
KOHLER, Les grandes heures des conquérants de l'Espace, Perrin, 1989.
KOHLER/GERMAIN, von Braun contre Korolev - Duel pour la conquête de l'espace, Plon 1994.
KOHLER (Pierre) La dernière mission : Mir, l'aventure humaine, Calmann-Lévy, 2000.
LARDIER (Christian), L'Astronautique soviétique, Armand Colin, 1992.
LARDIER (Christian) / BARENSKY (Stefan), Les deux vies de Soyouz, E-dite, 2010.
LOVELL (Jim) et KLUGER (Jeffrey), Apollo 13, Robert Laffont, 1995.
SHEPARD (Alan) et SLAYTON (Deke), Ils voulaient la Lune, Ifrane Editions, 1995.
VILLAIN (Jacques), Baïkonour - La porte des étoiles, Armand Colin-SEP, 1994.
VILLAIN (Jacques), A la conquête de la Lune, LAROUSSE, 1998.
VILLAIN (Jacques), Mir, Le voyage extraordinaire, Editions Le Cherche Midi, 2001.
VILLAIN (Jacques), "Dans les coulisses de la conquête spatiale", Cépadues, 2003.
VILLAIN (Jacques), A la conquête de l'Espace, de Spoutnik à l'homme sur Mars, Vuibert, 2008.
VILLAIN (Jacques), Irons-nous vraiment un jour sur Mars ? Vuibert, 2011.
WINNE (DE Franck), 6 mois autour de la terre avec Franck de Winne (coauteurs), La renaissance du livre, 2010.

SUR LE WEB (15)

ARIANESPACE (leader mondial des lancements de satellites) : http://www.arianespace.com/ video-corner (lancements)
ASSOCIATION PLANETE MARS (section française Mars Society) : http://www.planete-mars.com/
CAPCOM ESPACE, l'encyclopédie de l'Espace, une mine d'informations : http://www.capcomespace.net/
CNES Agence Spatiale Française : http://www.cnes.fr/
CNSA, l'Agence Spatiale Chinoise : http://www.cnsa.gov.cn/n615709/cindex.html
COSMOPIF, des interviews d'astronautes et de personnalités : http://www.cosmopif.com/
ENJOY SPACE (site internet de la Cité de l'Espace de Toulouse) : http://www.enjoyspace.com/
ESA, agence spatiale européenne : http://www.esa.int/
FCS (Forum de la Conquête Spatiale) : http://www.forum-conquete-spatiale.fr/
FLASHESPACE, en direct du ciel et de l'Espace (Actualités) : http://www.flashespace.com/
FUTURA-SCIENCES, au cœur de la science (Actualités) : http://www.futura-sciences.com/
ISRO, l'agence spatiale indienne : http://isro.org/
JAXA, l'agence spatiale japonaise : http://www.jaxa.jp/
NASA agence spatiale américaine : http://www.nasa.gov/ http://www.nasa.gov/multimedia/nasatv/index.html
ROSCOSMOS, l'Agence Spatiale Russe : http://www.federalspace.ru/

RECORDS DES MISSIONS SPATIALES HABITÉES (1957-2011)

Principales statistiques : **520** Cosmonautes, Astronautes, Spationautes et Taïkonautes de **38 nations** ont volé dans l'Espace **en 50 ans** dont 55 femmes (10%). **3 nations (URSS, 1961), (USA, 1962) et (CHINE, 2003)** sont capables d'envoyer des astronautes par leurs propres moyens. Ces **3 nations** sont aussi les seules à maitriser les sorties dans le vide spatial (EVA) par leurs propres moyens : **(URSS, 1965), (USA, 1965) et (CHINE, 2008).**

Décès : **21** cosmonautes et astronautes **ont été tués** lors d'un vol spatial dont 16 Américains, 4 Soviétiques et 1 Israélien.

Cosmonaute le plus jeune : Guerman Titov, 25 ans et 10 mois en 1961.

Cosmonaute le plus vieux : John Glenn, 77 ans et 3 mois en 1998.

(ndla : Une dizaine d'astronautes ont volé à l'âge de 60 ans passés).

Plus courte mission spatiale : Youri Gagarine, 1 h et 48 min (1961).

Plus longue mission spatiale en une fois : V. Poliakov, 438 jours (1994-1995).

Plus longue mission d'un français : J.-P. Haigneré, 189 jours (1999).

Plus longue mission d'une navette spatiale : 17 jours.

Plus longue durée cumulée avec 6 missions : S. Krikalev, 803 jours.

Plus grand nombre de missions spatiales : J. Ross (7) ; F. Chang-Diaz (7).

Plus longue sortie extra-véhiculaire (EVA) : 8 h 56 min, 2001, S. Helms, J. Voss.

Record d'altitude d'un véhicule spatial : 401 056 km, Apollo 13 (1970).

Record de vitesse d'un véhicule spatial : 39 985,2 km/h, Apollo 10 (1969)

Plus grand nombre de cosmonautes simultanément sur orbite : 13

Plus grand nombre de nationalités présentes simultanément : 5

Nombre de cosmonautes ayant marché sur la lune : 12 (USA), de 1969 à 1972.

Nombre de cosmonautes envoyés vers la Lune : 24 (USA), de 1968 à 1972.

PRINCIPALES DATES DES MISSIONS SPATIALES HABITEES :

1957 3 novembre : *Spoutnik 2*, emporte le premier animal sur orbite : Laïka.
1960 19 août : *Spoutnik 5*, premiers retours d'animaux, des chiens Strelka / Belka, après un vol orbital.
1961 12 avril : Youri Gagarine (URSS), premier homme de l'espace (*Vostok 1*, 1 h 48 minutes).
5 mai : Alan Shépard, premier américain sur un vol sub-orbital avec *Mercury*.
1962 20 février : John Glenn devient le premier américain en orbite terrestre avec *Mercury*.
1963 16 juin : Valentina Terechkova est la première femme de l'espace *(Vostok 6)*.
1965 18 mars : Alexeï Léonov est le premier piéton de l'espace *(Voskhod 2*, 12 mn).
15 décembre : *Gémini 6* et *7* effectuent premier rendez-vous spatial.
1967 27 janvier : *Apollo 1*, un incendie tue les astronautes Grissom, White et Chaffee (USA).
23 avril : Komarov se tue lors du retour de sa capsule *Soyouz 1*, première victime russe.
1968 21 décembre : *Apollo 8*, premier vol humain autour de la Lune, Borman, Anders et Lovell.
1969 14 janvier : premier amarrage de deux capsules habitées *Soyouz 4* et *5*.
21 juillet : Armstrong et Aldrin, premiers hommes à marcher sur la Lune *(Apollo 11)*.
1970 11 avril : *Apollo 13*, Lovell, Haïse et Swigert, les premiers naufragés autour de la Lune.
1971 19 avril : Lancement de la première station orbitale habitée *Saliout 1*.
1972 19 décembre : *Apollo 17*, Cernan, Evans et Schmitt. Retour du dernier équipage de la Lune.
1973 14 mai : lancement de la première station orbitale américaine : Skylab, occupation dès le 25 mai.
1975 15 juillet : *Apollo-Soyouz*, premier vol spatial habité conjoint USA / URSS.
1981 12 avril : Young et Crippen premier vol orbital d'une navette spatiale.
1982 24 juin : J.-L. Chrétien premier astronaute français dans l'Espace (Saliout 7).
1984 7 février : McCandless (USA), avec le fauteuil MMU devient le premier homme-satellite.
25 juillet : Svetlana Savitskaïa, première femme à marcher dans l'Espace.
1985 17 juin : Patrick Baudry, premier français à voler sur une navette spatiale *(Discovery)*.
1986 28 janvier : explosion de la navette *Challenger*, sept astronautes sont tués.
20 février : lancement du module principal de la station spatiale russe *Mir*.
1988 15 novembre : premier vol de la navette spatiale soviétique Bourane en mode automatique.
9 décembre : J.-L. Chrétien est le premier français en sortie spatiale hors de *Mir*.
21 décembre : retour de Titov et Manarov après 365 jours passés dans l'Espace.
1990 1er février : Alexandre Sérébrov teste le premier scooter de l'Espace *Ikarus*.
1992 25 mars : Krikalev revient sur Terre après dix mois passés à bord de *Mir*.
1995 22 mars : V. Poliakov rentre après 438 jours à bord de *Mir*, record absolu !
29 juin : premier amarrage réussi entre Mir et la navette spatiale Atlantis.
1996 17 août : mission Cassiopée, première française Claudie Haigneré *(Mir* / quatorze jours).
1997 23 février : un incendie se déclare à bord de *Mir*.
25 juin : une collision a lieu entre un vaisseau Progress et la station *Mir*.
1998 29 octobre : John Glenn, 77 ans, plus vieil astronaute dans l'Espace (navette *Discovery)*.
20 novembre : début d'assemblage de la station ISS (module *Zarya)*.
2001 28 avril-6 mai : *Soyouz* / station ISS, premier touriste de l'espace : Dennis Tito.
2003 1er février : explosion de la navette *Columbia*, tuant sept astronautes, au retour.
15/16 octobre : Yang Liweï, premier Chinois dans l'Espace, vaisseau *Shenzou 5*.
2004 14 janvier : Discours du président Georges Bush JR à la NASA, annonçant le retour de l'Homme sur la Lune à l'horizon 2020, puis 2030 pour Mars. (vision remise en cause)
2008 premier rendez-vous spatial réussi par l'Europe entre l'ATV et la station spatiale ISS.
Arrivée du module Colombus, le laboratoire spatial habité européen à l'I.S.S.
octobre première sortie spatiale d'un chinois (quinze minutes - *Shenzou 7)*.
31 mars, simulation martienne à Moscou :105 jours dans un caisson, puis 520 jours (en cours).
2011 5 avril : Lancement du Soyouz TMA-21 Spécial "50 Ans du vol de Youri Gagarine" vers ISS.
juillet : arrêt des navettes (avec Atlantis) après 135 vols. Fin d'assemblage de la station ISS.

Diffusion GEODIF/GROUPE EYROLLES

Distribution SODIS

Dépôt légal : mai 2011
IMPRIMÉ EN FRANCE

Achevé d'imprimer le 26 mai 2011
sur les presses de l'imprimerie « La Source d'Or »
63039 Clermont-Ferrand
Imprimeur n° 15276

Dans le cadre de sa politique de développement durable,
La Source d'Or a été référencée IMPRIM'VERT®
par son organisme consulaire de tutelle.
Cet ouvrage est imprimé - pour l'intérieur -
sur papier bouffant "Munken Print White" 90 g
provenant de la gestion durable des forêts,
des papeteries Arctic Paper, dont les usines ont obtenu
les certifications environnementales ISO 14001 et E.M.A.S.